일상의
모든 순간이
화학으로
빛난다면

"LA QUÍMICA DE LO BELLO"
by Deborah García Bello
© PAIDÓS, an imprint of EDITORIAL PLANETA, S.A.U., 2023.
All rights reserved.

Korean language edition © 2025 by MIRAEBOOK PUBLISHING CO.
Korean translation rights arranged with EDITORIAL PLANETA, S.A.U. through
EntersKorea Co., Ltd., Seoul, Korea.

이 책의 한국어판 저작권은 (주)엔터스코리아를 통한 저작권사와의
독점 계약으로 미래의창이 소유합니다. 저작권법에 의하여 한국 내에서
보호를 받는 저작물이므로 무단전재와 무단복제를 금합니다.

원자 단위로 보는
과학과
예술의 결

일상의
모든 순간이
화학으로
빛난다면

데보라 가르시아 베요 지음
Deborah García Bello
강민지 옮김

크리스티안에게

진리를 추구하지 않는 자의 눈에는
아름다움이 보이지 않는다.
_ 안드레이 타르코프스키

차 례

1. 푸른 벨벳   11
2. 오래된 종이는 바랜다   27
3. 좋은 것, 아름다운 것, 참된 것   42
4. 할아버지, 할머니의 사진   53
5. 동네에는 추억이 있다   64
6. 황금의 불가사의   88
7. 바닷가재 자수가 새겨진 재킷   98
8. 일요일 오후는 그림 그리기 좋은 시간   111
9. 나무 책상 위의 내 이름   125
10. 60년대 패션 잡지   143
11. 꽃으로 만든 거대한 강아지   154
12. 립스틱을 바르는 엄마   167
13. 장밋빛 하늘은 맑은 날의 예고편이다   187
14. 빛보다 더 하얀   200

15.	심연보다 더 어두운	209
16.	바다에 맞서는 피난처	232
17.	시간은 무엇으로 만들어졌는가	251
18.	공기를 떠도는 고무 먼지	266
19.	펠트 모자	276
20.	벗겨진 벽	283
21.	우리 동네에는 불가사리 비가 내린다	288
22.	마을의 커피잔	298
23.	할머니와 순무 싹	317
24.	엄마는 거미다	334
25.	붉은 벨벳	341

참고문헌   349

1

푸른 벨벳

크리스티안은 해변의 가장자리, 젖은 모래에 엎드려 모래 언덕에 난 풀들을 바라보고 있었다. 크리스티안의 자그마한 분홍빛 등 위로 바닷물이 부드럽게 입을 맞췄다.
 "뭘 보는 거야?" 나는 조심스럽게 물었다.
 "내 옆에 엎드려 봐."
 나는 그의 곁에 몸을 낮췄다. 바람이 쓰다듬는 풀의 모습이 마치 짐승의 갈기 같았다. 우리는 짐승의 등에 올라탄 듯 모래에 바짝 엎드려 대서양을 항해했다. 때로는 파도를 타듯 빠르게, 때로는 물고기처럼 여유롭게 몸을 움직였다. 입술에선 바다의 맛이 났고 머리카락은 소금기로 푸석해졌다. 몇 미터 거리에는 초록빛 토끼꼬리풀이 원뿔 모양으로 솟아 있었다. 그 뒤편은 솔밭이었다. 그곳에서 우리의 두 번째 놀이가 시작되었다.

모든 장소에는 어울리는 놀이가 있다.

우리는 아지트를 만들 수 있을 만한 비슷한 길이의 나뭇가지 세 개를 찾아 나섰다. 가지 세 개의 한쪽 끝을 하나로 모으면, 그건 이미 하나의 아지트가 된다. 크리스티안은 나뭇가지로 모양을 만들었고, 나는 아지트를 장식할 돌을 골랐다. 아지트의 가장자리는 옛 성터처럼 주황색 화강암으로 둘렀다. 흰색 석영으로 꾸몄다. 입구는 반짝거려야 하니까. 모든 재료는 각자의 쓸모가 있다. 크리스티안과 나는 오무이뇨O Muíño 해변가에서는 선원이 되었고, 모래 언덕에서는 미장공이 되었다. 우리는 늘 둘이서만 놀았다. 다른 아이들은 결코 들어올 수 없는 우리 둘만의 세계였다. 오스카스트로스Os Castros에 있는 카페테라스의 나무젓가락으로는 앞발을 만들었다. 산타크리스티나Santa Cristina 공원에서는 탐정이 되었으며, 아레아스고르다스Areas Gordas에서는 요리사가 되었다. 거실의 녹색 카펫 위에서는 카레이서로, 테이헤이로Teixeiro에서는 목장의 주인으로, 멘데스 누녜스Méndez Núñez의 정원에서는 화가로, 아레스Ares강의 하구에서 크리스티안은 예술가가 되었고 나는 과학자가 되었다.

어느 봄날의 일요일, 나는 아레스강 하구의 해변에서 변성 퇴적암 조각 하나를 주웠다. 열역학에 따라 편암으로 변하고 있는 점토암이었다. 손바닥은 초콜릿색으로 물들었다.

"이게 뭐야? 이 돌, 꼭 압축된 안료pigment 같아. 거대한 수채화 물감 덩어리 같잖아."

크리스티안은 돌 몇 개를 집어 가방에 넣었다.

"풍경을 그려볼래." 크리스티안이 내게 말했다.

"옛날 화가들이 주변에서 색깔 있는 돌을 주워 물감으로 썼 듯이 말이야. 사실 화가들은 어느 시대든 그래왔지."

크리스티안은 작업실에 도착하자마자 주운 돌을 곱게 갈았다. 그리고 돌가루를 구리판 위에 올려 굳혔다. 구리copper, cu는 금gold, Au이나 은silver, Ag만큼 귀한 금속이지만, 크리스티안은 그런 귀한 구리를 흔해 빠진 돌을 보조하는 용도로 사용했다. 크리스티안은 그렇게 일상의 풍경에서 구할 수 있는 재료의 가치를 높였다. 크리스티안은 사물에 부여된 가치는 사실 관습적인 것이라고 했다. 그것이야말로 구리판 위에 있는 대서양의 흔한 돌이 의미하는 바였다. 모든 재료는 다 각자의 쓸모가 있다. 모든 장소에는 어울리는 놀이가 있듯 말이다. 내가 나중에 바다를 그린다면 울트라마린ultramarine으로 칠할 것이다. 바다 내음에도, 울트라마린 안료에도 황sulfur, S이 섞여 있기 때문이다. 2006년에 크리스티안과 함께 라코루냐La Coruña 지역에서 열린 〈무제〉라는 전시회에 간 적이 있다. 20세기 예술을 주제로 한 전시회였다. 우리는 '푸른 비너스Vénus bleue, Blue Venus'라는 이름으로 더 잘 알려진 이브 클랭Yves Klein(1928년 프랑스 니스~1962년 프랑스 파리)의 조각상 〈S41〉을 감상했다. 〈S41〉은 높이가 68센티미터밖에 안 되는 작은 조각상이다. 하얀 받침 위에 놓인 〈S41〉은 20세기를 대표하는 수많은 걸작에 둘러싸여 있었다. 하지만 그 작고 푸른 비너스만이 우리의 시선을 사로잡았다. 비너스의 강렬한 푸른색, 벨벳velvet 같은 부드러운 질감,

무엇보다도 그 빛나는 자태에 주변의 다른 것은 보이지 않았다. 그 어떤 작품보다 더 반짝이고 있었다. 조각상의 푸른빛은 명암을 돋보이게 하면서도 윤곽을 부드럽게 만들고 있었다.

"푸른 벨벳 같아. 아주 짙은 푸른색의 털로 덮인 바다가 떠올라. 그런데 벨벳이 아니라 안료야. 대체 어떻게 한 거지?" 나는 크리스티안에게 물었다.

"노른자를 사용했던 템페라tempera 기법하고 비슷해 보여." 크리스티안이 대답했다.

템페라 기법은 과거에 달걀노른자와 물을 섞어 안료로 사용하던 회화 기법이다. 노른자 속 지방과 단백질 덕분에, 그림이 마를 때 무광 플라스틱 위에 새겨진 듯한 격자무늬가 생기면서 안료가 그림 표면에 고정된다.

"저 푸른 벨벳 같은 안료는 이브 클랭이 개발한 거래. 제조법은 코카콜라 제조법처럼 비밀인가 봐. 그런데 화학자라면 제조법을 다 알 수 있지." 내가 크리스티안에게 말했다. "코카콜라도 재료는 비밀이 아냐. 재료는 병에 다 쓰여 있어. 이제부터 내가 이브 클랭의 푸른 벨벳 안료가 어떻게 만들어진 건지 파헤쳐 보겠어."

그날이 바로, 몇 년 뒤 내 화학 박사 논문 주제가 정해진 날이었다. 예술 작품에 사용되는 재료는 의미가 숨겨진 암호다. 재료 속에는 한 편의 시가 담겨 있다. 20세기 이후로 특히 그런 경향이 뚜렷해졌다. 콘크리트concrete 조각상은 금, 동, 석고gypsum로 만든 조각상과는 상징하는 바가 전혀 다르다. 그 상징의

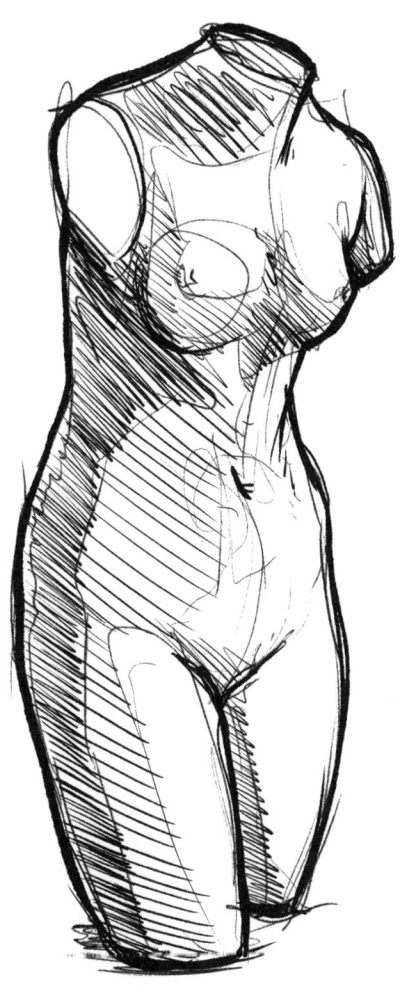

이브 클랭, 〈S41〉
울트라마린 안료로 칠한 석고상, 68cm, 1962년

의미를 해석하는 것이 예술에서 기호학이 담당하는 일이다. 나는 박사 논문에서 재료과학, 화학, 과학문화가 예술 작품의 메시지를 해독하는 데 전체적으로 어떤 역할을 하는지, 그리고 미적 경험이라는 생소하지만 특별한 경험에 어떻게 기여하는지를 다루었다. 연구를 진행하면서 새로운 것들을 많이 알게 되었다. 그 내용은 막 글로 옮기려던 참이다. 과학적 지식은 이 세상에서 그저 어둠으로 남을 뻔했던, 아니면 어울리지 않는 빛만 존재할 뻔했던 곳을 밝게 비춘다. 어떤 재료들은 과학자들이 예술가들의 요청에 따라 개발한 것이고, 어떤 재료들은 애초의 의도와 달리 예술가가 새로운 표현 수단으로 선택하기도 했다. 이브 클랭의 푸른 비너스가 바로 그렇게 만들어진 작품이다. 조각상의 크기, 받침 위에 놓인 방식, 석고의 활용, 비너스라는 고전적 형태의 재구성 그리고 무엇보다 벨벳 같은 푸른 안료. 조각상에 표현된 모든 것이 철저히 의도된 결과였다.

다 이유가 있는 것이다.

이브 클랭은 안타깝게도 서른네 살의 이른 나이에 세상을 떠났다. 작품 활동은 7년 남짓에 불과했지만, 그는 20세기를 빛낸 위대한 예술가 중 하나로 기억된다. 그는 인류 역사에 한 획을 그은 인물이기도 하지만 한 인간의 역사, 그러니까 나의 인생에도 지대한 영향을 끼친 사람이었다. 그가 만든 푸른빛의 작은 조각상을 보고 나는 연구자의 길을 걷게 되었기 때문이다. 엄밀히 말하면, 크리스티안이 내게 "저 조각상 좀 봐"라고 말하며 가리킨 것이 진짜 시작이었다. 누군가가 말해 주기 전까지는, 속에 무엇이 들었는지 보이지 않는 것들이 있다.

연구에 전념하는 시기를 보내고 난 지금, 나는 이렇게 말하고 싶다. 예술의 역사는 푸른색, 특히 이브 클랭이 늘 사용했던 울트라마린으로 설명될 수 있다.

푸른색은 어떤 색일까?

이브 클랭은 푸른색을 "보이지 않다가 보이게 된 색"이라고 했다. '보이지 않는다'는 표현은 푸른색과 무척 어울린다. 푸른색은 과학, 예술, 심지어는 언어에서도 오랫동안 존재하지 않던 색이었다. 푸른색은 언어가 진화하면서 나중에 등장했다. 호메로스는 《오디세이아》에서 바다의 색을 푸른색이 아닌 "포도주처럼 검은색"이라고 묘사했다. 알타미라 동굴 벽화에서도 푸른색은 찾아볼 수 없다. 푸른색 돌이 없던 시절, 어떻게 푸른색을 표현할 수 있었겠는가? 최초의 안료는 돌을 갈아 만들었으니 당연히 황토색, 갈색, 붉은색 위주일 수밖에 없다. 울트라마린 안료는 청금석lapis lazuli이라는 푸른색 광물에서 비롯된다. 청금석은 아프가니스탄에서 처음 발견되었고, 그곳에서 바다를 건너 유럽으로 전해졌다. 그래서 이 안료에 '울트라마린(바다를 넘었다는 의미 — 역주)'이라는 이름이 붙게 된 것이다. 청금석은 아주 고대부터 지금까지 장식용으로도 사용되어 왔다. 우리 할머니가 가장 애지중지하셨던 파란 구슬 목걸이도 청금석으로 만들어진 것이다. 그 목걸이는 내가 물려받았다. 바다를 건너와 잘게 부서져 안료로 만들어질 뻔한 운명을 피한 청금석이 내 목에 걸려 있다. 청금석은 6세기까지는 안료로 사용되지 않았다. 15세기에 이르러서야, 순수하고 빛나는 푸른색 안료를 만드는 공정이 개발되었다. 울트라마린은 한때 역사상 가장 비싼 안료였다. 금보다도 고가였던 시절이 있었던 것이다. 미켈란젤로는 울트라마린이 너무 비싸 〈그리스도의 매장The Entombment of Christ〉을 끝내 완성하지 못했다. 알브레히트 뒤러Albrecht Dürer는 울트라마린 1온스를 사기 위해 자신의 작품을 팔기도 했다. 요하네스 베르메르Johannes Vermeer는 울트라마린에 너무 집착한 나머지 빚을 지기도 했다. 울트라마린을 사용한 그림은 그 자체로 고급스러운 작품이 되었고, 특히 성스러운 푸른색으로 여겨졌기 때문에, 보통 성녀의 옷을 그릴 때만 사용되었다. 그 즉시 아주 고급스러운 그림이 되었다. 성스러운 푸른색이었다. 그래서 울트라마린은 보통 성녀의 옷을 칠할 때만 사용되었다.

인상주의Impressionism 화가들은 검은색 대신 파란색을 사용했다. 검은색은 존재하지 않는 색, 그러니까 색이 부재한 상태였기 때문이다. 그들에게 어둠과 그림자는 차가운 색상을 섞어 표현해야 할 대상이었다. 그들은 빛에 따른 변화를 포착하려 했고, 검은색은 그러한 빛의 부재를 상징했기에 칠할 수 없는 색이었다. 일부 인상주의 화가들은 검은색을 금지된 색상이라고 칭했다. 르누아르의 작품 속에 등장하는 검은 우산들도 사실은 파란색이다. 과학자들과 예술가들은 르누아르가 우산을 코발트블루Cobalt Blue와 울트라마린으로 칠했다는 사실을 알고 있다. 라파엘로와 반 고흐도 하늘을 그릴 때 울트라마린을 사용했다. 고대 그리스인들은 청금석을 별이 쏟아지는 깨끗한 밤하늘 같다고 묘사했다. 성경에 등장하는 사파이어 역시, 실제로는 청금석을 지칭했을 가능성이 높다. 청금석은 황금처럼 빛나고, 대리석처럼 결이 있는 돌이다. 그 안에서 금빛처럼 반짝이는 부분은, 사람들이 흔히 금이라고 생각하지만 실제로는 진짜 금이 아니다. 금은 아니지만 아주 멋진 황철석pyrite이라는 광물이다. 회색과 흰색으로 보이는 결은 방해석calcite이며 자잘한 점들은 운모이다. 광물에서 천연의 색을 추출하는 과정은 1271년에 마르코 폴로가 설명했다. 우선, 돌을 아주 고운 가루가 될 때까지 기계로 간 다음 가루를 뭉쳐서 반죽을 만든다. 그 반죽을 천으로 싸서 물병에 담는다. 아주 잘게 갈린 돌가루는 천을 통과해 물에 퍼지고, 이내 바닥에 가라앉는다. 이러한 추출 과정을 여러 번 반복하는 것이 안료 정제 과정이다. 19세기, 울트라마린의 가치가 정점에 달했다. 청금석을 깨지 않고도 울트라마린을 합성할 방법이 시급히 필요했다. 1824년, 프랑스 국가산업진흥협회Société d'Encouragement pour l'Industrie Nationale는 300프랑 이하의 비용으로 울트라마린 합성에 최초로 성공한 사람에게 6,000프랑의 상금을 주겠다고 발표했다. 4년 뒤, 프랑스 화학자 장바티스트 기메Jean-Baptiste Guimet와 독일 화학자 크리스티안 그멜린Christian Gmelin이 거의 동시에 합성법을 들고 나타났다. 점토, 황, 소다, 숯charcoal을 섞어서 가열하는 방식이었다. 기메는 1828년에 산업용 울트라마린을 최초로 개발했으나 제조 과정은 비밀에 부쳤다. 같은 해, 그멜린은 제조 방법을 공개했다. 프랑스의 협회는 제조법을 공개한 독일의 그멜린 대신, 프랑스의 기메에게 상을 수여했다. 그래서 합성 울트라마린이 '프렌치 울트라마린french ultramarine'으로 불리게 되었다. 울트라마린은 과학에서는 미지의 색이다. 연구실에서 합성하기 무척 어려울 뿐만 아니라 그 색깔 자체는 과학적으로도 오랫동안 수수께끼였다. 예술에서 사용하는 안료의 색 대부분은 전이금속 덕분에 얻어진다. 전이금속은 산화 상태가 다양하기 때문에, 그에 따라 다채로운 색이 만들어진다. 하지만 울트라마린에는 전이금속이 없다. 울트라마린은 화학적으로 따지자면, 아주 흔한 알루미노규산염aluminosilicate이다. 울트라마린이라는 알루미노규산염의 흥미로운 점은 구성이 아니라 구조, 즉 원자의 기하학적 배열에 있다. 이 구조는 소달라이트형 구조sodalite structure로도 알려져 있다. 소달라이트형 구조는 일종의 모듈식 구조다. 실리콘silicon, Si, 산소oxygen, O, 알루미늄aluminum, Al으로 이루어진 각 모듈은 마치 원자 크기의 축구공이 겹겹이 쌓인 것처럼 보인다. 공 사이사이와 각 공의 내부에는 공간이 있다. 바로 그 공간이 나트륨sodium, Na 원자와 황 원자를 품고 있다. 울트라마린의 비밀은 바로 이 황이 갇혀 있는 공간에 있다.

   사물의 색은 빛의 어느 부분을 흡수하고 흡수하지 않는가에 따라 결정된다. 빛, 그러니까 가시광선 속에는 모든 색이 존재한다. 백색광이 물방울을 통과할 때 나타나는 무지개를 보면 쉽게 확인할 수 있다. 햇빛은 가시광선 스펙트럼을 구성하는 모든 파장으로 이루어져 있고, 프리즘이나 물방울 같은 매개를 통해 각 색으로 분해될 수 있다. 빛 속에 있는 각 색깔은 파장이라는 매개 변수에 의해 구분된다. 바다가 파도를 타듯, 빛도 파동을 타고 이동한다. 이 파동은 계곡과 능선이 반복되는 구불구불한 줄처럼 생겼고, 파장은 이름 그대로 파동의 길이를 의미하며 파동의 꼭짓점 사이의 길이다. 빛의 파장은 10억분의 1미터 단위, 즉 나노미터로 매우 짧다. 파장이 짧은 색으로는 보라색과 파란색, 파장이 긴 색으로는 주황색과 빨간색이 있다. 줄의 한쪽 끝을 잡고 흔들면, 강하게 흔들수록 꼭짓점 사이의 간격이 가까워진다. 이와 같은 원리로, 에너지는 파장에 반비례한다. 따라서 파장이 짧은 보라색과 파란색의 광선이 가장 높은 에너지를 가진다. 울트라마린이 흡수하는 빛은 주황색, 그 파장은 610~620나노미터 정도이다. 가시광선의 일부가 흡수되면 흡수된 부분이 아닌 반사된 빛이 보이게 된다. 이때 반사되어 보이는 빛을 보색광이라고 한다. 주황색의 보색은 파란색, 파장은 480~490나노미터다. 이것이 바로 울트라마린의 파장, 보이지 않던 색이 드러나는 파장이다.

우리 화학자들은 울트라마린이라는 수수께끼를 풀 때 황 원자를 주목한다. 산소 원자 세 개가 모여 오존을 만드는 것처럼 황 원자도 세 개씩 결합한다. 이를 '삼황 라디칼 음이온'이라고 하며 화학식으로는 'S_3^-'라고 표기한다. 이 원자의 결합은 매우 특별하다. 결합을 유지하려면, 얻고자 하는 것과 반대되는 것을 흡수해야 하기 때문이다. 울트라마린은 주황색 가시광선이 지닌 에너지를 흡수할 때, 비로소 푸른색을 드러낸다.

'클라인 블루Klein Blue'라는 이름은, 패션계에서 코발트블루와 혼동하지 않기 위해 붙여진 것이다. 하지만 클라인 블루라고 하면 일반적으로 색상이 아닌 페인트의 이름을 뜻한다. 이것이 아주 중요한 포인트다. 페인트의 주요 구성 요소 두 가지다. 하나는 안료, 다른 하나는 바인더binder다. 안료는 색을 결정하고, 바인더는 안료를 분산시키는 역할을 한다. 그리고 바인더의 종류에 따라 페인트의 성질이 바뀐다. 아크릴 페인트에는 아크릴 바인더가, 유성 페인트에는 기름 같은 유성 바인더가 들어간다. 클라인 블루 페인트는 왠지 레시피가 비밀일 것 같은 신비로운 이미지를 갖고 있다. 사실 이브 클랭은 1960년에 인터내셔널 클라인 블루International Klein Blue의 이니셜을 딴 IKB라는 이름으로 상표를 등록했다. IKB는 특허를 받은 적이 없으며, 단지 등록만 된 색상일 뿐이다. 지금까지 색 자체로 특허를 받은 사례는 없다. 색은 특허의 대상이 될 수 없다. 단, 브랜드 로고처럼 매우 구체적인 상업적 목적으로 사용되는 경우, 해당 색을 등록할 수는 있다. 페라리의 빨간색이나 디자이너 크리스챤 루부탱의 하이힐 밑창에 칠해진 붉은색이 그렇다. 다른 디자이너들은 하이힐 밑창에 루부탱의 빨간색을 쓸 수 없다.

이브 클랭은 합성 울트라마린 안료만으로 작품을 만들고자 했다. 그는 아무도 해내지 못한 일에 도전했다. 바로 물감이 말랐을 때도 울트라마린 안료 분말과 동일한 색을 유지하는 것. 순수한 울트라마린 안료 분말은 강렬한 색을 띤다. 분말을 평평한 곳에 펼치면 꼭 벨벳 같다. 벨벳에 닿는 빛이 분말 사이에 갇힌 것처럼 보일 만큼 불투명하다. 당시에 쓰이던 바인더로는 울트라마린 안료 분말의 색상을 똑같이 유지할 수가 없었다. 그 시절에는 광택이 강한 아크릴이나 유성 페인트가 주로 사용되었지만, 이는 클랭이 추구하는 질감과는 거리가 멀었다. 1955년 클랭은 자신이 원하는 색을 만들기 위해 페인트 유통업체 애덤스Adams에 연락했다. 이에 애덤스 측은 프랑스 제약회사 론 풀랑크Rhône Poulenc의 소속 화학자들과 접촉했다. 그들은 석유에서 추출한 합성수지인 초산 비닐 수지polyvinyl acetate로 바인더를 개발했고, '로도파스 MRhodopas M', 다르게는 'M60A'라는 이름으로 상표 등록되었다. 클랭은 바인더뿐 아니라, 페인트의 최종 점도를 조절하기 위한 용매로 에탄올 95%와 아세트산에틸을 함께 사용했다. IKB 페인트의 레시피는 사실 공개되어 있다. 안료는 합성 울트라마린, 바인더는 로도파스 M, 용매는 에탄올과 아세트산에틸이다. 클랭의 푸른 비너스에서, 색깔 다음으로 주목할 만한 점은 바로 그 형상이다. 비너스는 구석기시대부터 현대까지 가장 많이 재현된 대상 중 하나다. 비너스를 모르는 사람은 거의 없다. 고전적이든 현대적이든, 비너스는 예술 그 자체의 상징이다. 하지만 클랭의 비너스는 팔, 다리, 머리가 없다. 이는 어떤 조각상이라도, 시간이 흐르면 훼손될 수 있다고 말하는 것이다.

    예술 작품에는 작품 제목, 제작 연도, 작가 이름, 작가가 중요하다고 생각하는 재료 등이 적힌 작품 캡션이 붙는다. 클랭의 비너스를 설명하는 캡션을 보면 석고상임을 알 수 있다. 석고는 흔하고 깨지기 쉬운 재료다. 예술사적으로 유서가 깊고 귀한 청동bronze이나 대리석marble 같은 재료와는 거리가 있다. 그런 귀한 재료로 만든 작품은, 재료의 희소성만큼 가치도 높게 평가되기 마련이다. 하지만 클랭이 만든 비너스의 가치는 재료에 있지 않다. 석고와 합성 페인트. 정말 특별할 것 없는 재료들이다. 석고는 취약한 재료다. 이것이 뜻하는 바도 해석의 여지를 갖는다. 클랭은 그의 비너스를 갤러리나 박물관처럼 안전한 곳에서만 보게 하도록, 의도적으로 석고를 선택했는지도 모른다. 이로써 그는 예술 유산을 보존하고자 하는 인간의 역사주의적 본성, 그러니까 지키고자 하는 열망에 호소한다. 클랭의 비너스가 겨우 68센티미터밖에 되지 않고 받침대 위에 놓여 있다는 점도 중요하다. 받침대는 무언가를 들어 올리는 구조물일 뿐 아니라, 그 위에 놓인 것에 의미를 부여하는 장치다. 무엇이 예술이고 아닌지 분별하게 만든다. 걸어 다니는 받침대인 하이힐처럼, 예술 작품의 받침대도 논문 주제로 삼아볼 법하다.

  푸른 비너스는 우아한 조각상이다.

  그 말이 맞다.

  조각상의 형태가 우아하고, 무엇보다 색이 우아하다. 나는 그만큼 전율을 일으키는 색을 본 적이 없다. 우아하다는 말은 다른 어떤 색에도 쉽게 쓸 수 없다. 클랭의 비너스는 수많은 아방가르드 작품 중에서도 단연 눈에 띈다. 성상 파괴적이어서가 아니라, 아름답기 때문에. 클랭은 자신의 이름을 딴 페인트를 이용해 안료의 순수한 빛깔을 지키고자 했다. 그리고 그의 작품 덕에 모두가 그 빛깔을 감상할 수 있게 되었다. 클랭은 안료 분말처럼 보이는 울트라마린에 매료되었다. 울트라마린은 아름다움의 상징이자 고전의 상징이기도 하다. 과학이 예술가들의 아이디어를 실현하고 이데올로기를 정의하는 도구임을 기억해야 한다. 이에 대해, 나는 중요한 견해 두 가지를 공유하고 싶다. 첫째, 현대 예술을 무시해서는 안 된다. 모든 예술은, 그 시대에는 현대 예술이었다. 예술은 언제나 당시엔 인정받지 못하거나 무시당하기 일쑤였다. 이해하기 어려운 작품을 앞에 두고 가치를 단박에 판단하기란 쉽지 않다. 지금이야 누군가가 벨라스케스의 작품을 깔본다면 그 사람을 보고 대담하다거나 뭘 모른다고 할 것이다. 반면, 20세기 이후의 작품을 비판하는 것은, 어느 정도 무지하더라도 용인되곤 한다. 현대 예술을 이해하지 못하는 사람은 벨라스케스의 작품을 봐도, 단지 기술적으로 훌륭하다고만 느낄 수 있다. 결국 예술가의 차이는 타고난 시대의 차이일 뿐이다. 시간이 흐르면 예술의 가치는 보장된다. 그래서 예술은 어느 시대의 것이건 대부분 시대를 잘못 타고난다. 인상주의 역시 한 세기가 지나서야 대중의 박수를 받았다. 현대 예술은 지금이 담긴 예술이며, 다른 누구도 아닌 우리의 예술, 우리 모두에게 속한 예술이다. 둘째, 클랭의 푸른색은 예술가들의 요청으로 과학자들이 새로운 재료와 기술을 개발한 하나의 예일뿐, 유일한 예는 아니다. 과학이 위대한 것은 클랭의 비너스가 완성될 수 있게 해주었기 때문만은 아니다. 과학은 그러한 상상을 가능하게끔 해주었다는 점에서 대단하다. 원시인이 과연 푸른 비너스 같은 것을 상상할 수 있었겠는가? 과학적 지식 덕분에, 우리가 예술작품의 깊은 뜻을 헤아릴 수 있으며, '재료'라는 시의 아름다움을 음미할 수 있다. 그리고 음미하기 위해서는 알아야 한다.

클라인 블루에 담긴 과학을 이해하는 일은, 비너스 조각에 담긴 복잡한 의미를 해석하는 열쇠가 된다. 클랭의 푸른 비너스처럼, 깊이 있는 예술 작품을 감상할 때, 그 경험은 내면의 변화를 일으킨다. 그 감각은 한동안 당신의 마음속에서 떠나지 않는다. 그렇게 우리는 더 많이, 더 잘 보는 방법을 배운다. 그리고 배움은 되돌아가지 않는 길이다.

클랭은 '빛낸다'는 것을 푸른색으로 표현했다. 빛낸다는 건 빛을 비추고, 색을 입히며, 숨겨진 의미를 드러내는 행위다. '빛낸다'는 그 표현은 푸른색과 어쩌면 이토록 잘 어울릴 수 있을까.

2

오래된 종이는 바랜다

오래된 집에서 책장을 비울 때면, 책들은 마치 피아노 건반이 군데군데 눌린 듯한 벽에 흔적을 남긴다. 책의 모서리는 팝콘 실링(하얀 페인트 위에 팝콘을 뿌리듯 우둘투둘하게 마감하는 방식 — 역주) 위에 셀룰로스cellulose 코팅이 된 벽지처럼 원래의 색 그대로였다. 벽은 내가 기억하는 것보다 훨씬 더 차가운 오프화이트였다.

책도 그렇듯, 집도 시간이 지나면 누렇게 바래진다.

우리는 책을 모두 상자에 담았다.

창문으로 들어오는 햇살이 공기 중에 떠다니는 먼지에 반사되어 반짝였다. 거실에서 바닐라 향이 났다. 오래된 책에서 나는 향이었다. 우리는 새집에 가져갈 책, 선물할 책, 버릴 책을 골랐다. 상태가 좋은 책보다, 마음이 가는 책을 기준으로 삼았다. 우리 어머니는 타마라에게 자연과학 백과사전을 선물

했다. 그 책에는 그림이 항상 두 개씩 그림이 붙어 있어서, 난 몇 년 동안이나 노루와 오소리를 헷갈리며 지냈다. 시집은 하나도 버리지 않았고 소설도 거의 다 챙겼다. 새집에 가면 책이 잘 보이도록 쇼윈도처럼 장식하자고 했다. 크리스티안과 타마라의 전시 카탈로그는 소파 앞에 놓을 가구 위에 수평으로 쌓기로 했다. 그 집에 있던 물건들은 나에겐 그 집 자체보다 더 소중했다. 지금은 집의 형태, 벽의 색, 바닥재, 문까지 모두 바꾸었다. 하지만 거실의 가구는 내가 태어났을 무렵과 똑같았다. 언제 봐도 세련된 북유럽풍의 밤색 가구들이었다. 그 가구들은 부모님이 1980년대에 집에서 네 블록 거리에 있는 수리바스Surribas(스페인의 지역명 — 역주) 가구점에서 사신 것들이다. 우리 부모님은 옛날 반지 공예 책이나 아주 방대한 책인 《Chronicle of the 20th Century(20세기 연대기)》처럼 가구만큼이나 오래된 책들을 간직하고 계셨다.

 우리는 수십 년 동안, 길 아래 묻혀 흐르던 강의 이름을 딴 새 동네의 새집으로 그 모든 것을 가져왔다. 강의 이름은 모넬로스Monelos였다. 교외 지역이 도시가 되면서 강은 땅속에 묻혔고 그 시절의 추억도 함께 묻혔다. 할아버지는 나와 크리스티안을 데리고 모넬로스 지역은 물론 더 멀리까지 산책을 다니셨다. 할아버지는 산책길에 있던 동네들이 생겨나는 걸 다 지켜보셨다. 지금도 그 동네들은 내게 최고의 산책로다. 우리가 정복한 느낌이 들기 때문이다. 관광객들은 거기까지는 오지 않는다. 외지인들에게 모넬로스는 그저 길 이름일 뿐이다. 하지만 지금도 아그렐라Agrela 산업 창고들 사이를 가로지르는 모넬로스강의 얇은 물줄기가 보인다. 그 옆에는 동네에서 가장 붐비는 쇼핑센터가 있는데 보통 걸어서 가는 곳은 아니다. 그 작은 강, 아니 시냇물은 직접 걸어야만 볼 수 있다. 걸어서 동네 밖을 나가 본 적이 없다면, 진정한 산책을 해봤다고 할 수 없다. 걸어서 다른 동네에 가 보려는 사람을 가로막는 장애물은 없다. 블레이크 크라우치Blake Crouch의 공상과학 소설 《웨이워드》에 나오는 전기 담장이나 피터 위어Peter Weir 감독의 영화 〈트루먼 쇼〉에 등장하는 하늘색 돔도 존재하지 않는다. 그렇다고 해도, 걸어서 동네의 경계선을 넘을 엄두조차 내지 못하는 사람들이 있다. 비교적 최근의 한 예술 운동은 이러한 경계를 표현과 담론의 대상으로 삼았다. 1970년대에 '상황주의자Situationists'라고 알려진 사상가들과 예술가들이 도시 환경이 사람들의 행동과 감정을 통제하는 방식에 주목했다.

이를 '심리지리학Psychogeography'이라고 했다.

산책, 루틴, 오고가는 길······

우리가 정한다고 생각하는 동선은 어디까지 환경의 영향을 받을까?

'*정처 없이*' 걸어본 사람들이라면 아무 데나 간다는 것이 생각보다 쉽지 않다는 점을 눈치챘을 것이다. 사람들이 주로 일정하게 오가는 장소, 사람들이 잠시 멈추는 장소, 들어가고 나오기조차 어려울 만큼 바글바글한 장소는 정해져 있다. 도시에는 심리지리학적으로 두드러진 장소가 있기 마련이다.

우리는 특별한 생각 없이, 어디로 갈지 정하지 않고 걸을 때*
사실 땅이 이끄는 대로 걷게 된다. 다시 말해, 목적지를 정하지
않아도 환경이 우리가 가야 할 곳과 가지 말아야 할 곳을 정해
준다는 것이다.

1921년 4월 14일, 앙드레 브르통André Breton, 장 크로티Jean Crotti, 트리스탕 차라Tristan Tzara 등 유명한 다다이스트들과 초현실주의자들이 한자리에 모인 다다 비지트Dada Visit가 열렸다. 참석자들은 오로지 표류하겠다는 생각만으로 파리의 생쥘리앵르뽀브흐Saint-Julien-le-Pauvre 성당에서 출발했다. 그들의 행동은 걷는 것이 예술적 표현의 한 방식이 될 수 있음을 보여주었다. 3년 뒤 앙드레 브르통, 막스 모리스Max Morise, 로제 비트라크Roger Vitrac, 루이 아라공Louis Aragon은 프랑스의 한 야외 공간에서 자유롭게 걷는 행사를 기획했다. 그것은 인간의 가장 자연스럽고 일상적인 행동인 걷기를 분석하려는 시도였다. 우리는 걷는 동안, 단지 풍경을 감상할 뿐만 아니라 우리 자신을 발견하고 우리의 행동을 탐구하게 된다. 예술적 실천, 또는 적어도 심미적 태도(미적 경험에 필요한 심적 상태 ─ 역주)의 관점에서 걷기를 관찰하려면 샤를 보들레르Charles Baudelaire의 플라뇌르flaneur 개념에서 시작해야 한다. 플라뇌르는 도시 생활 속 다양하고 변화무쌍한 것들을 마주하는 산책자다. 표류하며 걷는

---

*   기 드보르 Guy Debord (1931년 프랑스 파리~1994년 프랑스 벨뷰라몽타뉴Bellevue-la-Montagne)는 이를 표류라고 정의했다.

것이 예술적 표현과 탐구의 도구가 되면서 여정을 핵심으로 삼는 예술 운동이 등장했다. 바로 대지 예술land Art이다. 이 운동은 1968년 10월 뉴욕에서 열린 그룹전 〈어스워크Earthworks〉에서 시작되었다. 대지 예술의 본질적인 목적은 예술적 감각으로 풍경을 수정하는 것이다. 예술가는 먼저 환경을 탐색하고 해석하며, 그 다음 구체적인 개입을 시도한다. 로버트 스미스슨Robert Smithson(1938년 미국 뉴저지~1973년 미국 텍사스)이나 마이클 하이저Michael Heizer(1944년 미국 캘리포니아~)처럼 그 장소에 있는 돌이나 목재로 고랑, 도랑, 둔덕을 만들기도 하고, 1983년 〈둘러싸인 섬Surrounded Islands〉이라는 작품을 발표한 크리스토Christo(1935년 불가리아 가브로보~2020년 미국 뉴욕)와 잔클로드Jeanne-Claude(1935년 모로코 카사블랑카~2009년 미국 뉴욕) 부부처럼 색채나 형태의 대비를 통해 자연을 드러내거나 찬양하기도 한다. 〈둘러싸인 섬〉은 분홍색 폴리프로필렌 천을 사용하여 마이애미의 비스케인Biscayne만에 있는 열한 개의 섬을 두른 작품이다. 대지 예술은 환경에 대한 인식이 우리의 행동과 감정을 통제한다는 생각에 기반을 둔다. 따라서 환경을 조작하는 것은 새로운 감정을 불러일으키는 하나의 방법이 된다. 대지 예술 작품 대부분은 시간이 지나면서 닳고 자연의 원래 모습대로 돌아가면서 서서히 변화하고 사라지는 일시적인 성격을 띤다. 도시의 모습처럼 자연도 자신만의 길을 만든다. 도시의 풍경이 자리 잡은 곳에는 마찰이 있다. 마찰이 있는 장소는 보통 유적지가 된다. 인간의 건축물, 그러니까 문명의 일부였다가 버려진 뒤 다시 야생의 모습으로 돌아간 곳이 그렇다. 그곳에서는 투명하고 아름다운 현상이 일어난다. 과거와 미래의 모습이 어렴풋이 보이는 시간, 즉 유적지로서의 시간은 찰나에 가깝다. 인간에게 속한 것은 죽음이라는 운명에 굴복하게 되면서 흔적을 남기거나 사라지게 된다. 전통과 과거의 흔적이 남은 소우주는 이끼와 잡초로 뒤덮여 묘비명이 흐려진 비석처럼 결국 끝을 맞이하고 지워진다. 모든 유적지가 기념비적인 것은 아니다. 꼭 버려진 건물이 유적지가 되는 것도 아니다. 거리마다 작은 유적들이 있다. 식물학자이자 조경가인 질 클레망Gilles Clément이 말한 움직이는 정원은 포장도로의 틈새 어디에나 있다. 이 작은 유적들은 거리를 아름답게 만든다. 사람의 발길이 닿지 않아 죽은 곳은 질서를 모르는 야생으로 뒤덮인다. 인간이 사라진 곳에서 야생이 살아난다는 것은 참 역설적이다. 이러한 마찰을 제3의 풍경이라 부른다. 제1의 풍경은 자연이며 제2의 풍경은 도시다. 제3의 풍경은 한 풍경이 다른 풍경을 덮은 모습이 투명하고 아름답게 보이는 풍경이다. 타마라 페이후Tamara Feijoo(1982년 스페인 오우렌세~) 같은 현대 예술가들은 기억, 정복, 항복, 생성에 대한 담론을 형성하기 위해 제3의 풍경을 깊게 탐구했다. 제3의 풍경은 시간의 흐름과 유한함의 존재를 구체적이고 아름답게 보여준다.

아름다움은 꼭 자연의 것인가?

아름다움은 인간이 도시에서 만드는 질서라는 환상인가?

아름다움이란 문명과 야생의 중간인가?

제3의 풍경은 교통량이 많지 않은 곳에서 더 자주 나타난다. 도시의 중심에서 벗어나면 잡초라 불리는 움직이는 정원이 산책이 끝나가고 있음을 경고한다. 그 풍경은 함부로 건너기 어려운 문명과 자연 사이의 보이지 않는 심리적 장벽을 만들어낸다. 환경은 인간의 행동과 감정을 통제하고, 표류하던 산책자는 경계에 다다르면 그것을 넘을지 말지 딜레마에 빠지게 된다. 사실 걸어서 동네 밖을 나갈 때 우리를 가로막는 것은 아무것도 없다.

예술가 타마라 페이후의 작업 방식은 과학, 특히 박물학자의 접근 방식과 닮아 있다. 그래서 그녀의 작업에서 드러나는 창의성은 오히려 과학 연구 작업의 초기 단계와 거의 같은 구조에서 출발한다. 작업을 시작하기 전, 그녀는 먼저 관찰, 문서화, 증거 수집, 동식물 표본 스케치 과정을 거친다. 이러한 방식은 역사주의적이면서 향수를 불러일으킬 만큼 오래된 기록법이기도 하다. 그 과정에서 사실적 표현에 주의를 기울이며, 형태와 자연주의적 기술을 사용하는 데 집중한다. 과학적 지식은 예술을 표현하는 도구로 사용되었다. 신경 세포의 조직학, 형태학, 생리학에 대한 라몬 이 카할Ramón y Cajal의 그림, 비뇨기과 의사 살바도르 길 베르네Salvador Gil Vernet에게 지도를 받았던 프랑스의 화가 프란시스코 누녜스Francisco Núñez와 라파엘 알레마니Rafael Alemany, 식물학자이자 자연주의자인 윌리엄 바트람William Batram, 탐험가이자 자연주의자인 마리아 지빌라 메리안Maria Sibylla Merian, 조류학자 존 제임스 오듀본John James Audubon,

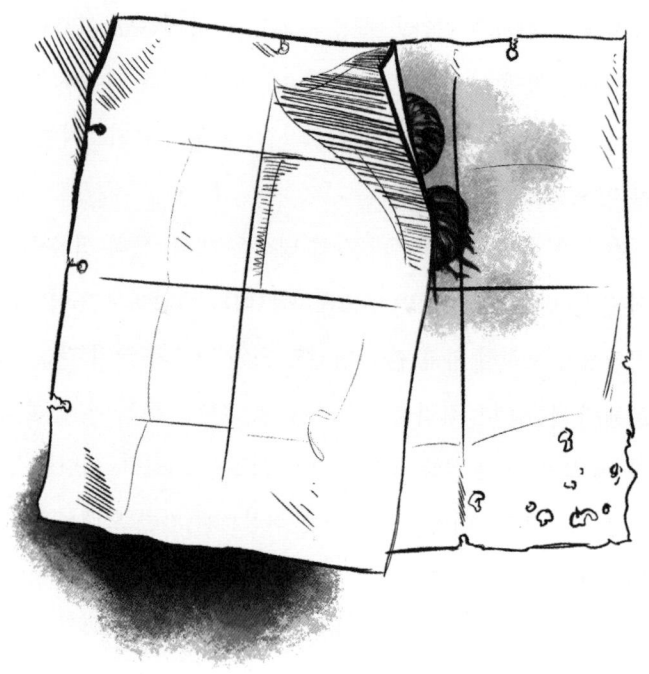

타마라 페이후 시드,
〈사라지는 것과 남는 것〉, **'침략하는 자연** Invasive Nature**' 컬렉션**
자기 위에 과슈와 흑연, 30×30cm, 2015년.

의사 에른스트 헤켈Ernst Haeckel을 포함해 수많은 자연주의자와 과학 일러스트레이터가 끊임없이 그림을 통해 그들의 흔적을 남겼다. 작업의 준비가 끝나면 타마라 페이후는 객관적이고 오염되지 않은 지극히 과학적인 자료를 한데 모은다. 그리고 유용한 설명으로 가득한 그 자료들에서 실용주의만은 덜어내고 예술 작품으로 되살린다. 본격 작업에 돌입하면 그녀는 예술적 재현 과정을 거친다. 그러면 그녀의 손에서 현실에 기반하지만 유용함 이상의 가치를 지닌, 또 다른 눈부신 우주가 탄생한다. 타마라 페이후의 작품에서는 오래된, 심지어는 낡은 것들을 자주 볼 수 있다. 시간이 흐르면서 벌레가 갉아먹고, 거칠어지고, 누렇게 바랜 종이처럼 말이다. 이렇게 낡은 재료를 사용하는 이유는 적어도 두 가지로 해석할 수 있다. 첫째는 낭만주의에 대한 호소. 과거 자연주의자들이 어쩌다 사용하지 않은 재료의 소생 또는 복원이다. 한때 주인이 있던 나름의 역사가 담긴 수첩, 회계 장부, 송장 등은 모두 작업 현장에서 연구 시 스케치 용도로 사용할 수 있다. 두 번째는 더 중요하다. 바로 시간의 흐름, 노년의 흔적, 죽음의 지배. 누렇고 약한, 지워지지 않는 주름을 떠올리게 하는 것이다. 종이가 오래되면 누렇게 바래고 부스러지기 쉬우며 묵은 책 특유의 냄새가 난다. 이는 산화 과정 때문이다. 빛에 오래 노출되면 산화 속도가 빨라지고, 곤충이나 미생물 같은 매개체의 활동도 산화에 영향을 미친다.

    최초의 '종이'이자 종이라는 단어의 어원은 파피루스다.

파피루스는 고대 이집트에서 시페루스 파피루스Cyperus papyrus라는 식물로 만들어졌다. 중세 유럽에서는 그을린 동물 가죽으로 만든 양피지를 사용했다. 기원전 2세기 중국에서는 실크, 면, 삼베와 같은 직물에서 남은 부분으로 종이를 만들었다. 우리가 지금 사용하는 나무로 만드는 종이는 아주 한참 뒤인 19세기에 등장했다. 현재의 종이는 이렇게 세 가지로 만들어진다. 목재 섬유, 충전제, 첨가제. 목재의 섬유는 꽤 긴 셀룰로스 사슬로 구성되어 있다. 셀룰로스는 포도당이 선형으로 연결된 다당류다. 이 셀룰로스 분자들은 수소 결합hydrogen bond을 통해 서로 밀집된 구조를 이룬다. 이 덕분에 물이 잘 스며들지 않고, 식물 세포벽을 구성하는 섬유는 촘촘하고 단단하다. 이 섬유들은 리그닌lignin이라는 중합체를 통해 서로 단단히 결합된 상태를 유지한다. 리그닌은 종이 제조 과정에서 일부 제거된다. 그럼 목재는 곧게 서고, 단단한 구조를 갖게 된다. 하지만 종이에 리그닌이 남아 있으면 황토색과 갈색 사이의 착색 현상이 일어난다. 이 현상을 막기 위해, 종이 제조 과정에서는 리그닌을 녹이는 알칼리성 용액을 넣고, 염소chlorine, Cl_2, 과산화물peroxide, H_2O_2, 아황산염sulfite, SO_3^{2-} 등을 통해 표백한다. 그런데 리그닌을 완전히 없앨 수는 없다. 그리고 빛과 습기는 잔존한 리그닌이 산화 과정을 가속화시킨다. 그 결과, 다시금 누런 착색 현상이 일어난다. 이 현상은 인간의 피부 노화를 일으키는 자유 라디칼free radical의 화학 작용과 밀접한 연관이 있다. 이것이 바로, 종이가 오래되면 누렇게 바래는 이유다. 오래된 책은 방향족 분자를 방출한다. 이는 주로 리그닌 산화의 부산물인 바닐린vanillin 때문이다. 그 외에도 아몬드 향이나 달콤한 향을 풍기는 벤즈알데히드benzaldehyde, 에틸벤젠ethylbenzene, 톨루엔Tolueno 등이 있으며, 가벼운 꽃향기를 풍기는 2-에틸헥산올 2-ethylhexanol도 있다. 한편, 책이 오래될수록 농도가 증가하는 분자가 있다. 바로 푸르푸랄furfural이다. 푸르푸랄도 아몬드 향이 나는 물질로, 리넨이나 면이 포함된 책에서 특히 많이 발생한다. 푸르푸랄의 농도로 얼마나 오래된 책인지 짐작할 수 있다. 종이에는 목재 섬유 말고도 충전제가 포함된다. 충전제는 페인트에서 두께감을 더하는 물질과 비슷한 역할을 한다. 보통은 탄산칼슘calcium carbonate, $CaCO_3$, 카올린kaolin, 운모, 활석, 규산, 석고, 황산바륨Barium Sulfate, $BaSO_4$ 등 백색 광물이나 무기 물질로 구성된다. 충전제는 셀룰로스보다 저렴하다. 그래서 충전제의 비율이 높을수록 종이의 가격이 낮아진다. 충전제는 섬유 사이의 공간을 메워 종이의 표면을 균일하게 만들고, 표백 효과와 투명도 감소 효과를 줘 인쇄하기 좋은 조건을 만든다. 종이의 백색도, 밝기, 불투명도는 충전제의 종류와 입자의 크기에 따라 결정된다. 충전제뿐 아니라, 종이에는 접착제, 전분, 라텍스, 폴리비닐알코올처럼 바인더 역할을 하는 첨가제도 들어간다. 타마라 페이후의 작품에서 우리는 제3의 풍경이 지닌 매력에 집중할 수 있다. 제3의 풍경은 제1의 풍경인 자연도 아니고 제2의 풍경인 아스팔트도 아니다. 그것은 자연이 원래 자연에 속했던 것을 되찾으며 서서히 다시 싹트는, 교외의 풍경이다. 나는 타마라 페이후의 작품이 우화를 닮았다고 생각한다. 자연이 자신의 공간을 되찾고, 식물과 곤충이 침입해 패권을 쥐는 모습은 마치 모호하면서도 모순적으로 그려낸 우화 같다. 이 이야기에서, 자연은 위협적이면서도 반가운 존재다. 두려움을 불러일으키는 동시에 매혹적이다. 타마라 페이후의 작품에서도 볼 수 있듯 도시의 식민지화는 '움직이는 정원'을 마구잡이로 만들어낸다. 자연의 재생과 파괴의 힘이 드러내는 위협은 그 숭고함 앞에서 인간이 얼마나 유한하고 하찮은 존재인지 드러낸다. 그러한 긴장은 곤충이 종이를 갉아먹으면서 파괴함과 동시에 자신의 화려한 흔적을 남기는 타마라 페이후의 〈사라지는 것과 남는 것〉을 비롯해 여러 작가의 작품에서 확인할 수 있다. 종이를 망가뜨리는 곤충들은 다양하다. 좀벌레는 종이에 구멍을 내거나 가장자리를 갉아먹는다. 때로는 구멍을 뚫는 데 실패하기도 한다. 좀Lepisma subrittata은 주로 단백질을 섭취하기 때문에 양피지와 접착제 부분을 공격한다. 그러면 가장자리가 깨끗하고 불규칙한 깔때기 모양의 구멍이 생긴다. 양좀Lepisma saccharina은 종이 자체를 갉아먹으며, 좀과 유사한 흔적을 남긴다. 흰개미목에 속하는 흰개미는 셀룰로스를 미생물로 발효시켜 소화하며 나무와 종이에 균일하고 깊은 구멍을 만든다. 개미굴은 보통 구멍에서 멀리 떨어진 곳에 있기 때문에, 개미굴에 직접 조치를 취하지 않는 이상 흰개미를 제거하기란 쉽지 않다. 빗살수염벌레과Anobiidae는 딱정벌레목에 속한다. 그중에서도 나무좀벌레Anobium punctatum

와 털수염벌레Nicobium castaneum에 주목할 필요가 있다. 이 벌레들은 셀룰로스에 접근할 때, 미생물의 도움없이 스스로 소화할 수 있으며, 불규칙한 모양의 터널을 만든다. 미생물은 일반적으로 손상된 종이에서 흔히 발견되는 얼룩을 만든다. 이는 셀룰라제 같은 효소를 통해 셀룰로스의 가수분해나 산화를 유발하기 때문이다. 가장 흔하게 발견되는 미생물은 누룩곰팡이Aspergillus niger다. 누룩곰팡이는 셀룰로스뿐 아니라, 셀룰로스를 분해하는 박테리아인 비브리오vibro를 공격하기도 한다. 〈사라지는 것과 남는 것〉에는 '콩벌레bicho bola'라고도 불리는 쥐며느리oniscideo 두 마리가 등장한다. 쥐며느리는 썩은 나무, 오래된 책, 건물의 갈라진 틈처럼 어둡고 습한 곳에 서식한다. 호흡을 위해서는 촉촉한 표면에 밀착해 있어야 한다. 그 이유는 몸통 끝에 달린 복부의 작은 막을 통해 가스 교환을 하기 때문이다. 쥐며느리는 식물과 동물의 잔해에서 영양을 공급받는다. 그들의 입 구조는 식물의 잎이나 죽은 동물의 외골격처럼 단단한 재료를 씹는 데 적합하게 진화했다. 쥐며느리는 종종 곰팡이나 박테리아와 결합하여, 목재와 종이 속 셀룰로스를 소화한다. 만약 쥐며느리가 종이 위에서 파티를 벌인다면 쥐며느리가 지나간 자리에 남는 것은, 종이에 포함된 충전제, 돌가루의 흔적뿐일 것이다. 우리 조상들은 돌벽 위에 예술 작품을 남겼다. 결국 종이가 다 썩을 정도로 오래되면, 남는 것은 돌뿐일 것이다. 마치 종이가 스스로 비석이 되어 가는 듯하다.

여기까지 읽었는데 아직 〈사라지는 것과 남는 것〉의 작품 캡션을 제대로 보지 않았다면 자세히 살펴봐야 한다. 작품 캡션에는 작품명, 기법, 재료, 완성일 등 작가가 공개하기로 한 정보들이 적혀 있다. 작품 캡션에 들어가는 정보들은 대부분 작품의 해석을 돕는 중요한 단서가 되므로, 아무렇게나 선정되지 않는다. 〈사라지는 것과 남는 것〉의 캡션도 마찬가지다.

〈사라지는 것과 남는 것〉은 눈속임이 가득한 작품이다. 종이처럼 보이는 것이 사실은 자기 시트다. 이러한 물성의 속임수는 타마라 페이후의 대표적 기법이다. 보기엔 아주 부드러운 완벽한 종이 같지만, 자기 특유의 따뜻한 순백색과 깨지기 쉬운 특성은, 이 작품이 언젠간 깨질 '덧없는 것'이라는 점을 암시한다. 이 작품에 쓰인 자기는 케라플렉스Keraflex다. 케라플렉스는 독일 기업 케라폴이 특허를 보유한 자기 시트다. 케라플렉스에는 일반적인 도자기의 원료인 카올린, 장석, 점토 외에도, 접착제 역할을 하며 시트를 얇고 유연하게 만드는 유기 할로겐 화합물halogenated organic compound을 포함하고 있다. 이 덕분에 케라플렉스는 굽기 전 단계에서 구기고, 접고, 새기고, 구멍을 뚫는 것까지 가능할 정도로 유연하다. 이 작품에서 자기는 '*남는 것*'을 담당한다. 종이가 완전히 분해된 후에도 돌가루는 남는다. 단단하면서도 깨지기 쉬운 자기, 먼지의 흔적, 곤충들이 남는다. '*사라지는 것*'들은 우리로 하여금 유한함을 떠올리게 한다. 우주의 모든 요소는 제각기 다른 방식으로 사라질 운명을 타고났다. 그리고 때로는 흔적을 남긴다. 벽까지 연장되어 표현된 부분이 그러한 흔적을 의미한다. 또 다른 흔적은, 벌레들이 갉아먹어 버려진 종이 조각이다. 그 종이 조각은 결국 돌로 변해, 스스로 비석이 되며, 제3의 풍경이 되는 운명이다. 〈사라지는 것과 남는 것〉은 자연의 불멸과 재생 앞에서 한없이 유한한 인간의 모습을 비유적으로 표현한 작품이다.

〈사라지는 것과 남는 것〉이라는 제목은 로살리아 데 카스트로Rosalía de Castro의 책 《En las orillas del Sar(사르 강변에서)》에 수록된 시 〈Una luciérnaga entre el musgo chispea(이끼 속에서 빛나는 반딧불이)〉의 한 구절에서 따왔다.

이끼 속에서 반딧불이가 빛나고
저 높은 곳에서 별 하나가 반짝인다.
위에도 심연이 있고 아래에도 심연이 있다.
결국 사라지는 것은 무엇이며 남는 것은 무엇인가?
깊이를 헤아릴 수 없는 것을 탐구하고 좇는 것은
어쩌나 헛된 생각인지, 오, 과학이여!
끝에 다다를 때마다 우린 외면했다.
사라지는 것과 남는 것이 무언지.

3

좋은 것, 아름다운 것, 참된 것

학교를 며칠 빠졌다. 다시 등교한 날에는 루시아 옆에 앉았다. 루시아의 필기는, 그녀의 머릿속만큼이나 정갈했다. 물리학 수업이 끝나갈 무렵에야 교실에 들어간 탓에, 내 인생의 첫 화학 수업은 이미 지나가 버렸다. 이제 가속도의 법칙이라든가, 절대온도를 섭씨온도로 변환하는 방법 같은 내용은 이미 끝났다. 지금은 원자가$_{valence}$, 하이포$_{hypo}$, 제일$_{ous}$, 제이$_{ic}$, 과$_{per}$ 따위를 다룬다. 사도신경보다 더 줄줄 외워야 할 음계, 아니 기호들, 상호 교환이 가능한 숫자들. 끝없는 원소의 목록들. "원자가 1가는 리튬$_{lithium, Li^+}$, 나트륨$_{sodium, Na^+}$, 칼륨$_{potassium, K^+}$, 루비듐$_{rubidium, Rb^+}$, 세슘$_{cesium, Cs^+}$, 암모늄$_{ammonium, NH_4^+}$, 은$_{silver, Ag^+}$" 이라는 노래가 떠오른다. 암모늄은 사실 화학 원소도 아니지만, 그게 뭐가 중요한가? 우리 중 누구도 정확히 이해한 사람은 없었지만 어쨌든 공식을 외우는 방법을 훌륭하게 배웠다.

원자가를 다 외운 친구들도 있었고, 책상에 연필로 써 놓은 친구들도 있었다. 난 암기라면 질색이었다.

마리아 수녀님이 우리 모두에게 사도신경의 내용을 하나하나 외워보라고 하셨을 때, 나는 교실에 있던 십자가를 뚫어져라 처다보며 속으로 빌었다.

"곁에 계신다면, 저를 이 고난에서 벗어나게 해주세요."

그러자, 기적이 일어났다.

마리아 수녀님이 나를 그냥 풀어주신 것이다. 나는 우리 반에서 사도신경을 외우지 않고 영성체(미사 중 성찬식에서 그리스도의 몸과 피를 받아 모시는 예식 — 역주)에 간 유일한 학생이었다. 하지만 원자가에는 그 수법이 통하지 않았다. 너무 많이 반복한 나머지, 결국 외워버렸다. 화학 수업에서 늘 이랬다. 새로운 내용을 배울 때마다 처음에는 원자 모형을 대충 훑지만, 결국엔 반응식을 들어가게 된다. 그래서 중학교 의무 교육 이후 화학을 포기한 친구들은 나트륨, 염소, 칼륨의 숫자를 여기저기로 옮기다 지쳤던 기억만 간직하고 있다. 학생이었다가 교수가 된 지금 생각해보면, 화학 반응식은 화학의 경이로움에 다가가기 위해 교육 제도에 지불해야 하는 일종의 통행료와 같다. 마치 집이 무엇인지도 지붕이 무슨 역할을 하는지도 모른 채 일단 지붕부터 짓는 것과 같다. 정상적인 화학 선생님이라면, 그렇게 시작하지 않겠지만 그렇게 시작해야만 하는 상황이 있다. 만약 화학이 반응식이 전부라고 생각한다면, 나는 꼭 이렇게 말해주고 싶다. 화학 덕분에 단열성이 훌륭한 집에 살

수 있고, 지속 가능한 교통수단을 이용하며, 음식물 쓰레기를 줄이고, 더 효율적이고 안전한 농업을 실현할 수 있게 되었다. 화학 덕분에 비누가 어떻게 얼룩을 닦는지, 어떻게 바이러스와 박테리아의 지질을 녹여, 하수구로 흘려보낼 수 있는지 알 수 있다. 비누가 지금까지 얼마나 많은 사람을 살렸는지! 백신부터 물 염소 처리까지, 우리는 질병에 맞서 싸울 자원과 전염을 방지할 도구를 갖고 있다. 통계에 따르면, 물 염소 처리만으로도 1919년부터 1억 7,700만 명의 목숨을 살렸다고 추정된다. 염소를 이용한 물 정화 기술은 공중 보건의 1천 년 역사상 가장 중요한 진보였다. 우리는 이미 수많은 질병 위기를 극복했고, 이제는 기후 위기에 맞설 준비를 하고 있다. 화학은 우리에게 방법을 알려주었고 기회를 주었으며, 그보다 더 소중한 것, 그러니까 현명한 낙관주의를 선사했다. 그 수많은 응용 분야를 알기도 전에 나는 이미 화학에 반했다. 반응식을 외워야 했는데도 좋았다. 화학이 세상을 설명하는 하나의 방법임을 알았을 때, 심지어 가장 정확하고 아름답고 우아한 방법임을 깨달았을 때, 나는 화학과 사랑에 빠졌다. 모든 것은 100개 남짓의 화학 원소로 설명이 가능하다. 바다, 공기, 피부, 그 냄새, 색깔, 질감. 그 모든 것이 화학이다. 온 우주가 나열된 주기율표는 미적 의도와 기능적 목적이 결합된 디자인계의 걸작이다. 학생 시절, 내 방에는 수지 앤 더 밴시스와 매릴린 맨슨 포스터 사이에 주기율표 포스터가 붙어 있었다. 나는 화학에서 우리가 동경할 만한 가치들을 발견했다. 그것은 바로 아름다움, 진리, 선. 좋은 것, 아름다운 것, 참된 것은 서로 떼려야 뗄 수 없다. 지식에는 미적 즐거움이 있으며, 이는 가장 정교한 형태의 즐거움을 주기 마련이다. 더 정확히 말하자면 과학에서 아름다움은 진실의 기준이다. 이론, 법칙, 가설은 질서와 우아함을 기준 삼아 평가된다. 수학 공식으로 표현되는 물리 법칙은 아름다울수록 더 정확하게 여겨진다. 물리 법칙을 그리스 문자로 우아하게 압축하면 압축할수록, 그 법칙은 더 명료하게 느껴진다. 그리고 그 법칙이 우리의 손안에 있다는 만족감을 준다. 잘 정돈된 법칙은, 우리가 그것을 더 잘 이해한 것 같은 착각 혹은 확신을 준다. 정보는 잘 정리되었을 때 지식이 된다. 이를 가장 잘 보여주는 예는, 당연히 주기율표다. 하지만 그 외에도 많은 것이 있다. 분자의 모형, 오비탈, 구조, 결합은 원자를 우리의 시선을 보여주는 방식이다. 그것은 이미지와 언어로 세상을 설명하는 구체적이며 정교한 시다.

우리는 얼마나 정확한 언어로, 얼마나 생생하게 우리를 둘러싼 세계를 표현할 수 있을까?

또 얼마나 우아할 수 있을까?

아주 오래전부터 화학 원소를 체계적으로 정리하려는 시도는 여러 번 있었다. '화학 원소'라는 개념, 그러니까 어떤 물질이 단 하나의 원자로만 구성되었음을 증명한 후에야, 사람들은 그것들을 원자량, 결합하는 원소의 수와 종류, 자연 상태의 물리적 속성에 따라 정렬하기 시작했다. 우리에게는 왠지, 공기, 피부, 모래처럼 우리를 구성하는 원소들이 더 고차원적인 무리에 속한다는 직감, 혹은 그랬으면 하는 욕망이 있다. 그도 그럴것이, 그 원소들은 처음부터 우리에게 주어진 것이니까.

텔루릭 나선Telluric Spiral처럼 아름다운 시도들도 있었다. 텔루릭 나선은 화학 원소들을 원자량순으로 적은 종이를 수직 원통에 나선형으로 말아, 같은 모선상에 성질이 비슷한 원소가 정렬되도록 만든 아이디어였다. 일종의 주기율표의 변형이다. 너무 아름다워서, 오류가 있다는 사실조차 안타깝게 느껴질 정도다. 하지만 텔루릭 나선은 모든 화학 원소에 적용되는 것이 아니라, 가장 가벼운 원소들에만 적용할 수 있었다. 화학 원소를 정리하려는 시도 중에는, 음악과의 관계를 탐색한 실험도 있었다. 음악과 화학 사이엔 경이로운 관계성이 있다. 원소를 원자량이 증가하는 순서대로 배열했더니[*] 여덟 번째 원소는 첫 번째 원소와 성질이 비슷했다. 이를 두고 '옥타브의 법칙The Law of Octaves'이라고 했다. 화학 원소의 성질과 음계의 구조 사이의 그러한 관계는 정말 놀라운 발견이었다. 하지만 애석하게도 옥타브의 법칙은 칼슘calcium, Ca부터 무너지기 시작했다. 정말 아름다웠는데, 정말 안타깝다. 화학 원소가 63개까지 발견되었을 무렵에는[**] 과학자들은 원소들을 화학적 성질에 따라 그룹으로 분류하고, 각 그룹 안에서는 원자량순으로 배열했다. 150년 전, 이 작업을 처음 시도한 인물은

---

[*]   당시에 알려지지 않았던 수소와 비활성 기체는 제외한다.
[**] 현재는 118개다.

화학원소표의 아름다움을 위협할지도 모르는 위험을 무릅쓰고, 일부 원자량을 수정한 대담한 사람이었다. 그는 미래에 발견될 원소들을 위한 공간도 남겨 두었다. 무엇보다, 그에게 중요한 것은 표의 아름다움이었다. 세상은 아름다우면서도 질서가 있어야 한다. 그렇지 않다면 우리는 모두 미쳐 버릴지도 모른다. 표도 마찬가지다. 그때 만들어진 표가 주기율표의 시초였다. 시간이 지나면서 실제로 새로운 화학 원소들이 발견되었고, 그가 바라던 대로 빈칸이 채워졌다. 그리고 우리는 나중에야 알게 되었다. 원소들이 원자량순으로 배열될 때도 있지만, 사실상 주기율표는 원자 번호, 그러니까 원소핵의 양성자 수순으로 배열된다. 질서는 환상이다. 이 말은 양립이 가능한 두 가지 방향으로 해석할 수 있다. 첫 번째는, 엔텔레케이아entelecheia(아리스토텔레스가 목적을 달성하여 완전한 상태에 있는 것을 칭할 때 사용한 철학 용어 — 역주)처럼 더 고차원의 상상으로서의 환상이다. 현실은 혼돈이다. 인간은 질서라는 허구를 만들기 위해, 법칙과 표를 발명한다. 두 번째는, 이상적인 아름다움으로서의 환상이다. 그래서 질서는 아름다움을 향한 자기충족적 욕망이 된다. 주기율표를 포함한 위대한 지식의 발견에는 공통점이 있다. 그것은 우리에 대해 말해준다는 것이다. 우리가 무엇으로 이루어졌는지 알려준다.

과학이 추구하는 첫 번째 가치가 '아름다움'이라면 두 번째는 '진리'다. 과학자들 대부분은 진리라는 단어를 사용하기 꺼린다. 단어의 의미보다 단어가 암시하는 바 때문이다. 특히 다른 뉘앙스의 여지가 없는 제한된 맥락이라면 '진리'가 '도그마(비판이 허용되지 않는 절대적 진리 — 역주)'처럼 들릴 수 있다.

진리의 정의는 결코 간단하지 않다.

철학사를 통틀어 진리라는 말에 담긴 의미를 정의하고 설명하고 이해하려 했던 노력의 결과로 진리론이 탄생했다. 한쪽 극단에는 데카르트가 주창했던 독단론이 있다. 독단론은 완전히 참되고 절대적으로 확실하며, 항상 진리인 지식을 인간이 얻을 수 있다고 주장하는 이론이다. 반대쪽 극단에는 흄의 회의론이 있다. 회의론은 확실한 지식은 불가능하며, 극단적 회의주의자들에 따르면, 진리란 존재하지 않으며, 존재한다 해도 인간이 그것을 알 수 없다고 본다. 진리에 관한 이론 중 회색지대에 속하는 이론들도 있다. 실용주의는 유용한 것을 곧 진리라고 본다. 비판적 합리주의는 지식은 존재하지만, 확실한 것도 절대적인 것도 없으며, 오류와 거짓을 찾아내기 위해 끊임없는 검토와 비판이 필요하다고 말한다. 칸트는 이성이 무엇을 어디까지 알 수 있는지를 규명하기 위해, 이성 그 자체를 비판한다. 포퍼Popper의 비판적 합리주의는 모든 지식에는 오류가 존재할 수 있으므로, 항상 검증되어야 한다는 점을 강조한다. 오르테가 이 가세트Ortega y Gasset는 관점주의를 주장했다. 모든 관점이 진리의 일부를 반영하며, 각 개인과 세대의 관점들을 모을 수 있다면, 그 전체가 절대적 진리에 가까워질 수 있다고 본다. 주관주의는 무엇이 진리인지는 전적으로 개인의 판단에 달려 있다고 주장한다. 상대주의에서는 보편적이고 절대적인 진리는 존재하지 않으며 어떤 명제가 진리인지 여부는 문화, 시대, 사회 집단에 따라 달라진다고 말한다. 아리스토텔레스는 어떤 명제가 현실에 부합한다면 그 명제는 진리라고 했다. 아리스토텔레스가 말한 진리의 어원은 그리스어 알레테이아Aletheia이며, '말의 정확성과 엄격함'이라는 뜻을 가진 라틴어 베리타스Veritas로 번역되었다. 문제를 해결하기 위한 지성적 직관, 일관성 또는 유용성으로 정의되는 진리도 존재한다. 나에게 진리는 아름다움을 기준으로 접근하는 개념이다. 아름다운 것의 반대는 못난 것이 아닌 틀린 것이다. 현재 과학에서 '진리'라고 하면 대개 '합의에 의한 진리consensus truth'를 뜻한다. 철학자 하버마스Habermas가 내린 정의다. 이 정의는 현대 과학이 작동하는 방식에 가장 부합한다. 과학적 연구는 오류 검증과 재현이 가능해야 하므로 도구가 필요하다. 또한 과학 지식의 생산이 참임을 보증하기 위해 과학 시스템 내에서 일련의 필터를 거치게 된다. 과학 이론은 올바른 방법으로 입증되었을 때만 발표될 수 있고, 또한 누구든 더 나은 증거를 제시하며 반박할 수 있어야 한다. 과학자들은 증거를 기반으로 분석하고 토론하면서 합의에 이른다. 그렇게 도출된 합의가 곧 진리가 된다. 이것이 바로 '합의에 의한 진리'다. 하지만 이 진리는 절대적인 것이 아니다. 더 나은 증거가 많이 제시되면, 이전의 합의는 철회되거나 수정되고, 새로운 진리가 자리 잡는다. 그래서 과학은 자기 교정적이다. 당신이 믿든 아니든 진리가 '합의의 결과'라는 것은 굉장한 의미를 지닌다. 합의에 의한 진리가 시간이 지나 힘을 잃었다고 해서, 그것이 과학이 아니었다고 말할 순 없다. 예컨대 지금은 연소를 산화 반응으로 정의하지만 과거에는 플로지스톤설Phlogiston theory로 설명했다. 플로지스톤은 물질이 타는 현상을 설명하기 위한 가상의 물질이었다. 이 이론이 낡은 것으로 판명되었을지언정 그렇다고 해서 그것이 더 이상 과학이 아니라는 뜻은 아니다. 빛이 진공에서 전달되는 현상을 설명하기 위해 제시되었던 에테르 이론ether theory이나 미생물이 발견되기 전에 악취가 질병의 원인이라고 주장했던 미아즈마 이론miasma theory 역시 마찬가지다. 낡은 이론이지만 당시엔 과학적 합의로 도출된 결과였다. 그럼에도 불구하고, 과학적 합의의 중요성은 묵살된다. 오히려 반대 의견이나 골방에서 연구하는 천재에게 더 많은 이목이 쏠리기도 한다. 태양이 지구 주위를 도는 것이 아니라, 지구가 태양을 중심으로 돈다고 주장한 갈릴레오는 전형적인 천재 반항아로 각인되어 있다. 사람들은 이런 스토리를 좋아한다. 진리를 밝혀낸 외로운 천재, 과학에 반향을 일으킨 고독한 반항아. 하지만 과학에서는 예외다. 과학의 역사는 협력의 역사다. 오늘날 과학계에서는 화학자, 생물학자, 물리학자 등 다양한 분야의 전문가들이 팀으로 일하면서 결과를 공유하며, 무엇보다 합의에 의한 진리에 도달하는 것이 일반적이다. 영웅과 반항아들은 교과서나 박물관에서는 멋져 보인다. 하지만 과학계에서는 당시의 현실을 부정하던 엘리트주의적, 개인주의적 인물로 보일 수도 있다. 누군가가 내게 올바른 지식과 잘못된 지식을 어떻게 구분하냐고 묻는다면 나는 우선 과학적 합의를 습관적으로 거스르는 사람의 말을 믿지 말라고 할 것이다. 아주 높은 확률로 그런 사람은 갈릴레오나 영웅이 아닌 그저 무지한 사람일 뿐이다. 과학은 이렇게 진리를 추구하는 것 외에도 도덕적 기준을 따른다는 특징이 있다. 과학의 세 번째 가치는 선이다. 여기서 선이란 단순히 좋은 것이 아니라, 널리 긍정적 영향을 미치는 것이다. 화학은 에너지 접근성을 보장하고, 건강에 좋고 안전한 식량을 제공하고, 기아와 빈곤을 해소하고, 지속적이고 포용적인 경제 성장을 추진하고, 생태계와 생물 다양성을 보존하는 등 지속 가능한 성장의 목표를 달성하는 데 필수적인 학문이다. 하지만 꼭 진리가 유용하거나 유익하거나 도덕적으로 가치가 있어서 우리가 그것을 사랑하는 것은 아니다. 과학자들은 지식에 대한 순수한 애정으로, 진리를 탐구하고 추구한다. 이처럼 지식을 좇는 자연스러운 마음 자체가 과학이 그 자체로 목적이 될 수 있음을 시사한다. 지식 자체는 도덕적이지 않더라도* 지식을 추구하는 행위는 미덕의 실천이다. 게다가 과학 연구는 윤리적 틀 내에서 수행되어야 하므로 임상 시험, 동물 실험, 과학 기술이 환경에 미치는 영향에 관한 윤리적 제한을 두는 국제 규범과 생명윤리위원회가 존재한다.

---

* 좋은 지식이나 나쁜 지식이라는 건 없다.

학교에서 첫 화학 수업을 듣고 나서 루시아는 나에게 필기를 보여주었다. 나는 베껴 쓰지 않고, 사진을 찍었다. 귀찮아서가 아니었다. 너무 어려운 나머지, 잘못 베껴 쓸까 봐 걱정되었기 때문이다. '마그네슘magnesium, Mg'을 '망간manganese, Mn'이라고 적는다거나, '제일'을 '제이'라고 쓰면 큰일이니까. 다행히 수업에서 배우지 않았어도, 암기법을 잘 활용하면 시험을 칠 수 있다. 아이러니하다. 제일은 제이보다 한글도, 영어도 획수가 더 많다는 연상법 덕분에, 나는 그 비롯한 심오한 암기법으로 좋은 성적을 많이 받았다. 좋은 성적을 받는 것이 나의 직업이자, 내가 해야 할 일이었기 때문에 나는 결국 화학 반응식을 세우는 방법을 배웠다. 그건 거의 고행길이나 다름없었다. 다행히 여러 단계의 화학 수업을 듣고 나서 공식이라 불리는 외계어가 어디서 튀어 나온 건지 알게 되었다. 좋은 것, 아름다운 것 그리고 참된 것이 바로 그 순간부터 시작되었다.

4

할아버지, 할머니의 사진

나에게는 우리 할아버지가 피니스테레Finisterre 거리에 포석을 깔고 있는 사진 한 장이 있다.

할아버지는 기차역 건설 현장에서 미장공으로 일하셨다고 했다. 철도의 목침목을 까는 일을 하셨다고도 들었다. 지금은, 목침목들이 콘크리트 침목으로 교체되어, 거리에 쌓여 있다. 할아버지는 열차를 멈추는 장치인 차막이와 열차 사이에 동료가 끼어 죽는 모습을 직접 보셨다고 한다. 그리고 건설 현장에서 당한 사고로 왼팔을 완전히 펴지 못하게 되셨다. 팔 안에 철근 콘크리트를 단단히 잡아주는 쇠줄이 박혀 있다고 하셨다. 나는 거리의 포석 몇 개는 분명 할아버지의 작품일 것이라고 믿으며, 50년 된 이 동네를 산책한다. 할아버지도, 새로운 길에 대한 기대와 직접 만들었다는 자부심을 가지고 그 거리를 걷고 바라보셨다는 것임을 나는 알고 있다. 이곳의 거리는 비단 '여기에서 저기로' 이동하는 수단이 아닌 그 자체로 목적이다. 거리는 단순한 통로가 아니다. 하나의 장소다.

할머니의 사진도 있다.

할머니는 굽 낮은 신발에 펜슬 스커트를 입고 목에는 스카프를 두르고 있다. 크리스티안은 내가 할머니를 닮았다고 했다. 할머니와 할아버지가 멋지게 차려 입고 거리를 걷고 있는 사진도 있다. 할아버지는 핀스트라이프 슈트에 베레모를 쓰고, 할머니는 무릎 길이의 허리가 딱 붙는 드레스를 입고 있다. 할아버지는 카메라를 보고 웃는다. 할머니는 그런 할아버지를 바라본다.

할머니는 돌아가시기 전, 힘겨운 모습으로 침대에 누워 천장을 바라보며 이렇게 말씀하셨다.

"안토니뇨, 나 갈게."

할머니와 할아버지의 사진은 흑백 사진이다. 시간이 흘러 누렇게 바랜 사진은 그 시절 모든 것이 갈색이었던 것 같은 착각을 하게 한다.

오래된 흑백 사진은 시를 닮았다.

어딘가 무게감이 있고, 더 소중하게 느껴진다.

그건 단지 오랜 시간이 느껴지기 때문만은 아니다. 사진에 쓰인 재료의 가치 때문이기도 하다. 아날로그 사진에 쓰인 검은색 안료는 은 같은 귀한 재료로 되어 있다. 이것은 상징적이다. 사진 필름은 투명한 셀룰로스아세테이트cellulose acetate로 이루어져 있고, 그 위에 브롬화은silver bromide, AgBr이 젤라틴 현탁액에 섞인 층, 유제emulsion가 도포되어 있다. 브롬화은은 카메라 렌즈를 통과하는 광자의 영향에 반응하는 감광성 물질 photosensitive material이다. 흑백 사진이라 해도 가시광선 스펙트럼에 대한 감도가 다른 필름이 여러 종류 존재한다. 정색성 필름 orthochromatic film은 붉은색처럼 파장이 긴 색에 민감하지 않아서 암실 하면 떠오르는 전형적인 빨간 조명 아래서도, 굳이 가리지 않아도 된다. 하지만 전정색성 필름panchromatic film은 가시광선 스펙트럼 전체, 특히 가장 에너지가 많고 파장이 짧은 푸른색 계열의 빛에 민감하다. 아날로그 흑백 사진의 이미지는 매우 생생하다. 전통적으로는 네거티브 방식으로 사진을 촬영하고 포지티브 이미지로 현상한다. 아날로그 카메라의 네거티브 필름negative film에 이미지를 기록한 후에 포지티브 이미지로 현상하는 것이다. 네거티브 필름의 검은색은 현실의 흰색, 그러니까 빛을 받은 부분에 해당한다. 현상 과정에서는 네거티브 필름을 고정시키고 빛을 쏘면 인화지에 상이 맺힌다. 빛은 네거티브 필름의 투명한 부분을 통과하고, 그 부분은 어둡게 인화된다. 결과로 포지티브 필름positive film의 이미지, 즉 사진의 본 이미지를 얻게 된다. 사진기의 필름(네거티브 필름)과 인화지의 필름(포지티브 필름) 둘 다 상이 맺히고 현상하는 원리가 동일하다.

인화지의 베이스는 보통 폴리에틸렌polyethylene (PE)으로 가소화한 셀룰로스로 이루어져 있어 현상할 때 사용되는 물과 용액으로부터 종이를 보호한다. 셀룰로스 위에는 흰색의 질감을 돋보이게 하고 품질을 높이기 위해 덧입힌 얇은 층이 있다. 19세기까지는 알부민*이 사용되었다. 그러다 1866년 스페인에서 처음으로 바리타지Baryta paper가 발명되었다. 바리타지에는 종이의 내구성, 품질, 강직도를 높이는 얇은 황산바륨층이 입혀져 있다. 그 위에 할로겐화은, 그중에서도 주로 브롬화은 현탁액이 도포된다. 브롬화은은 이온성 화합물로, 은 양이온silver ion, Ag$^+$과 브롬 음이온bromide ion, Br$^+$이 결합해 입방체 결정 구조를 형성한다. 이 구조는 은 양이온의 영향으로 자연 상태에서는 황백색을 띤다. 브롬화은 현탁액이 빛을 받으면 전자가 이동한다. 원소가 전자를 얻는 과정을 '환원'이라고 한다. 은 양이온이 전자를 얻으면 은이 금속 형태로 변환되면서 '잠상latent image'이 형성된다. 잠상은 육안으로는 볼 수 없지만, 그 위에 형성된 미세한 핵을 중심으로 현상 과정에서 주변 은이 금속 상태로 환원된다. 결과적으로, 현상 과정에서 환원된 은은 검은색을 띠며 실제 사진의 이미지(포지티브 이미지)를 나타내게 된다. 브롬화은의 입자 크기에 따라 필름의 감도가 달라진다. 입자가 클수록 차지하는 면적도 넓어진다. 따라서 유제에 소량의 입자만 있어도 잠상이 생성되므로 노출시간이 단축된다. 이것이 바로 사진의 ISO, 바로 할로겐화은의 입자 크기를 뜻한다. ISO 저감도 필름의 입자는 극도로 작고 톤 스케일

---

*　달걀흰자에서 많이 발견되는 단백질.

이 무척 풍부해서 사진을 확대해도 입자가 거의 보이지 않는다. 이런 필름은 조명이 적당하거나 장노출이 가능할 때 삼각대로 고정된 물체를 찍는 경우처럼 아주 섬세한 디테일을 요하는 사진에 사용된다. 반면 ISO 고감도 필름은 입자가 커서 사진을 확대하면 선명도가 떨어진다. 그래서 움직이는 대상의 동작을 포착할 때나, 조명이 어두운 상황에서 사용된다.

필름과 인화지를 현상하는 과정은 기본적으로 같다.

빛이 없는 상태에서 정해진 순서와 시간에 따라 여러 가지 용액에 담그는 방식으로 진행된다. 사진의 현상은 현상, 중간 정지, 정착, 수세 순서로 진행된다. 네거티브 필름이 현상되고 정착될 때까지 여러 현상액을 채워 넣고 비울 수 있는 구멍이 있는 작은 탱크에 사진 필름, 혹은 카메라 롤을 넣는다. 포지티브 인화지도 같은 현상액을 사용하지만 사진의 크기에 맞는 넓은 통이 필요하며 이때는 현상액을 바꾸는 것이 아닌 인화지를 각 현상액이 담긴 통으로 옮겨가며 진행한다. 현상 과정의 핵심은, 잠상의 은 양이온이 전자를 얻어 금속 상태의 은으로 환원되는 과정이다. 하지만 어떤 물질이 전자를 얻으려면, 다른 물질이 전자를 잃어야 한다. 산화가 되는 물질은 비교적 쉽게 전자를 잃는다. 모든 환원 과정은 산화와 관련이 있다는 뜻이다. 이와 같은 반응을 묶어 '산화-환원 반응oxidation-Reduction' 또는 영어로 짧게 '레독스Redox 반응'이라고 한다.

현상 도중에 산화되어 은에 전자를 전달하는 물질을 '현상제developer'라고 한다. 가장 흔히 쓰이는 현상제는 '4-메틸아미노페놀 황산염4-methylaminophenol sulfate'으로 상표명은 메톨Metol* 또는 엘론Elon**이다. 다른 현상제로는 하이드로퀴논이 있다. 하이드로퀴논hydroquinone은 현상제가 잃는 전자를 다시 충전해줄 수 있는 역할을 한다. 메톨과 하이드로퀴논을 섞은 뒤, 높은 pH값을 유지하기 위해 다양한 알칼리염을 첨가하면, 대비가 뚜렷한 사진을 얻을 수 있다. 현상 과정 중에는 중간 정지라는 단계가 있다. 이 과정에서는 pH값이 급속도로 낮아지며, 산화-환원 반응이 멈추게 된다. 이때 사용되는 산이 아세트산acetic acid, CH_3COOH이다. 그래서 암실에서 식초 냄새가 나는 것이다. 진짜 식초를 사용하는 사진작가도 있다. 왜냐하면 식초는 물에 아세트산을 탄 용액이기 때문이다. 현상의 마지막 단계 바로 전은 정착이다. 정착이란, 현상되지 않아서 여전히 빛에 민감한 상태인 은염을 제거하는 과정이다. 정착 전까지 회색이나 흰색으로 남은 부분에 브롬화은이 남아 있고, 그 부분은 화학적 변화가 일어나지 않은 상태다. 정착 과정에는 티오황산나트륨sodium thiosulfate 같은 염 용액이 사용된다. 티오황산나트륨은 역사적으로 하이포설파이트hyposulfite라는 이름으로도 불렸으나, 요즘은 보통 짧게 '하이포'라고도 한다. 정착 시간을 단축하기 위해서는 티오황산암모늄ammonium thiosulfate을 사용할 수도 있다. 정착 과정에서는 은이 나트륨 또는 암모

---

* AGFA사의 명칭.
** Kodak사의 명칭.

늄 같은 다른 양이온으로 치환되는 양이온 치환 반응이 일어난다. 빛에 민감한 양이온이 은의 자리를 대체한다. 그때 은은 현상액과 나트륨 또는 암모늄의 일부로 흡수되어 사진에서 흰색을 유지하는 역할을 한다. 마지막 단계는 수세다. 수세는 사용되고 남은 현상액을 흐르는 물에 씻어 제거하는 과정이다. 필름이나 인화지가 시간이 지나면서 상하거나 원치 않는 얼룩이 생기는 것을 방지하기 위한 작업이다. 사진을 씻어내고 나면 마를 때까지 이불처럼 널어 두기만 하면 된다.

은염이 검은색으로 변한다는 것은 이미 중세 연금술사들이 알던 사실이다. 그때는 그 원리를 지금처럼 정확히 알지는 못했지만 어쨌든 18세기부터 빛에 반응하여 검게 변하면서 이미지를 고정하는 질산은 같은 염을 사용하게 되었다. 화학자 칼 빌헬름 셸레Carl Wilhelm Scheele가 은염의 이러한 성질을 연구했다. 전통적인 아날로그 흑백 사진은 주로 은염을 사용한다. 하지만 청색과 백색으로 사진을 표현하는 기법인 청사진법Cyanotype에는 철염을 사용한다. 청사진법에서도 산화-환원 반응이 일어나지만, 주 금속이 철iron, Fe이라는 점이 다르다. 청사진법은 '시안cyan'이라는 청색으로 사진의 사본을 만드는 전통적인 단색 사진 기법이다. '시아노타입'이라고도 하는 청사진법은 기계나 건축 설계도 사본에 널리 쓰였다. 청사진법은 처음으로 은염이 아닌 철염으로 사진 이미지를 만들 수 있는 실용적이고 간단하고 훌륭한 기법이었고 비용도 훨씬 저렴했다. 이 기술을 발명한 사람은 존 허셜John Herschel이다. 흑백 사진 기술이 공식적으로 발표된 지 불과 3년 뒤에 청사진법을 발표했다. 허셜은 포지티브, 네거티브, 사진, 스냅숏 같은 명칭을 처음 사용한 인물이기도 했다. 청사진법으로 얻은 사진에는 강렬하고 우아한 청색이 오랜 시간 남아 있다. 하지만 청색은 특정 주제 몇 가지에만 쓰여야 하는 색이라고 여겨졌다. 19세기에는 당시 가장 흔한 주제였던 풍경화나 초상화에는 쓰일 수 없었다. 영국의 사진가이자 자연주의 사진의 창시자인 피터 헨리 에머슨Peter Henry Emerson(1856~1936년)은 그때 "풍경을 빨간색이나 청색으로 인화하는 건 파괴자밖에 없다"고 했다. 청사진법은 청색을 크게 신경 쓰지 않던 건축이나 기계 분야의 사본을 만드는 기술 분야에서 큰 인기를 얻었다. 또한 19세기 사진작가들은 청사진법을 최종 인화를 하기 전, 저렴하게 시험 인화용으로 사용했다. 식물학자 안나 앳킨스Anna Atkins(1799~1871년)는 세계 최초의 여성 사진작가다. 앳킨스의 초기 작품들은 청사진법과 밀접한 관련이 있다. 그녀는 왕립학회 회원이었던 윌리엄 헨리 폭스 탤벗William Henry Fox Talbot, 존 허셜과 친분이 있었던 덕분에 새로운 사진 기법을 배울 수 있었다. 앳킨스는 청사진법을 활용해, 영국 제도에서 발견된 해조류의 형상을 감광지에 고스란히 남겼다. 앳킨스는 이 방식을 "포토그램photogram"이라고 불렀다. 해조류를 네거티브 필름처럼 활용한 것이다. 앳킨스는 해조류를 인화지에 직접 올려놓고, 빛에 노출한 후 청사진법으로 인화했다. 1843년, 앳킨스는 첫 번째 사진집《Photographs of British Algae: Cyanotype

Impressions(영국의 해조류)》를 발간했다. 이 책은 역사상 최초로 사진이 삽화로 들어갔으며, 청사진법이 미적으로 인정받을 만할 뿐만 아니라 과학적인 가치도 지닌다는 사실을 당당하게 보여주었다.

최근 수십 년간, 청사진법은 예술계에서 종이와 직물에 푸른색 모티프를 만들 때 사용되는 접하기 쉽고, 간단하고, 미적으로 흥미로운 기법으로 재조명되었다. 청사진법에는 서로 다른 산화 상태에 있는 두 종류의 철인 Fe^{+2}와 Fe^{+3}을 함유한 두 가지 물질이 필요하다. 첫 번째 물질은 빛에 민감한 구연산철 암모늄ammonium ferric citrate 같은 Fe^{+3} 복합체다. 이와 같은 물질은 주변에서 전자를 얻은 뒤에 Fe^{+2}로 환원된다. 다른 물질은 보통 페리시안화칼륨potassium ferricyanide이다. 구연산은 녹색, 페리시안화물은 붉은색을 띤다. 둘 다 물에 녹아 혼합되는 성질이 있어 서로 전자를 교환할 수 있다. 두 물질을 혼합하여 청사진 이미지를 얻으려는 종이를 칠한 뒤 어두운 장소에서 종이를 말린다. 이것이 청사진법의 인화지를 준비하는 방법이다. 청사진법의 인화지는 두 물질의 전자 교환 반응이 빛에 의해서만 발생하기 때문에 빛에 민감하다. 따라서 안나 앳킨스가 해조류를 직접 올린 것처럼 인화지 위에 물체를 직접 올리거나 청사진으로 얻고자 하는 네거티브 필름을 올려 두고 몇 분간 햇빛에 노출한다. 빛이 작용할 때 물체나 필름이 종이를 덮고 있던 부분은 흰색으로 남고 빛에 노출된 부분은 청색으로 인화된다. 화학적으로 설명하자면 이때 구연산citric acid이 햇빛에 노출되면서 Fe^{+3}이 Fe^{+2}으로 환원된다. 환원된 Fe^{+2}은 페리시안화물ferricyanide과 반응하면서 Fe^{+3}와 Fe^{+2}의 복합물이 만들어진다. 이 복합물은 페로시안화 철ferric ferrocyanide 또는 헥사시아노철(II) 산철(III)iron(III) hexacyanoferrate(II)이라고 불리며 '프러시안블루Prussian blue' 안료로도 알려져 있다. 프러시안블루는 물에 녹지 않는 물질이라 종이에 남은 감광성 물질의 잔여물을 물로 씻고 나면 청색 안료만 선명하게 남게 된다. 청색은 공기 중 산소에 의존하는 반응인 수세 작업 뒤에 명확하게 드러난다. 그래서 작업 속도를 높이기 위해 과산화수소hydrogen peroxide, H_2O_2로 수세 작업을 하는 예술가들도 있다.

청사진법을 진행할 때 섬세함이 가장 필요한 작업은 바로 햇빛 노출이다. 이 과정에서 회색 얼룩이 나타났다면 환원 과정이 과도하게 진행되어 프러시안블루가 베를린 화이트로 변했다는 뜻이다. 햇빛 노출만 제외하면 나머지 과정은 간단하고 크게 주의할 점이 없다. 프러시안블루는 산소와 빛에 대한 내성이 뛰어나기 때문에 완성물이 영구적으로 보존된다. 허셜이 제작한 청사진 원본을 보면 알 수 있다. 오랜 세월이 지난 지금도 강렬한 청색이 여전히 남아 있다. 청사진의 프러시안블루와 흑백 사진에서 은염이 변해 생긴 검은색은 시간이 지나도 원래대로다. 빛은 종이에 화학적 흔적을 남긴다. 시간이 지나면서 노랗게 변하고, 청사진에서 녹색으로 변하고, 사진에서 갈색으로 변하는 것은 지지체support, 즉 종이나 인화지다. 하지만 철이나 은 같은 금속은 시간을 견딘다.

은으로 만든 우리 할머니와 할아버지의 사진에서 우리는 그들의 시절까지 느낄 수 있다.

우리가 후세에 물려주지 못할 것이란 없다.

5

동네에는 추억이 있다

점점 저무네,
진흙이 가득했던 나의 동네가.

Se deshace despacio
mi barrio de barro.

이 문구는 내가 10대 때 쓴 시 구절이다. 나름 언어유희를 강조하고 싶어서 의도적으로 두 줄로 나눠 썼다. 언어유희란, 뜻은 다르지만 발음이 비슷한 두 동음이의어를 활용하는 문학적 표현 장치다.

우리 동네가 점점 저물고 있는 건 사실이었다. 내 방 창문에서 내려다보이던 광장은, 이제 지하 주차장이 되었다. 지하 주차장을 짓기 위해 광장 아래에 있던 바위들을 몇 달, 몇 년에 걸쳐 다이너마이트로 폭파했다. 그 바닥을 덮고 있던 슬레이트와 눈 화장을 하는 데 쓰려고 긁어냈던 운모로 된 벽이 모두 무너졌다. 1950~60년대에 지어진 주변의 건물들은 폭파 현장을 견디기 힘들었다. 어떤 집은 외벽이 함께 무너졌다. 페인트가 벗겨지면서 벽돌의 가로줄이 흉터처럼 드러났다. 오래된 광장은 세 개의 층으로 나뉘어 있었다. 동네 아이들이 광장의 구조를 활용해, 일종의 숨바꼭질 같은 '병의 법칙'이라는 놀이를 개발하기도 했다. 놀이 방식은 이랬다. 두 개의 층을 연결하는 계단의 맨 위에 공을 올려두고, 그 공을 아래로 찬다. 공은 광장을 벗어날 수 없다. 아니, 오히려 공을 찬 사람이 술래가 된다. 술래는 다시 공을 주우러 계단을 내려간다. 그때는 손으로 눈 주변을 가려 시야를 차단하고, 고개를 숙인 채 땅을 보면서 가야 했다. 그동안 나머지는 광장 곳곳에 숨는다. 술래는 공을 제자리에 돌려놓는 순간, 진짜 숨바꼭질이 시작됐다. 다른 친구를 찾은 후에는 공까지 달리기를 하고 공에 먼저 도착한 사람이 다시 공을 광장 안으로 찬다. 공까지 늦게 도착한 사람이 다음 술래가 된다. '병의 법칙'이라는 이름은 '병을 던지는 사람이 가야 한다'는 표현에서 따왔다. 실제로 우리의 공놀이도 그랬다. 공을 찬 사람이 반드시 그것을 찾으러 가야 했다. 우리 동네에서, 법칙이 놀이로 바뀐 것이다. 우린 주로 공을 갖고 놀긴 했지만 때로는 빈 깡통이나 법칙의 이름처럼 플라스틱병을 갖고 놀기도 했다.

우리는 계단을 오르내리며 야구도 했다.

우선 산후안San Juan 축제(스페인에서 성 요한의 날을 기념하는 축제 — 역주) 때처럼 모닥불을 계단 아래쪽에 피웠다. 모닥불이 광장의 가장 높은 곳을 넘지 않도록 하는 것이 관건이었다. 광장의 바닥은 슬레이트로 되어 있어서 모닥불을 피워도 문제없었다. 어느 날은 광장을 아주 큰 칠판이라고 생각하고 놀기도 했다. 그날은, 분필 한 통을 다 써버릴 정도였다. 광장 바닥에 우리가 꿈꾸는 집을 그렸다. 벤치 위에는 화로를 그리고, 뜰이 있는 곳에는 간식을 잔뜩 그려 넣었다. 우리가 꿈꾸는 미래의 배우자 이름을 적기도 했다. 아카시아 나무의 상쾌한 그늘 아래에 있는 중간층 벤치에서 오후를 보내던 아저씨들이 앉을 자리가 없다며 우리를 꾸짖었다. 아저씨들은 옷이 더러워질까 봐, 벤치 위에 전단지나 나무판자를 두었다. 그날, 온 광장에 분필 낙서가 가득했다. 비가 오기 전까지는 그랬다. 낙서 두 개 빼고는 모두 지워졌다. 처마가 있었던 자리의 낙서들이었다. 지금은 담배 가게가 들어선, 한때는 회반죽을 칠한 벽이 있었던 자리다. 나는 그 벽에 '이거 읽는 사람 바보'라고 썼고, 내 친구 아나는 '데보라♡산마니에고'라고 적었다. 산마니에고는 그때 나를 일주일 동안 좋아했던 남자애였다. 처마가 비를 막아준 덕에 그 낙서들은 광장 일 층이 개조되기 전까지 몇 년이나 남아 있었다.

나는 거의 매일, 그 낙서들을 보았다.

낙서들을 보며 매일 옛 광장의 모습과 광장에서 놀던 친구들을 떠올렸다.

공사가 시작된 그 여름에도 나는 여전히 광장에 내려가 놀 수 있을 만큼 작았다. 하지만 공사가 우리의 생활을 바꾸었다. 동네 친구들은 모두 흩어졌다. 그중 나이가 많던 친구들은 새로운 취미를 찾았고 어린 친구들은 서로 만나지 않게 되었다. 우린 서로의 전화번호도 몰랐다. 그 전에는 알 필요가 없었다. 그냥 광장에 내려가서 기다리면 만날 수 있었다. 광장엔 항상 친구와 공이 있었다. 동네가 바뀐 이후에는, 간식을 사러 문구점에 갈 때만 광장 친구들을 가끔 볼 수 있었다. 여름 내내 함께 놀았던 광장의 친구들을 뒤로하고 학교 친구들이 새로운 나의 동네 친구들이 되었다. 밖보다 집에서 노는 시간이 많아졌고, 창문으로 공사 현장을 구경하며, 나는 사라질 광장을 미리부터 그리워했다. 나는 정겨운 추억을 만들고 있다는 사실에 뿌듯해하며 어린 날을 즐겼다. 90년대에는 우리 동네처럼 모여 노는 문화가 흔하지 않았다.

우리는 그런 거리를 잃고 있었다. 주차장 하나 때문에, 나의 정겨운 동네가 점점 저물어가고 있었다.

적어도 동네에는, 점토처럼 추억이 있었다.

도예가가 되면 알게 되는 첫 번째 교훈은 바로 점토에는 흔적이 남는다는 점이다. 이 말은 여러 뜻으로 해석할 수 있다. 재료 과학, 공예, 전통의 흔적이 남아 있다. 점토로 한 번 모양을 만든 뒤 뭉개서 다른 모양을 또 만들면 점토를 말리거나 구우면 그 자국이 반드시 드러난다. 금이 가고, 자국이 생기고, 주름이 남는다. 소조modeling 과정에서의 균열, 실수, 번복의 자취는 점토라는 재료에 후회처럼 각인된다. 둘째, 점토는 '점토가 되기 전'의 재료가, 다시 돌로 다듬어지는 과정을 담고 있다. 점토는 화강암처럼 장석을 함유한 암석이 분해되면서 생긴 수화된 알루미노규산염의 응집물로 구성된 퇴적암이다. 점토에 들어간 불순물의 종류에 따라 색깔도 다양하다. 산화철 iron oxide, Fe_2O_3이 있다면 황적색을 띠고 순수한 알루미노규산염이 있다면 백색을 띤다. 점토는 미세한 입자로, 그중 일부는 화학적으로 콜로이드colloid 범주에 속한다. 콜로이드는 두 가지 이상의 상태가 섞여 있는 혼합물이다. 액체처럼 흐르는 상태일 때도 있고 아주 미세한 고체 입자 형태로 분산되기도 한다. 이러한 성질 덕분에 아주 연성이 큰 재료를 만들어 깨뜨리지 않고 냉간 변형을 할 수 있고, 탄성 재료와 달리 압축한 뒤에 형태를 영구적으로 보존하는 플라스틱 재료를 만들 수도 있다. 점토는 연하고 가소성이 높은 재료이며 땅에서 구할 수 있다. 점토를 건조하면 사이사이에 머금고 있던 수분, 즉 콜로이드 속 수분이 빠져나간다. 굳더라도 여전히 점토는 점토다. 하지만 점토를 소성, 즉 굽기 과정을 거치면 그것은 점토가 아닌 도자기가 된다. 높은 온도에서, 점토에는 물리적, 화학적 변화가 생겨 도자기로 변한다. 점토와 도자기는 열역학thermodynamics적 특성이 다르다.

'점토에는 흔적이 남는다.'

이 교훈을 달리 해석하면 도자기의 역사는 전 세계 거의 모든 민족의 역사와 연결된다는 뜻이다. 수천 년 동안 도예는 거의 모든 문화에서 사회를 이어주는 끈처럼 존재해왔다. 도자기는 신석기시대에 처음 발명되었다. 신석기시대에는 식량을 저장하고 씨앗, 우유, 포도주 등 농사를 짓고 난 뒤의 잉여 자원을 보관할 용기가 필요했기 때문이다. 도자기는 주로 가정에서 인간의 생존을 책임지기 위한 고민 끝에 발명되었다. 그렇다 보니 거의 모든 고고학 유적지에서는 도자기가 발굴된다. 밥그릇, 물병, 컵, 그릇 등 현대적 형태의 도자기들은 이미 수천 년 전부터 인간과 함께였다.

도자기로는 가정에서 쓰기에 유용한 용품들을 만들었을 뿐만 아니라 조각품을 만들기도 했다. 점토의 흔적을 가장 잘 보여주는 조각품은 바로 마크 맨더스Mark Manders(1968년 네덜란드~)의 〈소성하지 않은 점토 토르소Unfired Clay Torso〉다. 마크 맨더스의 전시회는 꼭 그의 작업실을 보는 것 같다. 완성작과 미완성작이 뒤섞여 어떤 것이 완성작이고 미완성작인지 구분이 어렵고, 점토는 아직 촉촉하며, 콘크리트는 막 굳기 시작했고, 청동 버burr(금속을 가공할 때 생기는 까칠까칠한 거스러미 — 역주)는 거친 구릿빛 털인 양 본체에 붙어 있다. 그의 전시 공간은 굽지 않아 수분이 남아 있는 점토, 플라스틱에 둘러싸인 채로 보호된 조각들, 가공되지 않은 재료들, 선반에 붙은 돌가루와 다시 쓰인 목재들로 이루어진 작은 우주의 한 조각 같다. 예술가의 하루는 이처럼 가공된 재료로 가득하다. 나는 손이 지저분한 예술가들을 좋아한다. 예술에서 과학은, 예술가들이 원할 때 발전한다. 예술가들은 과학자, 더 정확히는 연금술사가 된

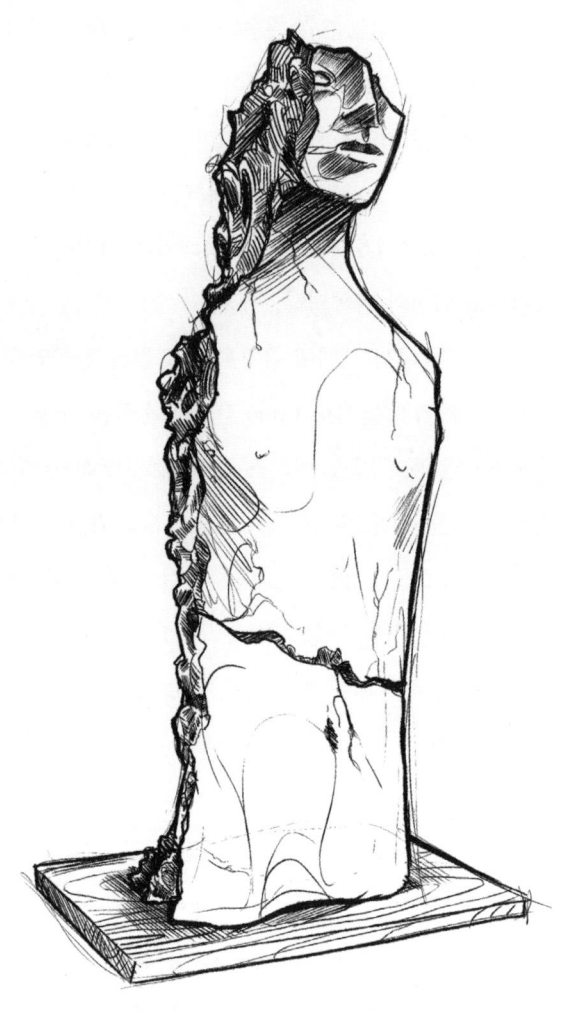

마크 맨더스, 〈소성하지 않은 점토 토르소〉
청동 파티나와 목재, 127×50×51.5cm, 2014~2015년.

다. 예술가들은 그들에게 주어진 기회를 과학자들과 함께 탐구한다. 돌이켜 보면 예술과 과학이 그간의 여정을 함께해 온 것이 분명하다. 석기시대, 청동기를 넘어 르네상스의 안료까지 예술은 재료만으로 그 자체를 설명할 수 있을 정도로 과학의 역사와 연결되어 있다. 예술 작품 하나의 캡션에는 조소의 온 역사가 담길 수도 있다. 마크 멘더스의 〈소성하지 않은 점토 토르소〉가 바로 그런 작품이다. 마치 일부만 다듬은 것 같은 점토로 된 토르소 조각이다. 점토가 여전히 수분을 머금은 듯 빛나는 이 작품은 나무 조각 위에 놓여 있는데 이는 건조 과정에 있는 아직 제작 중인 작품임을 뜻한다. 점토는 물이 섞인 상태에서 모양을 변형시키고 자연 건조를 하거나 적당한 열을 가해 건조한 뒤에 최종적으로 소성한다. 점토는 소성을 거쳐 도자기가 된다. 점토의 미세한 입자와 물이 골고루 섞이면 점토의 모양을 변형할 수 있는 가소성이 생긴다. 물은 세 가지 형태로 존재한다. 공극수, 흡습수, 결정수. 공극수는 점토를 진흙 형태로 만들어 가소성을 부여한다. 점토로 모양을 빚을 때 점토의 입자들은 공극수의 막을 타고 흩어지면서 서로 미끄러진다. 물이 증발하면 물의 막은 얇아지고 점토의 입자들이 서로 가까워진다. 그렇게 점토는 수축하고 물이 차지하고 있던 부피가 사라지면서 점토 입자들이 서로 닿을 정도가 된다. 흡습수는 물의 쌍극자가 갖는 전기력과 점토를 형성하는 결정의 전기적 성질에 의해 광물 입자에 흡착되는 물이다. 건조 과정에서 흡습수도 일부 사라진다. 흡습수가 날아가면

부피나 크기가 줄어들 뿐만 아니라 점토 조각의 색이 선명해지고 점토 조각이 강성과 저항성을 띠게 된다. 맨더스의 작품처럼 균열과 모양의 변형이 생기는 것이다. 결정수는 점토를 구성하는 광물의 결정에 화학적으로 결합한 물이다. 결정수는 소성 과정에서만 증발한다. 소성은 되돌릴 수 없는 과정이다. 다시 말해 소성 이후에는 점토가 다시 유연해지지 않는다. 결정수가 사라지는 것을 탈수산화라고 한다. 이는 고령토(점토 광물의 한 종류 ─ 역주)의 결정 구조 속에 있는 수산화 이온hydroxide ion, OH⁻이 제거되는 과정이다. 이 과정에서 흡열 반응*이 일어나 무게가 감소한다. 석기, 도기, 자기 등 전형적인 고령토 가공 과정에서는 섭씨 500~650도 사이에서 탈수산화가 일어난다. 이때 비정질 구조에 준안정 상태인 메타카올린metakaolin 형태가 나타나며 원자의 재배열로 인해 결정 구조가 일부 파괴된다. 탈수산화는 고령토가 가소성을 잃는 과정이다. 소성 과정에서는 작품을 더 안정적으로 만들어주는 물리적, 화학적 변화가 생긴다. 몇 가지 변화를 설명하자면 우선 유기 물질 중에서도 점토의 갈탄lignite이 휘발되고 산화하는 것이 있다. 탄산염carbonate, CO_3^{2-}, 황산염sulfate, SO_4^{2-}, 수산화물hydroxide, OH⁻ 등 산소를 함유한 화합물이 분해되면서 이산화탄소carbon dioxide, CO_2, 황산화물sulfur oxides, 수증기가 생성된다. 이 과정은 내부

* 열을 흡수하는 반응.

기포나 분화구 모양의 크레이터 같은 구조적 흔적을 남긴다. 또 다른 변화로는 알파석영α-quartz이 베타석영β-quartz으로 변하는 것 같은 '상변화'나 비정질 구조에서 결정이 형성되는 '결정화'가 있다. 일반적으로 도자기는 소성과 냉각을 최소 두 번 거쳐 만들어진다. 첫 소성은 '초벌구이'라고 하며 소성 온도는 약 섭씨 1,000도다. 초벌을 거쳐도 도자기에는 구멍이 많아서 유약이나 안료를 흡수하기 쉬운 상태가 된다. 그래서 이때 시유를 한다. 두 번째 소성은 '재벌구이'라고 한다. 재벌구이에서는 반죽과 유약 중 일부는 녹고 일부는 굳는다. 도자기 공정은 냉각한 도자기의 다공성이 0 또는 0에 가까워지면 끝난다. 광범위한 온도의 변화 속에 규소silicon, Si와 붕소boron, B*의 결정 구조가 깨지고, 무질서한 유리질을 형성하게 만든다. 이 과정은 아직 녹지 않은 내화물이 남긴 공간을 채우면서 도자기의 본체를 압축하고 통합하는 작용을 한다. 수금gold luster 등으로 도자기를 장식하기 위해 소성을 세 번 하는 경우도 있다. 맨더스의 작품은 이 모든 과정, 즉 '소성'을 의도적으로 거치지 않은 것처럼 보인다. 〈소성하지 않은 점토 토르소〉라는 제목을 봐도 그렇다. 하지만 맨더스가 쓴 작품의 캡션을 보면 이 작품에는 보이는 것 이상의 것이 있다. 그 작품의 구성은 조소 역사의 축소판이다. 맨더스는 '청동 파티나patina(청동 제품에 나타

---

* 유약에 포함된 물질.

나는 녹 — 역주)와 목재'라고 했다. 그렇다. 도자기도 아니고 흙으로 만든 조각도 아니다.

청동이다.

청동은 인간이 의도적으로 만든 최초의 합금이다. 원소 중 최소 하나가 금속인 물질을 합금이라고 한다. 청동은 구리와 주석tin, Sn의 합금이다. 합금은 금속의 고유 성질이 나타나는 고용체를 형성한다. 고용체에서 모체가 되는 금속을 '용매', 용매에 녹아드는 물질을 '용질solute'이라고 한다. 청동은 숯가마에서 광석을 섞으면서 만들어졌다. 황동광이나 공작석 같은 구리 광석을 석주석cassiterite 같은 주석 광물과 혼합했다. 구리와 주석 모두 산화 상태에서 양이온으로 존재하는 광석이다. 석탄이 연소하면 이산화탄소를 만들면서 산화하고, 그 결과 구리와 주석이 금속 상태로 환원된다. 그렇게 청동이 탄생한다. 청동은 구리 함량이 높아서 조소에서 아주 귀한 재료다. 청동 조각상을 만들 때는 우선 가소성이 높고 다루기 쉬운 재료로 모형을 만든다. 소성을 하고 나면 그것으로 주형을 만들고 주조하여 청동 조각상을 얻기 위한 양각의 틀로 사용한다. 주조는 합금을 녹여 틀에 부어 조각상의 형태를 얻는 과정이다. 청동을 사용하는 특별한 기법으로 로스트 왁스lost wax가 있다. 과정은 이렇다. 먼저 모양을 바꾸기 쉬운 재료인 왁스로 조각상의 모형을 만든다. 왁스는 고온을 잘 견디는 석고나 내화 점토 여러 겹이 쌓인 재료다. 주형에는 '스프루sprue'라고 하는 왁스 통로용 작은 구멍들이 생긴다. 왁스는 이 스프루들을 통해 들어가며 조각품의 형태가 만들어진다. 그리고 모형을 고온가마인 머플로muffle furnace에 거꾸로 넣으면 왁스가 녹아 스프루를 통해 바깥으로 빠져나온다. 왁스가 스프루로 나와 사라진다고 하여 이 기법에 로스트 왁스, 즉 사라진 왁스라는 이름이 붙었다. 이렇게 하면 조각품의 음각 형태인 주형이 만들어진다. 이어서 주형의 주 스프루에 청동을 녹여 부으면 왁스가 있던 자리를 청동이 채우게 된다. 이런 식으로 왁스로 먼저 만든 형태의 사본을 청동으로 만들게 된다. 청동 조각품은 냉각 후에 주형에서 꺼내고 원하는 형이 될 때까지 깎고, 다듬고, 조각하고, 파티나를 만든다. 조각품의 크기가 크면 보통 안이 가득 차 있지 않고 속이 비어 있다. 그러려면 주형에는 속을 채울 수 있는 중자core가 들어가야 한다. 보통 이렇게 진행된다. 주형이 만들어지면 다시 녹은 왁스로 속을 채워서 최종 조각품의 원하는 두께가 될 때까지 주형의 표면만 남도록 한다. 조각품의 중심이 되는 내부는 모래, 다공질 벽돌 또는 석고의 혼합물인 중자로 채운다. 중자는 못으로 주형의 외부에 고정한다. 이 상태로 주형을 머플로에 넣으면 왁스가 제거되어도 중자가 있던 형태가 그대로 유지된다. 그리고 주 스프루에 청동을 녹여 주입하면 주형과 중자 사이의 공간이 채워진다.

마크 맨더스의 〈소성하지 않은 점토 토르소〉는 청동으로 만들었지만 겉보기엔 아직 주조 과정을 거치지 않은 초기 단계에 있는 미완성작처럼 보인다. 왜냐하면 팔도 머리도 없기 때문이다. 한편으로는 과거에 완전한 형태였다가 다시 처음으로 되돌아간, 시간을 거스른 작품처럼 보이기도 한다. 맨더스는 조소 역사의 복잡성을 간단하게 표현했다. 예술가와 기술, 기술을 가능케 하는 과학, 의식, 그리고 무엇보다 재료의 상징 사이의 긴밀한 관계의 역사를 풀어냈다. 이제 막 만들기 시작해서 어떻게 변할지 모르는 것처럼 보이지만 하나의 완성작이다. 거기에는 조소의 모든 단계가 담겨 있다. 우리로 하여금 지나간 시간을 상기시키고 다가올 시간을 바라봐야 한다고 말하는 작품이다. 모든 것이 계산되었다. 겉모습부터 시작해* 작품이 의미하는 바까지** 말이다. 맨더스의 작품은 기대하게 만든다. 처음에 보이는 것은 아무것도 아니며 모든 것은 자세히 살펴보아야 한다. 그의 작품은 과거를 중심으로 미래까지 뻗어나간다. 예술의 역사를 보여주는 트롱프뢰유Trompe l'oeil(실물이라 착각할 정도의 눈속임을 활용한 작품 — 역주)다.

그리고 다시 흙으로 내려오자.

예술에 대한 예술인 마크 맨더스의 세계에서, 인간의 가장 세속적인 차원을 그려내는 예술로. 예술가 후안 무뇨스Juan Muñoz(1953년 스페인 마드리드~2001년 스페인 이비자)는 자신의 조각품들을 '상statues'이라 칭했다. 거의 진짜 사람만 한 크기에,

---

*   작업실 안에서 자신의 운명을 맡긴 채 목재 위에서 건조되고 있는 점토 조각상에 세로줄이 그어져 있다.
** 부드럽고 촉촉하고 미완성인 듯 보이지만, 실제로는 단단하고 썩지 않으며 변치 않고 가치 있다.

후안 무뇨스, 〈걸려 있는 형체들〉
수지, 160×70×50cm, 1999년.

정말 사람 같은 모습을 한 상들이었다. 나는 살면서 후안 무뇨스의 여러 작품을 감상할 수 있는 행운을 누렸다. 그중에서도 가장 강렬하게 남은 기억은, 처음 본 작품이었다. 그것은 1999년 작 〈걸려 있는 형체들Hanging figures〉이었다. 그 전시에서 놀라웠던 것은 내가 처음 본 것이 흰 벽에 비친 형체들의 그림자였다는 사실이다. 꼭 두 사람이 밧줄에 목을 매단 채 죽은 것처럼 보였다. 그림자는 천천히 움직이고 빙글빙글 돌았다. 마치 그 일이 방금 일어난 듯한 느낌이었다. 나는 그림자에 이끌려 벽으로 다가갔다. 벽만 보고서는, 그림자가 실제로 어떤 형체인지 알기 어려웠다. 모퉁이를 돌자 그곳에 회색의 뚱뚱한 두 남자 형체가 이로 밧줄을 물고 천장에 매달려 있었다. 이 조각은 겉보기엔 소성을 거치지 않은 듯했다. 부드럽고 촉촉한 회색처럼 보였다. 그 작품이 말하고자 한 이야기가 바로 내가 듣고 싶었던 이야기였다. 모든 것이 회색이었다. 중립적이고, 특별한 표현이 없었다. 장갑 같은 손은 진흙으로 가득 차 있었다. 두 남자는 아주 천천히 회전했다. 중력에 맞서는 그들의 치아에 모든 고통이 집중되어 있었다. 후안 무뇨스는 이야기를 전달하는 능력이 뛰어나다. 무관심하게 지나칠 수 있는 평범한 사람의 이야기를 붙잡아 그 평범함의 아름다움을 전달한다. 그는 공간에 잘 어우러지는 재료, 그러니까 묘사된 대상을 중립적으로 보이게끔 하는 재료를 선정했다. 그는 폴리에스터 수지polyester resin를 사용해 혼합된 재료의 형태를 단단하게 만들고 질감을 살렸다. 특히 파피에마세papier-mâché를 잘 활용했다. 폴리에스터 수지는 보통 용매 역할을 하는 스티렌styrene에 녹인 폴리에스터 중합체로 구성되어 있다. 이 용매는 수지의 점도를 제어할 수 있게 해주며, 경화 작용에도 관여한다. 처음에는 액체였던 수지는 가교 반응cross-linking으로 고체가 된다. 가교란, 궁극적으로 고체가 되는 폴리머 분자 간의 결합이 형성되는 반응이다. 가교는 두 가지 유형의 촉매 덕분에 일어난다. 하나는 자유 라디칼을 생성하는 벤조일 퍼옥사이드benzoyl peroxide이나 메틸에틸케톤 퍼옥사이드methyl ethyl ketone peroxide 등의 개시제, 다른 하나는 가교 반응을 용이하게 하는 전이금속염인 촉진제accelerator다. 자유 라디칼은 지퍼의 이빨과 비슷해서 서로 맞물리는 형태다. 촉진제는 마우스 커서처럼 작용해, 그 지퍼의 첫 번째 이빨을 '드래그'하여 정확히 맞물리도록 돕는다. 지퍼의 첫 이빨이 맞물리면 나머지 이빨들도 일종의 연쇄 반응을 일으킨다. 이빨이 많을수록, 수지는 더 단단해진다. 마크 맨더스는 수지를 안료와 섞어서 작품에서 왁스 같은 질감이나 진한 회색을 내는 데 활용했다. 천장에 매달린 남자들도 그렇다. 나중에는 풍경을 표현할 때 가장 원시적이면서도 중립적인 합금인 청동을 사용하기 시작했다. 원자 수준에서 금속은 각 금속의 고유한 기하학적 패턴을 따라 배열된 동일한 원자로 구성된다. 금속의 기하학적 패턴을 결정 구조라고 한다. 우리 화학자들은 결정이라는 단어를 배열과 거의 동의어처럼 사용한다. 어떤 금속의 원자가 항상 같은 방식으로 배열되어 있다면 그러한 3차원 배열을 결정 구조라고 부르는 것이다.

합금을 구성하는 원소들이 서로 완전히 용해되려면 이들은 '흄-로더리 법칙Hume-Rothery rules'의 네 가지 조건 중 하나 이상을 만족해야 한다. 첫째, 용질과 용매 원자의 반지름 차이가 15% 이내여야 한다. 그래야 한쪽이 다른 한쪽을 대체하거나 결정 구조의 빈틈에 들어갈 수 있다. 둘째, 두 원소의 결정 구조가 같아야 한다. 셋째, 원소들이 서로 섞였을 때 화합물이 형성되지 않아야 한다. 다시 말해, 서로 반응은 하되 공존해야 한다. 넷째, 원소들의 원자가는 같아야 한다.

합금은 고온에서 녹은 뒤, 응고와 냉각을 거치며 결정화된다. 이 과정에서 구리의 고유 결정 구조가 변화하거나 유지되는 방식에 따라, 최종적인 청동의 강도, 색상, 질감이 결정된다. 순수한 구리의 결정 구조를, 그러니까 구리의 원자가 자연적으로 배열된 방식을 '면심 입방 구조FCC, Face-Centered Cubic'라고 한다. 입방체의 모든 꼭짓점과 모든 면의 중심에 구리의 원자가 배열된 구조를 떠올리면 된다. 구리와 주석으로 청동 합금을 만드는 방식은 다양하며, 두 금속의 혼화성miscibility* 정도도 방식마다 다 다르다. 주석은 FCC 구조 안에서 구리 원자를 대체할 수 있다. 야금학적 용어로는 이를 '단상 합금single-phase alloy'이라고 한다. 반대로, 주석은 구리와 섞이면서 다양한

---

*   합금 상태에서 서로 잘 섞이는 성질.

결정 구조를 지닌 영역을 형성하면, 그것은 '다상 합금polyphase alloy'이 된다. 또 어떤 경우에는 주석이 구리의 FCC 구조 내의 공극interstice, 그러니까 빈 공간에 포획되기도 한다. 주석 외의 다른 금속을 섞으면, 복합 소재를 얻을 수 있다. 예를 들어 납lead, Pb을 청동에 첨가하면 구리와 완전히 다른 구조가 형성된다. 이러한 합금 구조를 연구하는 과정에서 상태도phase diagram라는 개념이 등장했다. 상태도는 두 가지 금속으로 이루어진 2원 합금이 어떤 조직 구조를 형성하는지 보여주는 그래프다. 가로축은 합금 내 용질의 비율, 세로축은 온도를 나타낸다. 상태도는 합금을 제조할 때 어떤 재료를 얼마만큼, 어떤 온도에서 첨가해야 하는지 알려주는 일종의 레시피다. 상태도를 통해 우리는 주석의 함량과 냉각 온도 변화에 따라 어떤 종류의 청동이 생성될지 예측할 수 있다. 원하는 결정 구조를 얻기 위해 용융 및 냉각 온도를 정밀하게 제어하는 것이다.

  조소에는 주석이 11% 미만인 단상 청동을 종종 사용한다. 이 청동은 로스트 왁스 기법에 적합하다. 하지만 완성된 청동상의 모습은 아주 다양하다. 매우 고운 모래를 고속으로 투사하는 방식으로 금속을 연마하여 붉은 광택이 날 수도 있고, 산화 용액을 추가하거나 금속이 산화될 때까지 열을 가하면 녹색에서 검은색에 이르기까지 다양한 색상의 파티나를 만들 수도 있다. 야외에 방치된 청동상에는 종종 자연스러운 파티나가 형성되기도 한다. 파티나는 청동이 부식된 후 표면에 형성되는 구리염copper salt의 얇은 층이다. 모든 금속이 자연 상태, 그러니까 자신이 추출되었던 광물 상태로 돌아가려는 경향에서 비롯된다. 형성되는 염화구리 copper chloride에 따라 파티나는 안정적일 수도 불안정할 수도 있다. 안정적인 파티나는 청동 고유의 성질을 보호하며, 불안정한 파티나는 그 성질을 파괴한다. 공기, 토양 및 바다의 불순물은 청동에 서서히 작용해 일반적으로 안정된 파티나를 형성한다. 안정적인 파티나는 보통 표면에만 생겨 청동 내부가 부식되는 것을 막는다. 이런 이유로, 동전과 조각품의 파티나는 제거해서는 안 된다. 파티나를 제거하면 아래의 반짝이는 표면이 다시 노출되고, 공기와 반응하면서 산화되어 금속이 손실될 수 있다. 보통 먼저 생기는 것이 산화구리(I) cuprous oxide, Cu_2O인 적동광이며, 이들은 일반적으로 붉은색을 띤다. 산화구리(I)는 곧 산화구리(II) cupric oxide, CuO, 그러니까 흑동광 tenorite으로 빠르게 변한다. 산화구리(II)는 거의 검은색에 가까운 짙은 갈색이다. 고대 청동 동전에는 이 산화구리층이 얇게 퍼져 있어 갈색인 것이다. 황산구리 copper sulfate인 담반과 황화구리 copper(II) sulfide, CuS인 휘동석 covellite은 청록색을 띤다. 탄산구리 copper carbonate, $CuCO_3$는 대부분 녹색 파티나를 형성한다. 이를 공작석 malachite이라고 한다. 가끔은 파란색 파티나, 즉 남동석 azurite도 형성한다. 이 탄산구리는 구리가 아니라, 산화구리가 다시 반응하여 생긴다. 주로 갈색 또는 붉은색 산화구리에서 형성된다. 산화구리는 탄산구리보다 더 안정적인 화합물이기 때문에, 어떤 경우에는 녹색 파티나만 제거하고 원래의 붉은색 또는 갈색 산화구리층을 남기기도 한다. 아세트산구리copper(II) acetate, 그러니까 녹청verdigris은 녹색이며 유독하다. 불안정한 파티나는 매우 파괴적이다. 파티나는 염소염chlorine salt 때문에 생긴다. 이 경우, 청동 표면에는 염화구리(I)와 염화구리(II)가 생성되며, 이들이 공기 중의 산소와 수분과 반응하여 염산을 만든다. 염산은 물체 표면에 부드러운 가루 같은 질감의 옅은 녹색 또는 청록색 얼룩을 남기며 지속적으로 물체를 부식시킨다. 동시에 이 과정은 더 많은 염화구리(I)를 생성하고 또다시 염산을 유도한다. 물체가 사라질 때까지 이 과정이 되풀이된다. 이와는 다르게, 과망가니즈산 칼륨potassium permanganate, 중크롬산 칼륨potassium dichromate 또는 묽은 황산dilute sulfuric acid과 같은 산화제를 사용하여 인공 파티나를 구리 또는 청동에 입히는 방식도 있다. 이러한 산화제는 금속 표면과 반응하여 자연 파티나와 비슷한 색상의 얇은 부식층을 형성한다. 인공 파티나는 투명하거나 불투명할 수도 있으며, 다양한 효과를 내기 위해 여러 겹을 덧입히기도 한다.

인공 파티나artificial patina를 입히는 작품은 청동과 구리가 공기 중에 노출되어 자연스럽게 생긴 것처럼 보이게 하기 위해 갈색과 녹색 등이 인공적으로 조합된다. 이는 시간의 흐름을 연상케 한다. 인공 파티나는 후안 무뇨스를 비롯한 대부분의 조각가가 사용한다. 후안 무뇨스의 청동상은 풍경에 두었을 때 약간 어색해 보이지만, 전혀 이질적이지 않다. 그의 작품은 군중 속에 섞여 걸어가는 외롭고 소심한 사람 같다. 청동은 인간을 표현하기 위해 인간이 사용한 가장 오래된 재료 중 하나다. 동시에, 가장 오래 견디는 인공물이기도 하다. 청동은 바로 눈앞의 풍경, 잠시의 풍경을 단색으로 표현할 수 있게 해준다. 후안 무뇨스의 조각품에 사용된 수지와 회색 안료는 야외 청동 조각에서 보이는 납빛 회색과 닮았다. 그것은 우리가 스쳐 지나치는 평범한 사람들의 사소하고 중립적인 이야기를 담고 있다. 청동은 역사상 가장 널리 사용된 조소 재료 중 하나이며, 구리 함량이 높아 귀한 재료로 여겨졌다. 청동이 현대 미술에서 작품의 격을 높이는 데 사용되는 이유가 바로 여기 있다. 후안 무뇨스는 청동에 파티나를 입혀 돌처럼 보이게 했고, 수지에 갈색과 회색 안료와 섞어 점토 같은 질감을 표현했다. 마크 맨더스 역시 청동 작품인 〈소성하지 않은 점토 토르소〉를 점토처럼 보이는 안료를 입혔다. 두 작가는 모두 청동이라는 귀한 재료 위에 프롤레타리아proletariat의 옷을 입히는 방식으로 조각의 개념을 흔들었다.

도예가 베로니카 모아르Verónica Moar(1978년 스페인 라코루냐~)는 점토엔 흔적이 남는다는 것을 나에게 가르쳐준 사람이다. 그녀의 작은 도예 작품으로 특별한 이야기를 전할 뿐만 아니라, 재료 자체에 남은 흔적도 말한다. '리틱Lithic' 컬렉션의 작품은 금을 잔뜩 품은 하얀 돌 같다. '리틱'이라는 단어의 뜻이 모든 것을 설명한다.

Lithic

1. 형용사. 돌에 속하거나 돌과 관련된.

베로니카 모아르는 점토가 아닌 자기를 사용한다. 자기는 정제된 돌이자 필수 요소들로 구성된 돌이다. 자기 가루를 물에 섞으면 정교한 점토가 만들어진다. 자기의 페이스트에는 카올린, 장석, 석영, 점토 및 물이 포함되어 있다. 암석의 구성과 거의 비슷하다. 자기를 소성하는 동안 결합제가 모두 타서 사라지고 장석은 연해져서 끈적끈적한 형태가 된다. 여기에 카올린과 석영이 반응하면서 복잡하고 다양한 자기 유리질 구조가 생겨난다. 자기는 쓸모없는 것과 유용한 것의 경계에 놓인 재료이며, 예술과 디자인 또는 장인 정신의 경계에 있는 재료다. 자기는 그릇이 되거나 조각품이 된다. 자기는 단단하고 흠집이 잘 생기지 않지만, 동시에 쉽게 깨질 정도로 약하다. 자기와 점토 도자기 사이의 가장 큰 차이 중 하나는 바로 소리다. 자기는 자기 특유의 소리를 낸다. 그 소리 안에는 유리화 vitrification라는 화학적 변화의 흔적이 들어 있다. 자기는 불투명하다. 자기를 통해 무언가를 볼 수는 없지만, 빛은 통과할 수 있다. 베로니카 모아르의 '리틱' 컬렉션에는 또 다른 재료가 등장한다. 바로 금이다. 금은 부드럽고 연성(금속이 길게 늘어나는 성질 — 역주)과 전성(금속을 두드리면 넓게 펴지는 성질 — 역주)이 뛰어나다. 전기와 열을 잘 전달하며, 웬만한 부식에도 강하다. 금은 분명 유용한 금속 중 하나다. 그러나, 그것은 주로 쓸모없는 것에 사용된다. 세속적인 취향, 경제적 특권, 신성함과 초월성을 보여주는 재료다. 권력을 드러내고자 할 때, 의미를 부여하고자 할 때…… 금은 선택된다. 그것은 매우 희귀해서

베로니카 모아르, '리틱' 컬렉션, 〈무제〉
도자기, 산화물, 에나멜, 금, 2018년.

가치가 크기 때문에 가치의 상징으로 사용되기도 한다. 하지만 우리가 쉽게 지나치는 실용적 재료에도 모두 그 안의 우주와 아름다움이 담겨 있다. 모든 재료는 서로 다른 기하학적 배열로 연결된 원자들의 우주가 있다. 화학자들은 그 우주를 설명하고, 장인들은 그 우주를 활용하며, 예술가들은 그 우주를 언어로써 사용한다. '리틱' 컬렉션은 바로 그 지점을 형상화한다. 내부에서 폭발하는 금빛, 진짜 금을 함유한 자기의 돌이다. 그것은 말한다. 모든 재료, 심지어 가장 흔한 재료조차도 자기만의 아름다움을 지니고 있다고. 모든 재료는 아름답다.

  금은 한눈에 반짝이며 아름다움을 드러내고, 돌은 자세히 들여다볼 때 비로소 그 결이 보인다. 진짜 아름다움은 그것을 알고, 유심히 보아야 비로소 온전히 느낄 수 있다.

6

황금의 불가사의

우리 할머니의 결혼반지는 엄마의 반지보다 거의 두 배나 더 컸다. 그래서 나는 어릴 적에, 금반지는 사랑이 커지고 시간이 흐를수록 커진다고 믿었다.

할머니는 항상 반지를 끼고 계셨고, 비누칠을 해도 반지가 빠지지 않았다. 관절염으로 손가락 관절이 너무 커져서, 반지를 빼는 것이 물리적으로 불가능해졌다. 할머니 손에 있는 반지는 일본의 금 수리 공예 기법인 금선(킨츠기라고도 불리는 기법 — 역주) 같았다. 금선은 금가루를 섞은 수지로 도자기의 깨진 부분을 수선하는 기법이다. 깨지거나 수선된 부분을 숨기기보다는 그 흉터를 금으로 장식해 물건을 오히려 더 아름답게 변화시킨다. 금선은 물건이 지닌 역사적 가치만 보여주는 것이 아니라, 그것을 수선하며 보관할 만큼 아꼈던 누군가가 있었음을 알려준다.

마누와 나의 결혼반지는 비누로 간신히 뺄 수 있을 정도로 딱 맞게 만들었다. 그렇게 하면 우리 할머니처럼 잠을 자거나 샤워할 때도 반지를 벗을 필요가 없다. 반지는 어떻게 보면 보철물 같기도 하고, 우리 몸의 연장선 같기도 하다. 결혼처럼 결혼반지도 여기저기 고쳐 가며 이어간다. 우리 반지는 테두리가 둥그스름한 전형적인 금반지다. 안쪽은 평평하고 바깥쪽은 둥근 모양이다. 우리 부모님 그리고 할머니, 할아버지의 반지도 그랬다. 너도나도 끼던 그런 반지다. 우리는 관습을 존중했고 그 반지가 단번에 결혼반지 같아 보이길 원했다. 지난 7년간, 내가 유일하게 반지를 뺐던 순간은 타마라Tamara의 손 모델을 할 때뿐이었다. 반지 낀 손가락엔 지워지지 않는 흔적이 남아 있었다. 움푹 패인 그 반짝이는 자국이 얇은 흉터처럼 보이기도 했다. 마치 반지가 내 피부와 하나가 되어, 손가락에 금빛 무늬가 새겨진 듯했다.

마누를 만난 건, 우리 할머니가 병에 걸리신 때였다. 할머니가 자신을 대신할 사람을 보내 주신 것 같았다. 할머니의 완전한 사랑을 또 다른 완전한 사랑으로 대신할 수 있도록 말이다. 할머니가 돌아가셨을 때 손가락이 너무 얇아져서, 반지가 저절로 빠졌다. 엄마는 내게 할머니의 반지를 맡겼다. 내가 우리 가족을 지키는 사람이라고 믿었기 때문이다.

몇 년 후, 나는 마누와 결혼했다.

나는 할머니의 반지를 녹여 결혼반지를 만들려고 했다. 반지 두 개가 나올 정도로 할머니의 반지는 컸었다. 하지만 나는 감히 그 반지의 질서 정연한 결정 구조를 분해하거나 원자를 옮길 수는 없었다. 나는 그 반지를 할머니가 쓰시던 다른 자잘한 장신구들과 함께, 작은 상자에 보관하고 있다. 사랑과 시간을 먹고 반지가 더 커지리라 믿으며 말이다. 금에는 신성하고 강력한 무언가가 있다. 그래서 결혼반지에 금을 사용한다. 예술에도 사용된다. 돈은 추상적이지만, 금은 재력의 직관적인 표현 방식이다. 금은 신성한 빛을 뜻하기도 한다. 종교적 인물의 형상은 금으로 칠해지거나 금으로 덮인다. 금으로 장식된 시칠리아의 그리스도 판토크라토르에서 볼 수 있듯 금은 '세상의 빛이다.' 금은 세속적인 취향과 경제적 특권을 나타내면서도 동시에 신성함과 초월성을 상징한다. 금은 권력을 과시하기 위한 도구이기도 하지만, 그저 의미를 부여하기 위해 사용되기도 한다. 다른 어떤 재료도 이처럼 극단적으로 상반되는 가치를 동시에 품고 있지는 않다. 특히 현대 미술에서는 금은 두 가지를 모두 의미한다. 금을 사용한 현대의 작품들은 함축하는 바가 매우 많다. 권력의 눈으로 보았을 땐 이렇게 보이고 의미를 들여다보았을 땐 저렇게 보인다. 가끔은 그 두 가지 의의가 비슷한 경우도 있다. 바딤 자하로프Vadim Zakharov의 2013년 작 〈다나에Danaë〉는 티치아노Tiziano의 〈다나에〉를 현대적으로 재해석한 작품이다. 두 작품 모두 금을 사용하지 않고 금을 표현했다. 금은 단순한 재료에 그치지 않는다. 금은 하나의 색이다. 티치아노의 작품에 등장하는 다나에는 그녀가 낳은 아이가 자신을 죽일 것이라는 예언을 들은 아버지에 의해 감금된 모습이다. 하지만 다나에를 사랑한 제우스는 황금 구름으로 변신해, 그녀가 갇힌 곳에 들어가 사랑을 나눈다. 약 450년 후, 바딤 자하로프는 다나에의 이야기를 퍼포먼스로 재해석했다. 그는 전시관 내부를 금화가 떨어지도록 디자인하고, 여성들만 출입할 수 있도록 했다. 그 안에 들어간 여성들은 우산을 쓰고, 양동이에 금화를 담는다. 이 퍼포먼스에서도 티치아노의 옛 그림과 마찬가지로 금은 성별과 권력을 나누는 상징적 매개체가 된다. 구스타프 클림트Gustav Klimt의 작품 〈키스kiss〉에도 금이 등장한다. 클림트는 다양한 효과를 내기 위해 여덟 가지의 금박을 사용했다. 금은 영적이면서도 세속적인 의미를 갖는다. 작품 속 공간은 금으로 장식되었고, 의복 역시 금으로 표현되었다. 그러나 사람의 몸만은 금으로 덮이지 않았다. 바로 그 점에서 영적인 것과 세속적인 것의 경계가 드러난다. 마치 입맞춤이 초자연적인 의미를 갖는 듯하다. 입맞춤이라는 행위 그 자체보다, 입맞춤을 하며 펼쳐지는 세계는 더 신비롭다. 일상과는 확연히 다른 특별한 세계다.

  클림트는 금을 통해 말한다.

  당신이 사랑하는 것에 다가가도 좋다고.

  금은 신기한 금속이다. 여러 의미에서 그렇다. 일단 자연에서 공짜로 얻을 수 있어서 신기하다. 다른 금속들은 산소와 결합하여 황산염, 황화물 또는 탄산염 같은 암석을 형성한다. 금은 그렇지 않다. 금은 황금색이다. 금은 산화하지 않기 때문에 시간이 지나도 그 색이 바래지 않는다. 영원히 빛나고 희귀하다. 금은 돈처럼 자산으로 보관된다. 금도 돈처럼 가격이 변동한다. 금은 반짝이는 돈이다. 금의 색깔과 아주 낮은 반응성은, 여전히 과학자들에게 크나큰 미스터리다. 색은 보통 전자가 이동하면서 발생한다. 전자가 이동하려면 에너지가 필요하고, 금은 그 에너지를 빛에서 얻는다. 금처럼 전자가 많은 원소는 핵 속 양성자 수 또한 많기 때문에, 고전 물리학의 관점에서 보면 아주 기이한 현상이 발생한다. 전자가 너무 빠르게 움직여, 상대성 이론을 대입해야 할 정도에 이른다. 가장 바깥쪽 궤도에 있는 전자들은 서로 아주 가까워서 이론적으로 설명하기 어려운 대열을 이룬다. 금의 전자는 에너지 준위 간 이동이 활발해 푸른색 빛을 흡수한다. 그 결과 반사되는 빛에서 푸른색이 제외되고, 남은 빛이 혼합되어 황금색으로 보인다. 금은 또한 연성이 매우 뛰어나다. 연성이 뛰어나다는 것은 압력을 가했을 때 모양이 쉽게 변한다는 뜻이다. 전성도 뛰어나다. 힘을 가하면 쉽게 얇은 판처럼 펼 수 있는 성질 덕분에 금박을 만들 수 있다. 예로부터 금박은 예술에서 대상을 장식하는 데 사용되어 왔다. 금박을 만들 땐 금을 망치로 두드려 두께가 1마이크로미터(1밀리미터의 1/1,000에 해당하는 단위 — 역주) 이하인 판금을 만든다. 금 130그램으로는 가로, 세로 8센티미터인 금박을 최대 1만 장까지 만들 수 있다. 예술가 로니 혼Roni Horn(1955년 미국 뉴욕~)은 1980년대에 오로지 금만 사용해 〈골드 필드Gold Field〉라는 작품을 만들었다. 이 작품은 순금 1킬로그램으로, 두께가 1밀리미터의 1/100인 판금을 만든 것이다. 무게가 없는 것처럼 가볍고 신성해 보이는 이 판금은 바닥에 그냥 놓여 있다. 로니 혼은 금의 역사적 활용, 문화적 중요성, 함축적 의미보다는 경험적 관점에서 금과 빛의 관계에 더 큰 관심을 보였다. 금에 닿은 빛은, 마치 금 안에 갇혀 신비로운 발광을 일으키는 것처럼 보인다. 금은 가치 있는 재료이자, 가치를 더하는 재료다. 금은 신성함과 화려함을 동시에 의미한다. 내 상상 속에 '반짝임'이라는 단어는 금으로 쓰여 있다. 금으로는 천사와 돔을 칠하고, 시장들도 금으로 장식된다. 황동 장신구를 더 비싸 보이게 하려고 금으로 덧칠하기도 한다. 내 아침 식사용 잔은 코발트블루 무늬가 있는 흰색 도자기로, 스페인 사르가델로스Sargadelos 지방의 전통 잔이다. 하지만 파티를 열어 근사한 후식을 먹을 때는 금으로 장식한 도자기 잔을 쓴다. 우리 할머니, 할아버지가 1960년대에 런던에서 가져오신 것이다. 런던으로 이민을 가셨을 때 구입하셨다고 했다. 손잡이가 작아서 아주 조심스럽게 들어야 한다. 잔을 스칠 때나 받침에 놓을 때면 소리가 난다. 이때 나는 소리는 도자기만이 내는 고유한 소리다. 휘파람처럼 날카로우면서도 우아하고 섬세하다. 덕분에 후식을 먹는 시간이 길어진다. 테이블과 사람들의 모습이 금에 비친다. 마치 잔 속에서 파티가 열린 것 같다. 금은 파티를 더 아름답게 만든다. 도자기에 금을 입히기 위해서는, 초벌 및 재벌 소성에 이어 세 번째 소성 과정을 거쳐야 한다. 금색은 여러 수단을 동원해 만들 수 있다. 금속 수지, 금속 분말의 현탁액, 금속염, 금속 산화물 유약 등등. 도자기에 금속광택이 나도록 색을 칠하는 것을 '러스터luster(광택 — 역주)' 기법이라고 한다. 금을 칠하는 데 가장 흔히 사용되는 기법은 수지산염과 금속 분말 현탁액을 사용하는 방식이다. 특히 금속 분말 현탁액을 사용하는 경우, 유약이 발린 표면에 고운 금가루를 직접 바른 뒤, 산화 소성을 통해 금 입자가 유약층에 박혀 광택을 낸다. 수지산염을 활용한 러스터 기법은 브러시로 유약 표면에 금 수지산염을 바른 뒤 3차 소성을 거치는 기법이다. 소성 과정에서 수지산염의 유기물을 타고, 금 나노 입자가 유약층에 융착된다. 열이 가해지면 수지산염의 유기물이 분해되며, 금 나노 입자가 유약 표면에 물리적으로 박혀 광택을 형성한다. 산화비스무트는 유약 표면을 일시적으로 부드럽게 해서 금 입자의 고정을 돕는다. 이 과정은 비교적 천천히 진행되어 소성에는 몇 시간이 걸린다. 세련됨과 촌스러움이 섞인 할머니, 할아버지의 금잔은 가족들이 모인 자리에서 유난히 눈에 띈다. 평범한 것들 사이에서 특별하게 반짝이기 때문이다.

금은 귀하면서도 동시에 천할 수 있다. 너무 과하고 사치스러우면서도 저속하게 느껴질 수 있다. 힙합 문화가 금의 가치를 바닥으로 끌어내렸다. "반짝이지 않으면 영광도 없다(스페인어로 '반짝이지 않으면 천국도 없다Sin Blin Blin no hay paraíso'는 뜻의 노래 가사에서 따온 말 — 역주)". 굵은 금목걸이, 금팔찌, 금시계, 금니로 온몸을 도배한 래퍼들을 떠올려 보자. 금은 권력을 드러낼 수 있는 가장 천박한 방식으로, 권력을 과시한다. 일상의 가장 평범하고 흔한 물건을 생각해 보자. 그것이 눈부신 금덩이로 변한다고 상상해 보자. 그리고 그 황금빛 물건을 '아메리카'라고 불러 보자. 〈아메리카America〉는 예술가 마우리치오 카텔란Maurizio Cattelan(1960년 이탈리아 파도바~)이 자신의 작품인 황금 변기에 붙인 이름이다. 2017년 여름, 나는 뉴욕 구겐하임 미술관에 방문했을 때 그 황금 변기를 실제로 사용해 보았다. 황금 변기는 일반 화장실에 설치되어 있었고 잘 작동했다. 사람들이 줄을 서 있지도 않았다. 황금 변기는 18캐럿 순금으로 만들어졌다. 캐럿은 금의 순도를 나타내는 단위다. 1캐럿은 전체 합금의 질량의 24분의 1에 해당한다. 24캐럿이면 순금이라는 뜻이다. 카텔란의 변기는 18캐럿이므로 4분의 3이 금인 셈이다. 순도가 75%인 변기다. 보통 금은 구리와 섞여 합금이 된다. 일명 로즈 골드는 구리의 비율이 높아서 특유의 색감을 띤다. 화이트 골드는 금에 은, 팔라듐 또는 플래티넘을 섞은 것이다. 플래티넘은 금보다 세 배 정도 비싸다. 카텔란의 변기는 무게가 약 103킬로그램이다. 2025년 금 시세는 온스당 1,462.48달러. 이를 환산하면, 재료비만 해도 거의 400만 달러가 들었을 것이다. 여러 요소를 고려하면 변기의 가치는 600만 달러에 이를 것으로 보인다. 2019년까지 이 황금 변기는 영국의 블레넘 궁전에 설치되어 있었다. 과거 윈스턴 처칠이 사용하던 변기의 자리에 놓여 있었다. 그런데 놀랍게도 2019년 9월 14일 이 작품은 도난당했고, 여전히 행방이 묘연하다. 당시에도 유명한 작품이긴 했지만, 도난 이후 더욱 큰 인기를 얻었다. 황금 변기는 이번 세기의 또 다른 모나리자가 되었다. 마우리치오 카텔란의 변기는, 우리 시대의 예술가 마르셀 뒤샹Marcel Duchamp의 변기와 같다. 1917년, 뒤샹은 하얀 세라믹 소변기를 구입해 '샘Fountain'이라는 이름을 붙이고 'R. Mutt'라는 서명을 하여 출품했다. 그리하여 이 작품은 20세기 현대미술에서 가장 큰 논란을 일으킨 영향력 있는 작품이 되었다. 카텔란의 변기는 뒤샹의 변기와 비슷하지만, 금이라는 물질을 통해 권력, 사치, 외형을 영리하게 풍자한다. 당연히 예술 시장도 비판한다. 그것은 재미있는 볼거리지만, 금이다. 경박함을 품고 있지만, 여전히 금이다. 그러나 그것은 방탕한 권력을 간단하고 직접적으로 묘사한 관념적인 작품이다.

카텔란은 이렇게 말했다.

"웃음과 유머는 무의식과 직접 만나고, 상상력을 자극하며, 본능적인 반응을 터뜨리는 폭력 없는 트로이 목마다."

금만큼 겉보기에 모순된 의미를 지닌 재료는 드물다. 그러나 결혼반지에 금이 사용되는 이유는 카텔란이 〈아메리카〉를 만들 때 금을 선택한 이유와 크게 다르지 않다. 부부가 반지를 나눠 끼는 관행은 로마인들로부터 시작됐다. 로마인들은 반지를 교환하며 결혼을 축하했다. 로마인들은 반지에 소유를 표시하는 인장을 새겨 넣었고, 여기서부터 반지 교환의 문화가 시작되었다. 남자가 여자에게 반지를 건네면, 여자는 집안일들을 관리하는 사람으로 간주되었다. 지금은 한 사람이 다른 사람에게 반지를 건네는 것이 아니라, 두 사람이 반지를 함께 나눠 낀다. 이러한 관행은 기독교에서 유래했다. 금이 지닌 권력의 의미는 신성함과 반드시 충돌하지 않는다.

  할머니의 반지가 유난히 두꺼웠던 이유는 할아버지의 반지를 녹여 붙였기 때문이다. 우리 할아버지는 잃어버릴까 봐, 또는 일할 때는 반지가 있으면 위험할 수 있다는 이유로 늘 반지를 끼지 않았다. 목수였을 때도 미장공으로 일할 때도 할아버지에게 반지는 손에 낄 수 없는 물건이었다. 그래서 할머니는 두 사람 몫의 금을 몸에 지니고 살아가셨다. 그렇게 할머니는 할아버지의 사랑과 물건을 지켜 내는 사람이 되셨다. 마누와 내가 만든 우리만의 문화도 그와 비슷하다. 우리는 결혼반지를 부딪치며 "충전"이라고 말한다. 반지를 부딪치면 금의 원자가 떨어져 나간다는 사실을 알면서도, 원자들이 한쪽에서 다른 쪽으로 이동한다고 믿는다.

7

바닷가재 자수가 새겨진 재킷

그 옷은 손님인 그녀에게 장갑처럼 꼭 맞는 검은색 크레이프 드레스였다. 드레스의 허리에는 검은 실크 모슬린 벨트가 달려 있었고, 벨트에는 내 손바닥만 한 크기와 두께의 붉은 에나멜 플라스틱 하트 장식이 매달려 있었다.

마치 허리에 찬 펜던트 같았다. 그녀에겐 이런 장식들이 조금 과하게 느껴졌던 것 같다.

어머니는 조심스럽게 권하셨다.

"원래 옷에 포함된 장식이에요. 가져가세요. 열쇠고리나 펜던트처럼 쓰셔도 좋을 거예요."

게다가 그것은 모스키노Moschino의 장식품이었다.

하지만 그녀는 고개를 저었다.

"그냥 버려주세요. 가지셔도 괜찮고요."

그녀는 그렇게 말하며, 뒤돌아섰다.

당연히 어머니는 그것을 간직했다.

그날 오후, 나는 어머니가 일하시는 가게에 들렀고, 곧장 뒷방으로 갔다. 뒷방에는 커피 테이블 대신 쓰이던 다리미판이 놓여 있었다. 어머니는 어떤 손님이 나에게 선물로 주라고 했다며 어머니에게 무엇을 건넸는지 보라고 했다. 나는 그게 뭔지 정확히 알고 있었다. 그 장식이 달린 드레스는 왼쪽 진열장에 걸려 있던 옷이었다. 나는 가게에 있는 옷을 거의 전부 외우고 있었다. 신문 무늬가 새겨진 연분홍색 블레이저가 눈앞에 아른거렸다. 주머니가 달린 분홍색 바비 미니스커트의 봉제선과 커다란 플라스틱 지퍼는 모두 검은색이었다. 내가 가장 좋아하던 옷은 앞면에 금실로 바닷가재 여덟 마리가 수놓아진 쿨울 소재의 붉은색 볼레로 재킷이었다. 그 옷은 너무 오래되었고 뒷방에 보관되어 있었다. 재킷의 바닷가재 자수는 색만 금색이었던 것이 아니라, 실제 금실로 만든 것이었다. 여덟 마리의 바닷가재는 양쪽 옷깃에 네 마리씩 한 줄로 새겨져 서로 마주 보고 있는 형태를 이루고 있었다. 더플코트의 단추가 떠올랐다. 화려함과 촌스러움을 동시에 갖춘 재료가 금이라면 그 두 감정을 동시에 갖춘 문양은 바로 바닷가재 문양일 것이다. 바닷가재는 정물화에서 색채와 형태를 연구할 만한 조형적 특징을 갖췄을 뿐 아니라 고급 식재료이자 호화로움의 대명사라는 상징적 특징 때문에 예술적 표현의 대상이 되었다. 알브레히트 뒤러, 안토니오 빌라도마트Antonio Viladomat, 사카리아스 곤살레스 벨라스케스Zacarías González Velázquez, 아드리안 반 위트레흐트Adriaen van Utrecht, 호세 마리아 코르촌José María Corchón, 호세 세라 이 포르손José Serra y Porson, 외젠 들라크루아Eugène Delacroix, 우타가와 쿠니요시Utagawa Kuniyoshi, 파블로 피카소Pablo Picasso, 살바도르 달리, 제프 쿤스Jeff Koons 등 수많은 예술가의 작품 속에 바닷가재가 등장한다.

하지만 바닷가재가 언제나 부유함의 상징이었던 것은 아니었다. 사치라는 개념은 개인이 인식하는 부의 수준과 유행의 변덕에 따라 달라진다. 19세기 중반까지 바닷가재는 일종의 바다 바퀴벌레 취급을 받았다. 캐나다와 뉴잉글랜드의 대서양 연안에서는 바닷가재의 번식력이 지나치게 강해, 어업을 방해하는 골칫거리로 여겨졌다. 매사추세츠만의 해변에서는 바닷가재 떼가 몰려들었다. 너무 흔한 탓에 바닷가재가 비료로 사용되고 돼지와 소의 먹이가 되고 심지어는 노예들의 식사로 제공되기도 했다. 19세기 후반 철도 산업과 당시 막 태동하던 통조림 산업은 바닷가재의 입지를 뒤바꿔 놓았다. 1841년 미국 메인주에 처음으로 통조림 업체가 설립되었고, 이 지역의 대표 상품 중 하나는 통조림 바닷가재였다. 통조림 바닷가재는 이국적이고 이색적인 음식인 것처럼 포장되어, 기차를 타는 관광객들에게 제공되었다. 이러한 연출은 바닷가재가 고급 음식인 것처럼 보이게 만들었고, 실제로 인상적이었다. 이후 냉동 운송이 도입되면서 바닷가재를 영국으로 수출할 수 있는 길을 열었고, 영국에서는 그 가격이 원가의 10배에 달할 정도로 치솟았다. 마케팅 전략의 효과는 대단했다. 1920년대에 이르러 바닷가재는 최고가를 기록하며 당시 가장 비싼 음식 중 하나로 자리 잡았다. 바닷가재의 개체 수는 시간이 지나면서, 주로 해수 온도에 따라 변동해 왔다. 2013년 메인주의 바다에서 바닷가재 5,600만 킬로그램이 수확되었다. 이는 1986년 대비 여섯 배 많은 양이었다. 수온이 높아지면 바닷가재는 더 크게 자라고 번식력도 증가한다. 기후 온난화가 초래한 또 다른 변화는, 바닷가재의 천적인 대구 개체 수의 감소였다. 미국에서는 바닷가재의 개체 수가 폭증해, 가격이 크게 하락하며 소비가 폭발적으로 증가했다. 심지어 몇몇 지역의 맥도날드에서는 여름 한정 특별 메뉴로 랍스터 메뉴를 판매한다. 그럼에도 당연히 랍스터 롤은 맥도날드에서 가장 비싼 메뉴다. 종이 접시에 담겨 나오더라도 랍스터의 호화스러움에 대한 비용은 여전히 지불해야 한다.

바닷가재는 살바도르 달리(1904~1989년 스페인 피게레스)가 가장 좋아했던 동물이었다. 그에 따르면 바닷가재는 "뼈대를 몸속에 숨기는 바보와 달리, 밖으로 꺼낼 만큼 똑똑하기 때문"이다. 그의 자서전 목차 중 '일화를 통해 그려본 나의 자화상'(달리의 자서전 《나는 세계의 배꼽이다》에서 참고했다. 직역하면 '일화적 자화상'. — 역주)에 이렇게 써 있다.

"나는 모양이 잘 만들어진 음식이 좋다. 시금치는 형태가 없어서 싫다. 시금치와 완전히 반대되는 것은 갑옷이다. 그래서 나는 갑옷을 먹는 것을 좋아하며 특히 작은 갑옷을 두른 갑각류를 좋아한다. 갑각류는 뼈대를 속이 아닌 겉에 두르고 있는 독창적이고 똑똑한 재료의 집합이다. 갑각류는 이러한 고유의 해부학적 무기로 내부의 부드럽고 영양이 있는 부분을 보호한다. 갑각류의 껍질은 마치 밀폐되어 흠이 생길 틈이 없는 유리병처럼 외부의 모든 불경한 것으로부터 내부를 보호한다. 갑각류의 내부는 껍질을 벗기는 고귀한 전쟁에서 가장 강력한 제국에게만 무릎을 꿇고 정복당한다. 바로 입맛의 정복이다." 살바도르 달리의 여러 작품 속에서 바닷가재는 육체적 욕망, 그러니까 성욕과 관련된 상징으로 자주 등장한다. 달리는 바닷가재가 여성에게 달라붙어 있는 모습을 통해 두 존재가 서로를 관능적으로 탐하는 듯한 이미지를 연출했다. "왜냐하면 여성과 바닷가재의 내부는, 모두 아름답고 빨갛게 되었을 때 먹을 수 있기 때문이다." 바닷가재는 요리를 하면 붉은색으로 변한다. 이는 카로티노이드의 일종인 아스타잔틴astaxanthin의 영향 때문이다. 아스타잔틴은 자연 상태에서 선홍색을 띠는 지용성 색소이며, 크루스타시아닌crustacyanin이라는 단백질과 결합하면 짙은 푸른색으로 변한다. 이로 인해 살아 있는 바닷가재의 껍질은 선홍색이 아닌 푸른빛을 띤다. 푸른색은 바닷속 포식자의 눈을 피해 몸을 숨기기에 아주 제격이다. 바닷가재가 열에 의해 조리되면 단백질의 구조가 분해되고, 그에 따라 아스타잔틴이 본래의 선홍색을 되찾으며 드러난다. 요리 중에 아스타잔틴 분자 내의 에놀레이트enolate는 중성 하이드록시 케톤hydroxy ketone으로 변하는 화학적 변화도 함께 일어난다. 달리에게 바닷가재와 전화기는 모두 성적 상징을 내포한 대상이었다. 그의 자서전인《나는 세계의 배꼽이다》에 등장하는 〈바닷가재 전화기Lobster Telephone〉 그림에는 다음과 같은 설명이 붙어 있다.

"식당에서 구운 바닷가재를 시키면 단 한 번도 구운 전화기를 내오지 않는 이유를 모르겠다. 샴페인은 항상 차갑게 나오면서 전화기는 어떤 때는 이상할 정도로 뜨겁고 불쾌할 정도로 끈적이는데도 왜 으깬 얼음이 담긴 은색 양동이에 넣어서 서빙되지 않았는지 모르겠다."

살바도르 달리는 총 열한 개의 〈바닷가재 전화기〉를 만들었다. 그중 네 개는 붉은색이고 일곱 개는 흰색이다. 달리의 〈바닷가재 전화기〉는 작동도 잘 된다. 그중 네 개는 달리의 후원자였던 영국의 시인 에드워드 제임스Edward James가 휴가용 별장에서 사용했다. 예술은 대개 실용성을 제거하지만, 이 전화기는 기능했다는 점에서 예외적이다. 이는 예술적 담론에서 흥미로운 지점이다. 〈바닷가재 전화기〉는 미래의 레디메이드ready-made, 그러니까 일상적인 사물을 예술적 대상으로 변화시킨 것으로 해석되었다. 실용적인 물건도 박물관에 전시되거나, 진열장에 들어가거나, 받침대 위에 놓이는 순간, 본래 기능을 수행하지 않게 된다. 혹은 형태를 바꿔버리거나 의도적으로 사용할 수 없게 되면 쓸모없어진다. 〈바닷가재 전화기〉로 전화를 거는 행위는 기묘하기도 하지만 동시에 하나의 퍼포먼스로 볼 수 있다. 유혹은 언제나 약속을 잡자는 전화 한 통으로부터 시작되니까.

살바도르 달리, 〈바닷가재 전화기〉
석고와 전화기, 1936년.

⟨바닷가재 전화기⟩는 매우 흔한 재료로 만들어졌다.

바닷가재는 석고로 된 모형이며 전화기는 베이클라이트Bakelite 소재의 다이얼식 전화기다. 석고는 건설 현장에서 가장 널리 사용되는 재료인 황산칼슘calcium sulfate, $CaSO_4$이다. 베이클라이트는 열경화성thermosetting 플라스틱 종류의 합성 폴리머synthetic polymer다. 응고되어 모양이 정해지면 열을 가해도 다시 부드러워지지 않는다. 이러한 열저항Thermal resistance 때문에, 베이클라이트는 전화기와 라디오 같은 기기의 케이스를 만드는 데 사용된다. 1930년대, 바닷가재와 전화기 모두는 사치의 상징이었다. 당시의 사치는 변화하는 동시에, 알아보기 쉽고 비교적 명확히 접근 가능한 개념이었다. 전화기는 부유한 집에만 있었고, 바닷가재는 파티를 위한 고급 식재료로 보관되었다. 달리에게 사치가 주는 쾌락은 독점성이라는 측면에서 정복이나 성적 쾌락과 유사한 것이었다. 1937년 살바도르 달리와 이탈리아의 전설적인 패션 디자이너 엘사 스키아파렐리Elsa Schiaparelli가 여름용 실크 이브닝드레스를 제작하기 위해 협업했다. 달리의 바닷가재 그림은 여성의 성기 위치에 인쇄된 형태로 이 드레스에 등장했다. 그 드레스는 월리스 심프슨Wallis Simpson이 에드워드 왕자와의 약혼을 발표할 당시 패션잡지 《보그》에 실린 화보에서 착용한 것으로 유명하다. 월리스 심프슨은 미국 사교계의 명사였다. 두 번의 이혼을 겪은 뒤 그녀는 윈저 공작인 에드워드 왕자와 결혼했다. 결혼에 앞서 에드워드 왕자는 그레이트 브리튼 및 북아일랜드 연합왕국의 국왕이자 인도 제국의 황제인 에드워드 8세Edward VIII였다. 그는 월리스 심프슨과의 약혼을 계기로 왕위에서 물러날 수밖에 없었다. 당시는 이혼한 여성과의 결혼이 사회적으로 부도덕한 일로 여겨지던 시절이었다. 그런 맥락에서 월리스 심프슨이 바닷가재 드레스를 입고 화보를 찍기로 한 결정은 일종의 도발이었다고 할 수 있다.

1989년 패션 브랜드 모스키노는 바닷가재를 호화로움의 상징으로 재해석한 의상을 다수 출시했다. 그중에는 금실로 새긴 바닷가재로 장식된 단추가 있는 상징적인 볼레로 재킷이 대표적이다. 그 재킷이 바로 내가 가게에서 가장 좋아하는 옷이다. 당시 모스키노의 디자이너이자 아트 디렉터는 프랑코 모스키노Franco Moschino였다. 그는 1983년에 모스키노를 설립하고 모스키노의 정체성이 되는 기반을 만들었다. 현재 모스키노의 아트 디렉터는 뛰어난 디자이너인 제레미 스캇Jeremy Scott이 담당하고 있다. 제레미 스캇은 세련됨과 촌스러움 사이의 마찰을 훌륭한 방식으로 되살리고 있다. 모스키노는 패션계의 시스템 자체와 사물에 부여되는 임의적 가치에 끊임없이 의문을 제기한다. 평범한 것을 패션 아이템으로 만든다. 그래서 모스키노에는 그라피티, 청소용품, 건설용품, 정크푸드 같은 일상적 소재에서 영감을 받은 시리즈와 바비나 맥도날드 같은 현대의 팝 아이콘에 경의를 표하는 시리즈가 공존한다. 우리가 저급 문화라 일컫는 것들을 세련되게 표현한 고급 의류와 액세서리 컬렉션이다.

하트 모양은 수년 동안 모스키노의 상징으로 자리 잡았다. 포커 게임을 뜻하기 때문에 보통 스페이드, 다이아몬드, 클로버 옆에 하트가 있다. 패션은 하나의 게임이라고 말하는 모스키노의 방식이었다. 그래서 브랜드의 상징 색상도 빨간색, 검은색, 흰색이다. 1988년 모스키노에서는 '모스키노 꾸뛰르Moschino Couture'보다 저렴한 '모스키노 칩 앤 시크Moschino Cheap and Chic' 라인을 출시했고 만화가 엘지 크리슬러 세가Elzie Crisler Segar(1894년 미국 체스터~1938년 미국 산타모니카)의 작품《뽀빠이Popeye》에 등장하는 인물인 올리브 오일Olive Oyl을 대표 캐릭터로 등장시켰다. 그녀의 색채와 선은 모스키노와 잘 어울렸을 뿐만 아니라 가슴에서 하트가 튀어나오는 캐릭터였기 때문이다. 1996년 어머니의 가게에 왔던 고객이 드레스를 사면서 남기고 간 하트 장식은 지금까지 내가 펜던트처럼 사용하고 있다. 빨간색 에나멜 플라스틱 하트는 나의 소중한 보석 중 하나다. 모스키노의 2023년 SS 컬렉션에서 빨간색 하트는 풍선처럼 부풀어 오른 밸브 형태로 등장한다. 이 컬렉션 전체는 해변에서 영감을 받은 테마로 구성되었다. 모자는 구명 튜브처럼, 백조 모양의 부표처럼 표현된다. 모스키노의 패션은 마치 제프 쿤스의 예술처럼 느껴진다.

〈랍스터Lobster〉는 예술가 제프 쿤스(1955년 미국 펜실베이니아주~)의 대표 조각 중 하나다. 바닷가재 모양의 풍선처럼 보이지만 실제로는 알루미늄 소재 금속으로 만들어졌으며 천장에 쇠사슬로 매달려 있다. 〈랍스터〉는 훌륭한 예술 작품이면서

《뽀빠이》의 올리브 오일.

기술적으로도 빈틈없다. 작품 캡션을 자세히 보지 않으면 분명 풍선이라고 확신할 것이다. 박물관에 걸려 있는 바닷가재는 친숙함과 더불어 그 친숙한 것을 박물관에서 마주쳤다는 이질감을 동시에 선사한다. 예술이 항상 그렇듯, 특히 현대 조소에서는 작품 캡션에 집중해야 한다. 작품 캡션에는 작가가 꼭 알리고 싶은 재료가 쓰여 있다. 〈랍스터〉의 작품 캡션에는 폴리크롬 알루미늄polychromed aluminum이 적혀 있다.

작품을 알루미늄으로 만들었다니 실로 놀랍다.

첫째, 그것은 전혀 알루미늄처럼 보이지 않기 때문이다.

둘째, 알루미늄은 전통적으로 예술적 서사를 지닌 재료가 아니기 때문이다. 알루미늄은 저렴하면서도 유용한 이미지를 갖고 있다. 창문처럼 실용적 구조물을 만드는 데 자주 사용되는 재료다. 이처럼 알루미늄은 공학적 재료의 느낌이 강하다.

알루미늄은 또한 *고급 문화*와 *저급 문화*의 경계에 있는 물질이다. 알루미늄이라는 재료와, 그것으로 표현한 풍선 모두 겉보기에는 보잘것없는 것처럼 보인다. 〈랍스터〉는 '뽀빠이' 시리즈에 속한 작품 중 하나다. 뽀빠이는 성공한 프롤레타리아를 상징하는, 대중적으로 널리 사랑받는 캐릭터다. 제프 쿤스는 〈랍스터〉를 통해 프롤레타리아의 상징과 레디메이드의 예술적 의미를 동시에 전한다. 바닷가재 모양의 풍선은 누구나 가질 수 있는 평범한 물건이다. 이로써, 한때 호화의 상징이었던 바닷가재는 평범하고 유쾌한 조각 작품으로 재탄생하게 된다. 〈랍스터〉는 세 개의 사본과 하나의 작가 소장본이 존재하며, 제한된 생산이지만 독점권이 공유되는 형태를 띤다. 쿤스는 이를 통해 사치와 시장의 논리 모두에 반기를 든다. 바닷가재는 그 두 가지를 모두 상징한다. 쿤스의 작품은 언뜻 가볍고 장난스러워 보이지만, 그 속에는 깊은 지적 사유가 응축되어 있다.

8

일요일 오후는 그림 그리기 좋은 시간

레메디오스 씨가 내 그림 중 하나를 컬러 사본으로 만들어도 되겠냐고 물어보셨다. 그 그림은 '시어머니의 혀Mother-in-law's tongue'로 더 잘 알려진 식물 산세베리아 트리파시아타Sansevieria trifasciata를 알피노Alpino 색연필로 그린 것이었다. 여러 톤의 초록색과 노란색을 사용했고, 흰색 색연필로 마무리하여 왁스 코팅처럼 은은한 광택을 더했다. 색연필은 일반적으로 안료, 점토, 왁스 바인더wax binder로 구성되어 있다. 왁스 덕에 마감이 은은하게 빛나서 전문가의 작품 같아 보였다. 내 그림은 수업 기간 내내 교실의 코르크 보드에 걸려 있었다. 우리 집에서는 일요일 오후마다 그림을 그렸고, 나는 고작 일곱 살이었지만 그림을 잘 그렸다. 주방의 식탁은 그때마다 예술가들의 작업실로 바뀌곤 했다. 크리스티안은 연필과 스케치북을 좋아했고, 나는 붓과 석고상을 더 좋아했다. 우리는 라 파하리타La

Pajarita(스페인의 페인트 브랜드 명 — 역주)에서 산 아크릴 페인트를 가지고 있었다. 처음 쓴 붓은 합성모였고 손잡이와 페룰(모와 손잡이를 연결하는 부위 — 역주)이 플라스틱으로 되어 있었다. 다음으로 쓴 붓은 자연모에 손잡이는 나무, 페룰ferrule은 니켈 도금 강철nickel-plated steel로 되어 있었다. 그 붓은 수채화 물감이 담긴 금속 케이스와 세트였다. 수채화 물감은 나랑 잘 맞진 않았다. 나는 붓질을 할 때마다 일정한 색상이 나오기를 원했고, 그래서 물을 거의 쓰지 않았다. 결과적으로 하루에 여러 개의 물감통을 한꺼번에 써버리곤 했다. 어느 날 오후 우리는 석고 공룡을 만들었다. 틀과 석고 가루를 준비한 뒤, 물과 섞어 틀에 부었다. 석고 반죽이 새지 않도록 틀을 빨래집게로 고정했다. 결과물이 너무 궁금한 나머지 우리는 너무 일찍 틀을 분리했다. 그래서 공룡의 일부가 부서지고 말았다. 우리는 부서지지 않은 부분에 아크릴 페인트를 빠르게 칠했다. 며칠 뒤 페인트는 결국 공룡의 표면에서 떨어져 나갔다. 석고가 충분히 마르지 않은 상태에서 수분이 증발하면서, 페인트 층이 들뜨고 벗겨진 것이다. 우리가 만든 첫 번째 공룡은 그렇게 실패로 돌아갔다. 학교에서 더 이상 수공예 수업을 듣지 않게 된 학년이 되었을 때 나는 동네에 있는 미술품 가게인 클라우메르Claumer에서 운영하는 여름 수업을 신청했다. 나는 그 수업에서 일반 석고와 설화 석고plaster of Paris를 구분하는 법을 배우고, 유화를 처음 그려보고, 목재에 왁스를 칠해보고, 오래된 물건처럼 보이게 하려고 유대 역청bitumen of Judea(아스팔트의 일종 — 역주)을 몇 리터씩 발라보기도 했다. 녹청을 만들어내는 그 과정은, 마치 향수를 불러일으키는 감각처럼 느껴졌다. 나는 그 수업에 가는 시간이 무척 좋았다. 작업실은 가게의 뒷방에 있었다. 재료를 사러 간 적은 많았어도 수업을 듣기 전까지는 그런 비밀 공간이 있다는 것은 알지 못했다. 수업에는 모두 여학생들만 있었다. 우리는 재료를 함께 나누어 썼다. 한 번은 오로라가 금색 페인트를 빌려준 덕분에 작품을 완성할 수 있었다. 그 순간은 마치 순금을 선물 받은 것 같은 기분이었다. 나는 수업에서 배운 내용을 일요일 오후마다 엄마에게 알려주곤 했다. 우리 둘은 함께 수십 개의 인형, 상자, 그릇을 칠했다. 우리 엄마는 타고난 장인의 재능을 지닌 사람이었다. 바느질도 잘하고, 그림도 잘 그렸으며, 수선도 능숙했다. 유전자에 새겨진 능력 같았다. 내가 학교에서 배운 예술은 이오니아 양식과 도리아 양식의 기둥뿐이었다. 예술적 감각을 표현할 수 있는 가장 훌륭한 도구는 색 점토였다. 다행히 우리 집에는 항상 붓과 목공 연필이 있었다. 예술에 대해 아는 건 없었지만, 기본적인 도구는 갖추고 있었던 셈이다.

    회화의 역사는 도구의 과학을 통해 설명할 수 있다. 17세기에 렘브란트Rembrandt가 유화를 보관하는 데 사용했던 용기에서부터, 19세기 말 인상파 화가들이 야외에서 그림을 그릴 수 있게 해준 튜브 물감에서 20세기 멕시코 벽화가들이 사용한 아크릴 물감acrylic paint과 그것이 추상 표현주의Abstract Expressionism에 미친 영향까지 예술가들은 과학 속에서 훌륭한 도구를 발견하는 재능이 있었다. 렘브란트와 함께 작업하는 것은 특권이었다. 렘브란트의 작업실에서 배웠던 견습생들은 예술가가 되기 위한 훈련을 받으려면 돈을 지불해야 했다. 그들이 처음 맡는 일은 캔버스를 준비하는 작업이었다. 캔버스를 펼쳐 나무틀에 고정하는 일이었다. 견습생들은 또 17세기의 방식으로 물감을 직접 준비했다. 인내심을 가지고 안료를 곱게 갈았는데, 안료는 주로 색이 있는 돌로 이루어져 있었다. 갈린 안료를 바인더와 섞었다. 당시 쓰이던 바인더는 오일이었다. 바인더에 안료와 용제solvent와 섞으면 유성 물감이 된다. 일반적으로 물감은 두 가지 요소로 구성된다. 색을 구성하는 안료와 기법을 결정하는 바인더다. 물감은 용제와 섞어 점도, 건조 시간, 투명도 등을 조절할 수 있다. 유화 물감은 시간이 지나면 탄성을 잃는다. 용제는 물리적으로 건조되며 수분이 증발되지만, 오일 바인더는 산화 반응을 거쳐 화학적으로 건조된다. 준비한 물감은 상하지 않도록 그때그때 다 써야만 했다. 하지만 렘브란트는 물감을 더 오래 보관할 수 있고 심지어는 물감을 다른 장소에서 사용할 수 있는 획기적인 방법을 고안했다. 신선한 물감을 돼지 방광pig bladder에 담아 공기와의 접촉을 차단했고, 사용할 때는 방광에 구멍을 내어 물감을 짜내 썼다. 언제 어디서든 그림을 그릴 수 없다는 점은 예술가들의 창의성을 제한했다. 예술가들이 야외에서 그린 전원 풍경은 19세기까지는 그리기 불가능한 것이었다. 에두아르 마네Édouard Manet를 비롯한 인상주의 화가들은 알루미늄 튜브aluminum tube 물감이라는 기술의 진보 덕분에 야외에서도 그림을 그릴 수 있게 되었다. 알루미늄 튜브는 오늘날의 유화 물감 튜브와 비슷하다. 물감이 공기 중에 노출되지 않고 밀폐되어 있어 며칠 동안 사용해도 상하지 않는다. 오귀스트 르누아르Auguste Renoir는 "물감 튜브가 없었다면 모네도 세잔도 없었을 것"이라고 했다. 기술의 진보와 더불어, 과학 문화 역시 인상주의의 탄생에 깊은 영향을 미쳤다. 클로드 모네Claude Monet는 물리학자 헤르만 폰 헬름홀츠Hermann von Helmholtz의 저서 《Handbook of Physiological Optics(생리 광학 편람)》을 공부했다. 이 책은 의사와 생리학자의 관심을 끌 만한 내용 이상으로 광학적 현상에 대해 전한다. 모양, 크기, 색상 등 시각적 언어의 문법에 관해 말한다. 가장 의미심장한 내용은 색이 빛의 특성이 아니라, 우리의 인지로부터 지각되는 것이다. 우리는 우리가 보고 싶은 대로 본다. 또한, 헬름홀츠는 망막retina의 원추세포에는 빨간색, 녹색, 파란색을 감지하는 세 가지 광색소photopigment만 존재한다는 사실을 밝혀냈다. 이 외의 색상 모두 우리 뇌가 만들어낸다. 그러니까 빨강, 초록, 파랑이 아닌 것은 창조된 색이다.

　인상주의의 색채 활용은 회화의 가장 큰 변화 중 하나였다. 인상주의 화가들은 생각으로 그린 것이 아니라, 눈으로 본 것을 직접 그렸다. 우리가 이미지를 인식하는 방식은, 그림이나 물감이라는 전통적인 매체에 영향을 받아 형성된 것이다. 현실의 사물들은 그림처럼 어두운 테두리로 딱 잘라 구분되지 않는다. 모양이나 비율을 떠나서 어린이가 그린 얼굴은 실제

얼굴과는 형태나 비율이 많이 다르다. 하지만 우리는 여전히 그것이 얼굴이라는 것을 인지할 수 있다. 검은색을 사용하는 문제도 마찬가지다. 현실에서 순수한 검은색은 거의 존재하지 않는다. 그림자조차도 사실은 회색이거나 푸르스름한 색조에 가깝다. 인상주의 이전의 구상화realistic painting는 현실을 표현하는 또 다른 방식을 택했다. 그 방식은 우리가 생각하기엔 쉽고 편한 방식이지만 관습으로 가득 차 있다. 인상주의 화가들 사이에서는 검은색의 사용이 사실상 금기시되었다. 모네가 말했듯 "자연에는 검은색이 없으며 그림자는 보라색"이기 때문에 검은색은 팔레트에서 완전히 사라졌다. 모네의 인상주의 작품 중 가장 어두운 부분도 당시의 새로 개발된 멋진 색상들인 코발트블루, 셀룰리언 블루cerulean Blue, 합성 울트라마린(synthetic) ultramarine blue, 에메랄드 그린emerald green, 청록색, 주홍색, 그리고 합성 염료 기반의 카민 래커 등을 혼합해서 표현했다.

사진의 등장은 예술의 전환점이기도 했다. 그 당시 회화로도 현실을 충분히 반영할 수 있다고 생각되었지만 사진은 훨씬 더 객관적이고 즉각적인 현실을 보여줄 수 있었다. 그 결과 "더는 그림을 그릴 필요가 있을까?"하는 근본적인 회의가 제기되기도 했다. 1874년 모네를 비롯한 젊은 예술가 그룹이 〈살롱 드 파리Salon de Paris(프랑스 파리에서 개최되었던 미술 전시회 ― 역주)〉라는 공식적인 전시회가 아닌 환경에서 작품을 전시하기로 결정했다. 사진작가 펠릭스 나다르Félix Nadar는 자신의 스튜디오를 예술가들에게 대여해주었다. 그들의 목표는 단순히 새로운 회화 양식을 소개하는 데 있지 않았다. 형식적인 시각에서 벗어나 예술 작품을 통해 새로운 지각의 단계로 이끌고자 하는 의지를 보여주려는 것이었다. 모네에게 한 가지 비정형적인 점이 있었다면 그가 누구의 제자도 아니었다는 점이다. 인상파에 대해 말할 때면 대부분 그들의 방법론적 주제를 중심으로 설명한다. 플레인 에어plein air*, 자연을 직접 모델로 삼는 것, 작업실에서 그림을 수정하지 않는 것 등이 인상주의 화가들 사이의 대표적인 방법론이다. 모네는 이러한 방법을 철저히 따르지 않았다는 이유로 비판받았다. 그는 사진을 이용해 작업실에서 그림을 수정하기도 했다. 하지만 모네는 자연 그대로의 모습을 그리는 것이 과연 최고의 결과물로 이어진다는 보장은 없다고 했다. 이에 대해 모네는 이렇게 반박했다.

"작품을 만드는 데 사용된 방법 자체가 작품의 가치를 결정하는 것은 아니다."

인상주의라는 용어를 처음 언급한 사람은 프랑스 언론인 루이 르루아Louis Leroy였다. 그는 '인상주의 전시회Exposition des Impressionnistes'라는 기사에서 전시회를 조롱하듯 비웃는 어조로 "인상주의"라는 표현을 사용했다. 르루아는 전시회에 출품된 모네의 작품명 〈인상, 해돋이Impression, soleil levant〉에 쓰인 인상이라는 용어를 전시회에 참여한 모든 예술가에게 적용했다.

---

* 야외에서 그림을 그리는 것.

며칠 뒤 저명한 미술 평론가 쥘앙투안 카스타냐리Jules-Antoine Castagnary가 인상주의라는 말을 강조하면서 〈살롱 드 파리〉에 공식적으로 작품을 출품하지 않은 예술가들을 비난했다.

과학과 함께 일어난 회화의 다음 대혁명은 20세기 1920년대였다. 특히 호세 클레멘테 오로스코José Clemente Orozco, 다비드 알파로 시케이로스David Alfaro Siqueiros, 디에고 리베라Diego Rivera를 선두로 한 멕시코 화가들이 공공건물 외벽에 야외에서도 변질되지 않는 대형 벽화를 그리고자 했다. 유화나 프레스코 기법으로는 불가능한 일이었다. 빠르게 건조되며, 공기 중에 노출되어도 안정적으로 유지되는 물감이 필요했다. 사실 그들이 필요로 했던 재료는 산업 분야에서는 오래전부터 사용되고 있었지만, 예술계에서는 한 번도 사용된 적이 없는 것이었다. 심지어 오늘날에도 "진정한 화가는 유화를 그려야 한다"고 말하는 이들이 있다. 보통 아크릴 물감이라고 하면, 아크릴 폴리머acrylic polymer와 물이 섞인 용액에 안료가 분산된 것을 뜻한다. 아크릴 물감이 마르면 물감에 있던 수분이 증발하면서 아크릴 필름 형성제film-forming agent가 생성된다. 아크릴 필름 형성제는 안료 입자를 그물망처럼 엮어 고정시키는 탄성 플라스틱 막을 형성한다. 이 필름 형성 과정을 거친 뒤에는 더 이상 화학적 반응이 일어나지 않는다. 이는 화가가 이미 마른 표면에 자유롭게 덧칠할 수 있다는 뜻이다. 색을 다시 칠하거나 유약glaze을 바를 수 있다. 덧칠된 물감은 사이로 배경에 먼저 칠해진 물감이 보인다. 덧칠된 물감이 마른 뒤에는 피막 형성제

film-forming agent가 두 층 사이의 화학적 결합 고리를 안정적으로 유지한다. 그렇게 모든 물감의 층이 각각 하나의 덩어리가 된다. 아크릴 물감의 또 다른 장점은 건조가 되는 과정에서 색상이 크게 변하지 않는다는 점이다. 유화 물감과 비교하면 변화의 정도가 확실히 다르다. 아크릴 물감은 야외에서 그림을 그리기 위해 필요했던 물감이지만 그 이상의 가능성을 지니고 있었다. 과학자들은 아크릴 물감이 다양한 용도로 활용하기에 안정적이고 예술적 경험의 새로운 지평을 열고 있다고 생각했다. 과학자들의 예측은 틀리지 않았다. 예술과 과학이 협업하여 새로운 재료가 개발될 때마다 아크릴 물감은 초기의 요구만 충족시키는 것이 아니라 새로운 기법과 예술적 표현의 형태를 가능케 했다. 아크릴 물감의 발명이 꼭 예술에 새로운 가능성이 있다고 말하는 것 같았다. 아크릴 물감은 1950년대에 마그나Magna로 상업화되었다. 마그나는 예술가들을 위해 특별히 제작된 최초의 아크릴 물감의 일종이었다. 1947년에 레너드 보쿠르Leonard Bocour와 샘 골든Sam Golden이 개발했다. 마그나의 안료는 알코올과 섞인 아크릴 수지를 기반으로 한다. 수분 기반의 현대 아크릴 물감과는 다른 화학적 구조를 지닌다. 1960년대에 아크릴 물감은 미국 예술가들이 가장 흔히 사용하는 재료가 되었다. 잭슨 폴록Jackson Pollock, 케네스 놀런드Kenneth Noland, 마크 로스코Mark Rothko, 모리스 루이스Morris Louis 등 당시 저명한 예술가들은 아크릴 물감의 특성을 빠르게 파악했다. 특히 아크릴 물감은 경계를 넘지 않고, 번지지 않으며, 표면에 정확하게 고정된다는 점에서 새로운 미술 기법을 뒷받침했다. 이는 예술 운동의 진전에 있어, 어떠한 후퇴도 없을 도약을 가능케 했다.

추상 표현주의의 대표 화가인 모리스 루이스(1912년 미국 볼티모어~1962년 미국 워싱턴 D.C.)는 그의 작품에서 캔버스에 밑칠 primer을 하지 않았다. 다시 말해 캔버스 천 위에 애벌 처리를 하지 않고, 바로 그림을 그린 것이다. 아크릴 물감은 아주 견고해서 캔버스 틈새에 흡수되지 않았고 아주 부드럽기까지 해서 캔버스에 물감이 흘러간 흔적도 명확히 남았다. 유화 물감이었다면 캔버스의 가장자리 주변에 오일 테두리가 남았을 것이다. 마치 식사 중 셔츠에 묻은 얼룩 주위에 기름 고리가 생기는 것과 같다. 그러나 아크릴 물감은 표면에 고정되어 그런 현상이 발생하지 않는다. 그 덕분에 아크릴 물감은 이전에 유화로는 불가능했던 표현이 가능해졌다. 루이스 모리스는 헬렌 프랑켄탈러Helen Frankenthaler(1928년 미국 뉴욕~2011년 미국 코네티컷)의 작품을 감상하면서 영감을 받았다. 헬렌 프랑켄탈러는 테레빈유turpentine와 등유kerosene로 희석한 유화 물감으로 밑칠하지 않은 캔버스에 물감이 스며들도록 했다. 물감 주변에는 얼룩이 번져나가면서, 화면 전체가 끊임없이 움직이는 듯 보였다. 잭슨 폴록(1912년 미국 와이오밍~1956년 미국 뉴욕)도 아크릴 물감을 사용했지만 루이스는 작가의 행동이나 작품을 만들 때 사용된 도구를 기록하는 데에는 관심이 없었다. 루이스의 회화는 폴록의 액션 페인팅action painting에서 벗어나 컬러 필

잭슨 폴록, 〈넘버 1〉
캔버스에 에나멜 페인트와 금속 페인트, 160×260cm, 1949년.

드 color field 회화로 이어졌다. 모리스 루이스는 폴록처럼 캔버스 위에 물감을 튀기거나 뿌리지 않았다. 루이스의 작품에는 과격한 행동, 즉 액션이 없었다. 물감은 캔버스와 충돌하지 않는다. 그저 캔버스 위를 미끄러지듯 흘러가며, 자연스럽고 조화로운 얼룩을 형성한다. 모리스 루이스의 그림은 거대한 캔버스의 크기 때문에 공간과 특별한 관계를 맺는다. 그 모든 것을 감상하는 가장 간단한 방법은 그의 작품 앞에 서서 이 질문에 답해 보는 것이다.

이 작품은 어떻게 만들어진 것일까?

그에 대한 답은 명확할 뿐만 아니라 작품 자체가 해답을 제시한다는 점이 아주 흥미롭다. 색채의 흐름은 아무런 전처리 하지 않은 캔버스 unprimed canvas 위를 중력의 힘을 따라 흘러내리며, 자연스럽게 스며들고 흔적을 남긴다. 그 모습은 마치 시작이나 끝이 없는 듯하다. 펼쳐진 캔버스는 물감의 강으로 얼룩진 거대한 면 이불 같다. 우리는 작가가 액자도 없는 이 거대한 캔버스, 그러니까 천 그 자체를 경사진 형태로 놓을 수 있었는지 쉽게 상상해 볼 수 있다. 아마도 한쪽 끝은 벽에 고정하고 나머지 부분은 바닥에 늘어뜨렸을 것이다. 그런 뒤 마그나 물감을 벽 쪽에서 부으면 중력의 작용에 따라 물감은 2미터 이상 흘러내려 바닥까지 도달한다. 이런 식으로 붓을 사용하지 않기 때문에 색의 표면은 인위적인 터치 없이 심리적으로 균일한 색면 효과를 갖는다. 화면의 비대칭적이고 제멋대로인 것은, 작가의 개입이 최소화된 결과다. 어떤 색들은 물

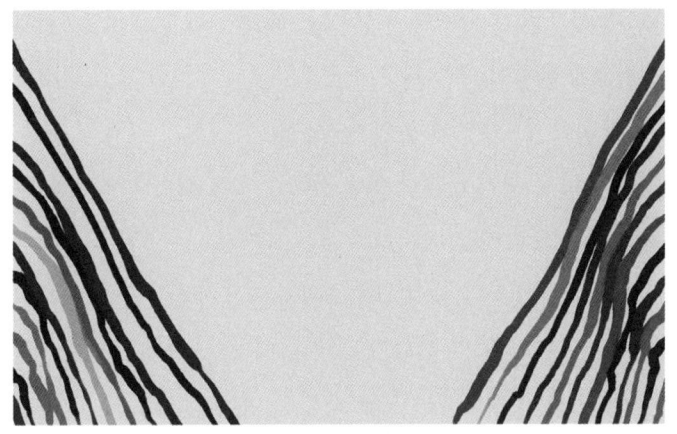

모리스 루이스, 〈베타 람다〉
캔버스 위에 마그나 물감, 262.6×407cm, 1961년.

길처럼 흘러가며 다른 색과 합류하고, 그 경계에서는 겹쳐진 색채가 글레이즈처럼 형성되어, 중첩된 색들이 얼핏 보인다. 루이스는 붓 대신, 자신이 직접 조절한 마그나 물감의 점도와 중력만을 이용해 작품을 완성했다. 그의 회화는 대상이나 작가의 흔적에서 벗어난 '순수한 색의 면pure color field'이다. 이는 액션 페인팅을 넘어선다. 모리스의 작품은 색 말고는 다른 어떤 대상도 없는 순수한 추상이다. 물감이 없는 곳, 그러니까 캔버스에 물감이 닿지 않은 부분조차도 공백처럼 보이지 않는다. 오히려 인접한 색 사이의 경계를 규정하는 역할을 한다. 이것이 바로 모리스 루이스가 거대한 수직 캔버스에 색을 흐르게 만든 방법이다.

바로크 시대부터 추상 표현주의에 이르기까지 회화 재료의 진화는 미술 운동의 진화와 관련이 있었다. 과학은 예술가의 아이디어를 구체화하는 도구일 뿐만 아니라, 때로는 전혀 새로운 발상 자체를 가능하게 하는 씨앗이기도 했다. 다시 말해, 과학은 구상과 창조라는 두 가지 목적을 달성한 것이다.

9

나무 책상 위의 내 이름

그 옷은 1950년대 스타일의 연두색 드레스다. 몸에 딱 맞는 상의와, 주름이 풍성하게 퍼지는 플레어스커트가 특징이다. 드레스 앞면에는 아크릴 물감으로 찍어낸 만년필 무늬가 스텐실stencil 기법으로 새겨져 있다. 스텐실은 구멍을 낸 도안을 올린 뒤, 스프레이를 분사해 이미지를 찍어내는 방식이다. 연두색 드레스는 마치 하나의 예술 작품처럼, 지금은 내 옷장 문밖에 걸려 있다. 태그tag도 여전히 그대로다. 그라피티 아티스트 아이세르Aiser의 자필로 이렇게 적혀 있다.

"폰테베드라 광장에서 세상의 끝까지De la plaza Pontevedra al fin del mundo."

연두색 드레스에 얽힌 나의 이야기는, 20년도 더 전, 학교의 나무 책상 위에서 시작되었다. 나는 유성 매직펜permanent marker으로 이름을 썼다. 다음 날, 알코올로 지워야 했지만, 그 사소하면서도 파괴적이고 덧없는 행위가 나의 생애 첫 그라피티였다. 책상, 욕실 문, 벽에 글자나 그림, 혹은 다른 무언가를 남겨보지 않은 사람은 없을 것이다. 그라피티는 공공장소에 '내가 여기 있었다'는 표식을 남기고자 하는 욕구로부터 시작되었다.

나는 아이세르(1978년 스페인 바달로나~)를 2001년, 폰테베드라 광장에서 만났다. 폰테베드라 광장은 라코루냐 지역 힙합 문화의 성지다. 래퍼, 디제이, 비보이, 그라피티 아티스트. 광장에는 이른바 힙합의 4대 요소들이 모였다. 나는 청소년기의 절반을 광장의 주황색 계단과 '그림'이라 불리기도 했던 바다를 마주한 장소에서 보냈다. 그곳은 동네를 찾는 모든 그라피티 아티스트가 흔적을 남기고 가는 성지였다. 정확히는, 마타데로 해변 끝자락, 산책로 가장자리를 떠받치는 기둥 아래의 공간이었다. 나는 거기서 그라피티가 고작 며칠, 길어야 몇 주 존재하는 순간의 예술ephemeral art이라는 사실을 처음 알게 되었다. 곧 다른 그라피티가 그 위를 덮어버리기 때문이다. 그라피티의 세계에는 더 훌륭한 작품을 남길 수 있을 때에만, 기존의 그라피티를 덮을 수 있다. 그런 암묵적인 규칙이 존재한다. 그라피티 아티스트들은 종종 자신들을 라이터writer라고 칭한다. 그런 이유로, 아이세르의 표식도 만년필인 것이다. 나는 그 만년필 표식을 말로스Mallos 동네에서부터, 뉴욕 지하철의 스티커와 벽화에 이르기까지, 전 세계의 그라피티 현장에서 마주쳤다. 그리고 2015년, 모스키노는 포스카Posca 마커와 락커로 칠한 이브닝드레스를 선보이며, 그라피티 문화에 경의를 표하는 컬렉션을 발표했다. 그것이 바로 내가 나만의 옷을 갖게 된 계기였다. 2016년 마누는 나의 친구인 아이세르에게 몰래 연락했다. 그는 캔버스처럼 튼튼한 면 소재로 된 내가 가장 좋아하는 스타일의 드레스를 사 두었고, 아이세르에게 그 드레스를 주면서 마음이 가는 대로 그려달라고 했다. 드레스 여기저기에는 스프레이 흔적, 하트 무늬, 스티커가 생겨났고 중앙 부분에는 그의 표식인 만년필을 검은색으로 그렸다. 그 옷은 나의 생일 선물이 되었다.

요즘 나는 더 이상 이름을 남기거나 방문한 장소를 기록하지는 않는다. 우리가 알고 있는 그라피티는 1970년대부터 우리와 함께해 왔다. 하지만 그 역사는 훨씬 더 오래전으로 거슬러 올라간다. 제2차 세계대전 당시 킬로이Kilroy라는 정체불명의 인물이 항상 병사들보다 먼저 앞장서 있는 듯한 인상을 남겼다. 무너진 벽, 탄약 상자, 교통 표지판 등 미군들이 가는 곳에 있던 물체들마다 벽 뒤에 숨어 코를 내밀고 있는 남자의 그림과 함께 "킬로이 다녀감Kilroy was here"이라는 문구가 적혀 있었다. 당시 그라피티는 지금 우리가 생각하는 그라피티와는 달랐다. 19세기 중반에 그라피티라는 용어가 처음 사용되었다. 고고학자 라파엘레 가루치Raffaele Garrucci는 로마 제국 시대부터 폼페이Pompeii 성벽에 보존되어 온 낙서와 갈라진 흔적을 그라피토graffito라 명명했다. 한때 우리는 로마 예술을 하얀 벽과 대리석 조각상으로 기억했다. 하지만 시간이 흐르며 그 인상은 서서히 사라졌다. 모든 것은 색으로 덧입혀져 있었다. 벽은 석고로 하얗게 칠했으며 그 위에는 밀랍과 천연 안료로 만든 물감으로 그림을 그렸다. 오늘날 엔코스틱encaustic 기법이라 부르는 방식과 비슷하다. 서기 79년, 베수비오 화산의 폭발로 인해 폼페이는 지도에서 영원히 사라졌지만 그 폭발은 우리에게 귀중한 유산을 남겼다. 겹겹이 쌓인 화산재 아래 묻힌 그림들은 거의 2천 년 가까이 원래 모습 그대로 살아남아 있었다. 폼페이의 성벽에는 오늘날 화장실 문, 학교 책상, 거리의 벽에 남겨진 낙서와 비슷한 그림들이 새겨져 있었다. 풍자하는 문구, 사랑의 메시지, 항의문, 그리고 이름들. 그것은 킬로이처럼 '내가 여기에 있었다'는 흔적을 남기고 싶었던 사람들의 이름이 있었다. 제2차 세계대전 이후 "킬로이 다녀감"은 미군들의 자부심과 용기의 상징이 되었다. 킬로이의 그림은 전투기에 그려지고 기념비에 새겨졌다. 하지만 킬로이가 누구인지는 여전히 수수께끼였다. 미국교통협회American Transit Association는 킬로이 그림의 기원을 밝히기 위해 전국에 공고를 냈다. 킬로이의 정체를 밝혀내고, 그 주장을 입증할 수 있는 사람에게는 전차trolley를 포상으로 내리겠다는 내용이었다. 미국 퀸시에 있는 베들레헴 스틸Bethlehem Steel 조선소에 킬로이라는 성을 가진 노동자가 있었다. 전쟁이 나기 전 제임스 J. 킬로이James J. Kilroy는 보스턴의 시의원이자 조선소의 감독관이었다. 전쟁 중에는 철판의 리벳(철판을 고정할 때 쓰이는 못 — 역주)을 점검하는 업무를 맡았다. 점검을 완료한 부분에는 분필로 표시를 해두었다. 하지만 분필은 금세 지워졌다. 킬로이는 점검한 철판 수에 따라

아이세르의 만년필.

보수를 받았기 때문에 다른 사람들이 아닌 자신이 철판을 점검했음을 확실하게 알릴 수 있으면서도, 흔적이 더 오래 남을 수 있는 방법을 찾아냈다. 그는 아크릴 물감을 사용해 철판 하나하나에 "킬로이 다녀감"을 적었다. 새로 건조된 선박들이 북미 해안에서 출발해 전쟁 현장으로 이동하는 동안에도 킬로이가 남긴 흔적은 그대로 남아 있었다. 최전방으로 향하던 미군들은 킬로이의 그림을 볼 수 있었다. 누가 새긴 것인지는 몰랐어도 미군들은 배에 있던 낙서를 영웅주의에 대한 호소로 해석했다. 그때부터 미군들은 킬로이의 그림을 여기저기에 낙서하기 시작했다. 그렇게 전쟁 기간 동안 그 표식은 유럽, 아시아, 아프리카로 퍼져 나갔다. 킬로이는 역사상 처음으로 여기저기로 퍼져 나간 그라피티였다. 그렇게 그는 훗날 그라피티 크루 등장을 예고하는 상징적 시초가 되었다. 이 가설은 제임스 J. 킬로이의 옛 조선소 동료들이 밝힌 내용이었다. 그들이 미국교통협회의 포상을 받게 된 주인공이다.

  1920년대 아크릴 물감의 개발 덕분에, 킬로이는 자신의 표식을 더 오래 보존할 수 있었고 그것이 곧 우리 시대의 첫 그라피티 중 하나로 알려지게 되었다. 하지만 뉴욕의 지하철과 벽을 뒤덮은 그라피티 문화는 1970년대에 이르러서야 본격적으로 시작되었다. 1970년대 그라피티의 역사 역시 아크릴 물감과 밀접한 연관이 있다. 벽에 빠르고 깨끗하게 낙서를 남기고 그것이 비바람에 쉽게 손상되지 않도록 만드는 일은 20세기 초반 벽화가들의 공통된 과제였다. 예술의 세계에 아크릴 물감이 등장하자 영원히 풀리지 않을 숙제일 것 같았던 문제가 해결되었다. 이제 빨리 그리는 일만 남았다. 붓으로 그리는 것은 그라피티처럼 비밀스럽게 이뤄지는 작업에서는 꿈도 꿀 수 없는 번거로운 일이었다.

얼마 지나지 않아 거리 예술을 위한 또 하나의 발명품이 등장했다. 1929년 화학 공학사인 에릭 로트하임Erik Rotheim이 에어로졸 스프레이aerosol spray를 개발했다. 에어로졸 스프레이는 초반에는 살충제로 쓰였다. 그러다 1949년 에드워드 시모어Edward Seymour가 스프레이 페인트spray paint를 발명했다. 스프레이를 활용한 새로운 페인팅 기법은 차량이나 가전제품을 도색하는 등 실용적인 목적으로 사용되었으며, 주로 물건을 새것처럼 만들기 위한 용도로 쓰였다. 하지만 나중에는 최근 들어 가장 중요한 예술 운동 중 하나의 폭발을 일으킨 결정적인 도구가 되었다. 스프레이 물감 속에는 아크릴 물감과 추진제가 공존한다. 아크릴 물감에는 용매*가 들어 있으며, 보통 방향족 화합물aromatic hydrocarbon과 에틸아세테이트ethyl acetate가 사용된다. 추진제는 일반적으로 프로판propane, N-부탄n-butane 또는 디메틸에테르dimethyl ether 같은 액화된 탄화수소이며, 스프레이 내부에서는 압축된 액체 상태로 존재한다. 그래서 그림을 그리기 전에 스프레이를 흔들어야 한다. 이때 안에 들어 있는 작

---

* 신속한 건조와 적절한 점도를 보장하는 역할을 한다.

은 금속 구슬들이 부딪히며 소리가 들린다. 이 과정에서 물감과 추진제가 고르게 혼합된다. 스프레이를 분사하는 순간, 추진제는 즉시 증발하고 물감은 표면에 고정된다. 스프레이 물감은 시간이 지나면서 더욱 발전했다. 크릴론Krylon은 그라피티에 쓰이는 최초의 스프레이 중 하나를 개발한 곳이지만 스페인에서는 거의 펠턴Felton의 제품이 많이 쓰였다. 펠턴의 제품은 마감 처리나 색상 면에서는 다소 뒤처져 보였지만, 구하기 쉬웠다. 스프레이 물감에 관한 매우 흥미로운 이야기가 있다. 1990년대 펠턴의 영업 이사였던 조르디 루비오Jordi Rubio는 바르셀로나의 한 원예용품 매장에서 스프레이 판매량이 급증했다는 것을 알게 되었다. 그는 대체 무슨 일이 일어난 것인지 확인에 나섰는데 원인은 그라피티였다. 그곳 직원 중 한 명이 그라피티 아티스트라는 사실을 알게 되었다. 조르디 루비오는 여러 그라피티 아티스트들과 이야기를 나누면서 그들이 필요로 하는 기술적 조건들을 파악했다. 그 내용을 종합하여 바르셀로나에 스페인 최초의 그라피티 전문 매장을 열었다. 매장의 이름은 당시 유명 그라피티 잡지의 이름과 같은 게임오버샵Game Over Shop이었다. 당시 그라피티 아티스트들은 스프레이 통을 개조하거나 노즐을 직접 바꾸는 위험한 방법으로 새로운 색상과 다양한 선의 질감을 만들어내기 위해 고군분투하고 있었다. 조르디 루비오는 펠톤 스프레이 제품을 개선하는 방안을 제시했지만 사측은 "그라피티가 지나가는 유행일 뿐"이라며 이를 거절했다. 그래서 그와 동료 한 명이 1994년 그라피티 아티스트들이 원했던 것을 제공하는 몬타나 컬러스Montana Colors를 창립했다. 오늘날 몬타나 컬러스는 세계 1위의 스프레이 물감 전문 브랜드가 되었다.

아크릴 스프레이 물감이 최초로 판매된 시기는 미국에서 그라피티가 처음 등장한 시기와 정확히 맞물린다. 스프레이 덕분에 그림을 그리는 속도가 빨라졌고 영구적인 유지가 가능했다. 그라피티 아티스트 콘브레드Cornbread는 아크릴 스프레이 물감을 사용해 자신의 이름을 필라델피아 곳곳에 도배했다. 그라피티 아티스트 TAKI 183(타키 183)도 뉴욕에 자신의 이름을 도배했다. 그는 배달부로 일했고, 지하철망이 잘 구축되어 있었던 덕분에 아주 짧은 시간 내에 맨해튼 전역에 자신의 이름을 남길 수 있었다. 그리고 1971년 7월, 이러한 내용은 《뉴욕 타임스》의 한 페이지를 장식하게 되었다. 젊은이들의 마음에 책상을 박차고 나가 자신의 흔적을 남기고자 하는 열망이 피어났다. 그라피티는 전 세계적인 예술 현상이 되어가고 있었다. 벽들은 '내가 여기 있었다'는 것을 알리는 그림을 그리기 위한 캔버스로 둔갑했다. 사실 역사를 통틀어 벽은 언제나 캔버스와 다를 바 없었다.

그라피티는 점점 복잡해졌다.

물방울 모양의 버블레터bubble letter 스타일의 창시자는 그라피티 아티스트 페이즈 2Phase 2였다. 버블레터 스타일은 지금도 널리 사용된다. 먼저 밑그림을 그리고 그 위에 윤곽선을 칠하는데 글자 사이에 여백이 없도록 한다. 기차를 도색할 때처럼 색을 빨리 칠하기 위해 사용되는 고전적인 방법이다. 이렇게 빠른 속도로 그라피티 작업을 하는 방식을 스로업throw up이라고 한다. 후에 이 방식은 수소33Suso33이 시작한 1980년대 도상학적 그라피티로 발전했다. 수소33은 그의 작품 〈플라스타Plasta(끈적끈적한 덩어리 — 역주)〉로 유명하다. 물감 얼룩이 번진 형태의 그림으로 가운데에 눈이 있는 모습이다. 보다 정제된 스타일로는 블록레터block letter 스타일이 있다. 글자끼리 간격이 충분해 가독성이 높다. 반면 와일드 스타일wild style은 이와 반대로 극도로 복잡하고 급진적인 형식이다. 글자가 서로 마구 얽혀 있어 해독하기가 쉽지 않다. 그라피티 아티스트는 자신만의 필체를 개발한다. 그래서 필체로 누구의 작품인지 쉽게 알 수 있다. 아이세르의 필체는 글자의 세리프serif(글자 획의 일부 끝이 돌출된 형태 — 역주)에 그려진 만년필 촉의 형태로 쉽게 구분된다. 이 외에도 3D, 미니멀리즘, 추상, 구상figurative 등 수많은 그라피티 스타일이 존재한다. 심지어는 그리지 않는 그라피티도 있다. 스프레이를 이용해 공공 벽면에 흔적을 남기는 행위는 불법으로 간주되며, 징역형에 처해질 수도 있다. 따라서 핵심은, 짧은 시간 내에 흔적을 남기고 발각되지 않는 것이다. 이런 맥락에서 스프레이로 그림을 그릴 수 있는 템플릿이 등장했다. 템플릿과 이를 사용한 기법을 스텐실이라고 한다. 스텐실 기법으로 가장 유명한 인물은 단연 뱅크시Banksy다. 스페인 출신의 닥터 호프만Dr. Hofmann 역시 비슷한 기술을 활용하는 작가다. 스텐실 기법은 6만 5,000년 전부터 사용된 오래된 회화 기술 중 하나다. 동굴 벽화 대부분이 손을 스텐실로 사용해 그 주위에 물감을 칠해 그린 그림이니까. 얼마 전까지만 해도 인류가 남긴 가장 오래된 벽화는 약 1만 년 전의 것으로 여겨졌다. 그러나 2017년에 이베리아반도에서 호모 사피엔스가 아닌 네안데르탈인만이 남겼을 법한 보다 오래된 벽화를 발견했다. 그들의 흔적은 무엇이 우리를 인간으로 만드는지 생각하게 만드는 질문을 던진다.

우리를 인간이라는 종으로 구분할 수 있는 기준은 무엇일까?

각자의 환경이나 관심사에 따라 답변은 다양해질 것이다. 생물학적 특징 이외에도 문화가 인간을 인간답게 만든다고 말할 수 있다.

그렇다면 인간을 인간으로 만드는 것은 언어일까?

엄밀히 말하면 다른 종에게는 언어가 없다.

그럼 과학이나 기술이 있기에 우리가 인간일까?

다른 동물들 역시 시행착오를 겪으며 학습한다. 하지만 인간만큼 정교한 형태의 과학적 도구를 활용하지는 않는다.

혹시 예술이 우리를 인간으로 만들고 있는 것은 아닐까?

외계인이 지구에 온다면, 무엇이 그들을 인간과 비슷한 존재로 만들었는지가 가장 궁금할 것이다. 나라면 외계인의 예술이 인간과 다르다면 어떤 예술인지 알고 싶을 테다. 외계인에게 언어나 과학 또는 예술이 없다면 우리는 그들이 지구를 탐험하거나 교류하거나 조사를 하려는 목적 따위는 없이 우연히 지구에 당도한 야생 동물이라고 간주할 수도 있을 것이다.

2014년, 인도네시아에서 4만 년 된 동굴 벽화가 발견되었다. 발견된 지는 약 50년 가까이 되었지만, 이전까지는 1만 년을 넘는 연대일 것이라 예상되지 않아 정밀 연대 측정을 하지 않았었다. 인도네시아의 동굴 벽화는 약 5만 년 전에 아프리카에서 유럽으로 건너온 인간이 지구상의 다른 인간들과 다를 바 없었다는 점을 알려준다. 또 인간이 인도네시아에서 예술 활동을 했다는 것은 다양한 시사점을 지닌다. 동굴 벽화는 유럽과 동남아시아에 살던 초기 현생인류 사이에서 동시다발적으로 생겨났을 수도 있고, 수만 년 전에 아프리카를 떠나온 초기 현생인류 사이에서부터 널리 퍼진 것일 수도 있다. 그렇다면 예술의 역사는 더 오래전으로 거슬러 올라가게 된다. 인도네시아 예술이 네안데르탈인 예술일 가능성은 없을까? 인도네시아와 유럽에서 사용된 기법과 안료가 비슷하다는 점으로 미루어 보았을 때 5만 년도 전에 아프리카에서 처음으로 예술가가 등장했으며 그로부터 예술이 전 세계로 뻗어 나갔다는 추측이 가능하다. 고대의 화가들은 돌을 갈아 수지나 밀랍과 섞어 안료로 사용했다. 붉은색 안료는 산화철(III)iron(III) oxide, Fe_2O_3이 함유된 적철석hematite이나 황화수은mercury(II) sulfide, HgS이 포함된 진사cinnabar를 사용해 만들었다. 검은색과 갈색 계열의 색소는 이산화망간manganese dioxide, MnO_2을 함유한 연망가니즈석pyrolusite이나 숯에서 추출했다. 하지만 현대의 연대 측정 기술로도 그 색소가 얼마나 오래된 것인지는 알 수가 없다. 그래서 안료의 나이를 알려면 시간이 지나면서 안료 위에 쌓인 방해석의 층을 분석해야 한다. 이때 사용된 연대 측정 방법은 '우라늄-토륨 연대 측정법uranium-thorium dating'이다. 이 기법은 방해석을 포함하는 탄산칼슘 광물을 분석하는 데 사용되는 현대적 측정 기술이다. 어떤 원소도 형성된 광물 밖으로 빠져나갈 수 없고, 다른 원자가 광물 안으로 침투할 수도 없기 때문이다. 방해석이 형성되는 환경에서는 우라늄은 물에 녹지만 토륨은 녹지 않는다. 따라서 방해석이 만들어질 때 우라늄은 있지만 토륨은 없다. 우라늄-234U-234는 시간의 흐름에 따라 자연스럽게 토륨-230Th-230으로 분해된다. 둘 사이의 변환은 특정한 속도로 진행되며, 방해석 내 토륨 양으로 간접 연대 추정이 가능하다. 우라늄-토륨 연대 측정법은 먼 옛날까지 시계를 돌리는 것이다. 이때 우라늄의 변환 과정을 알파 붕괴alpha decay라고 한다. 우라늄이 붕괴하면서 알파 입자alpha particle[*]가 방출되고, 이로 인해 우라늄은 다른 화학 원소, 그러니까 토륨으로 바뀐다. 이 방법으로 스페인에서 발견된 동굴 벽화의 연대를 측정했다. 측정 결과가 너무 놀라운 나머지 2018년 모든 과학 잡지의 1면을 장식할 정도였다.

   스페인의 동굴 세 곳에서 발견된 벽화는 평균 약 6만 5,000년 전에 그려진 것이었다. 현생 인류인 호모 사피엔스가 이베리아 반도에 도착하기 2만 년도 더 전인 것이다. 카세리스Cáceres의

---

[*] 양성자 두 개와 중성자 두 개로 구성된다.

말트라비에소Maltravieso 동굴에서는 최소 6만 6,700년 전, 스텐실 기법을 이용해 그린 손 모양의 벽화가 발견되었다. 말라가Málaga의 아르달레스Ardales 동굴 벽의 돌에는 물감이 칠해져 있었고, 칸타브리아Cantabria의 라파시에가La Pasiega 동굴에는 최소 6만 4,800년 전의 계단 모양의 벽화가 그려져 있었다. 이 동굴 벽화들은 지금까지 밝혀진 바에 의하면 가장 오래된 예술 작품이다. 이 사실은 위에서 제기한 가설을 과학적으로 뒷받침한다. 이 동굴 벽화들은 현생 인류가 아닌 네안데르탈인들의 작품이다. 약 8만 년 전, 지구에 호모 사피엔스, 네안데르탈인, 호모 플로레시엔시스, 데니소바인 등의 인류종이 공존하고 있었다. 네안데르탈인과 호모 사피엔스는 서로 교배가 가능했으며, 그 흔적은 현생인류 유전자 속에 남아 있다. 이들은 동시에 각각 고유의 예술을 발전시켰을 가능성이 있다. 이 가설은 예술은 이보다 훨씬 이전, 공통의 조상으로부터 기원했을 수도 있다는 또 다른 가능성으로 이어진다. 인간은 수천 년 동안 스텐실 기법으로 벽화와 흔적을 남겼다. 그라피티를 그리도록 타고난 존재인 것처럼. 현재 우리가 소중하게 보존하고 숭배하고 있는 벽화는 가장 원시적인 예술이다. 인간은 언제나 공공장소에 그림을 그려왔다. 그러나 지금은, 그런 행위가 불법이 되었다. 그림을 그리는 것보단 덜하지만 포스터를 붙이는 행위도 범죄다. 벌금은 훨씬 적다. 그래서 오베이OBEY로 잘 알려진 셰퍼드 페어리Shepard Fairey(1970년 미국 사우스캐롤라이나~)와 같은 예술가들이 프로레슬러 앙드레 더 자이언트André the Giant

의 얼굴을 세계 곳곳에 붙이기 시작했다. 이 활동은 1990년대에 큰 영향을 미쳤다. OBEY 포스터와 스티커는 도시 곳곳에 퍼져 나갔다. 상업화되진 않았지만, 무언가를 일방적으로 광고하는듯한 캠페인이었다. "거인을 따르라Obey Giant"는 문구는 자유에 대한 성찰을 불러일으키는 슬로건이 되었다. 닥터 호프만도 스텐실처럼 보이는 포스터를 붙이는 예술가로 잘 알려져 있다. 예술가 스운Swoon도 스페인 카마리냐스Camariñas의 레이스 실처럼 가늘면서도 정확하고 세밀하게 자른 종이를 붙이기로 유명하다. 다른 재료를 사용하는 예술가들도 많다. 프랑스 예술가 인베이더Invader(침략자라는 뜻 — 역주)는 작은 타일을 활용해 '스페이스 인베이더Space Invaders'라는 유명 아케이드 게임의 캐릭터를 재현했고, 그 조각들을 통해 전 세계를 침략했다.

  2017년 마누와 내가 뉴욕에 갔을 때 우리는 맨해튼의 한 골목에서 그라피티 크루를 만났다. 그들은 마스킹 테이프로 벽에 붙인 거대한 지도에 포스카 마커로 그림을 그리고 있었다. 포스카 마커에는 수성 아크릴 잉크가 들어 있다. 그들은 지하철 노선도, 관광 지도, 도시 지도 등 다양한 지도를 기반으로 작업했다. 범죄 행위로 분류되지 않는데 그라피티는 그라피티이기 때문에 그런 작업을 하는 것이라고 했다. 크루 멤버 중 한 명의 그림이 내 시선을 사로잡았다. 그는 팔을 치켜들고 왕관을 쓴 사람들을 그렸다. 그들은 모두 고개를 숙이고 있었고, 검은색과 붉은색 단 두 가지 색으로만 표현되었다. 화면은 단순한 기하학적 형태로 구성되었다. 그는 시중 마커 중 가장 굵

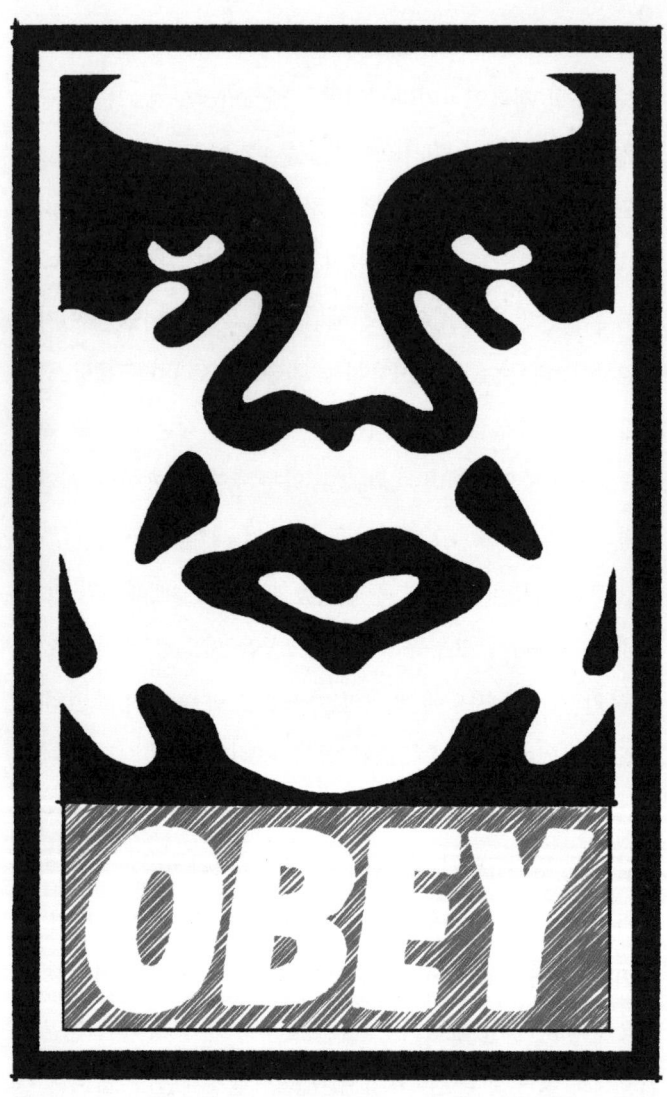

오베이 포스터.

고 팁이 직사각형인 포스카의 PC-17K 마커를 사용했는데, 그가 그린 얼굴은 선이 워낙 촘촘해서 멀리서 보면 그저 검은 덩어리처럼 보였지만, 가까이 다가가면 그 얼굴들은 웃고 있었다. 나는 그에게 재능이 정말 뛰어나다고, 당신의 그림이 좋다고 말했다. 그러자 그는 내게 말했다.

"마음에 드신다면 하나 가져가세요. 내일이면 다 떼 가서 없을 테니까요."

나는 거대한 맨해튼 버스 노선도에 그려진 왕 그림 중 몇 개를 가져왔다. 그는 공짜로 주겠다고 했지만, 결국 내 지갑에 있던 전부인 30달러를 받았다.

루Lou, 고마워요. 지금도 우리 집 벽 한쪽에는 당신의 그림이 조용히 걸려 있습니다.

그라피티는 우리가 일부러 박물관에 가지 않아도 거리에서 마주칠 수 있는 예술이다. 하지만 모든 예술이 그렇듯 그라피티도 잘 감상하려면 잘 알아야 한다. 그라피티는 순간의 예술이다. 로마 제국의 수많은 벽화가 시간이 지나 사라진 것처럼 그라피티도 덧씌워지고 사라지며 지워진다. 다른 그림으로 덮일 것이라는 운명을 알면서도 행해진다. 폼페이의 벽화나 선사시대의 동굴화는 현대의 그라피티보다 더 큰 예술적 인정을 받는다. '얼마나 오래되었느냐'가 작품의 가치를 결정하는 유일한 기준이 되어서는 안 된다.

벽에 손을 대어 찍은 그림부터 그라피티의 역사는 시작되었다. 이후 스프레이부터 아크릴 물감까지, 과학과 기술의 발전은 그라피티를 오늘날의 형태로 변화시켰다. 그라피티는 여전히 진화하고 있다. 그 역사는 과학 기술의 관점으로도 충분히 써 내려갈 수 있다. 그러나 그라피티의 역사는 무엇보다, 예술의 역사다.

10

60년대 패션 잡지

달콤한 비가 내린다. 젖은 흙냄새와 은근한 탄 내음이 감도는 여름의 끝자락이 오면 고서 전시회가 열린다. 낙엽수deciduous tree는 초록빛을 잃어가다 점차 노란색, 주황색, 갈색빛을 띤다. 나무들은 전시회의 오래된 책들과 어울리게 단장을 한다.

   낙엽수는 24시간 주기로 활동하며 일광 시간이 짧아지는 변화에 민감하게 반응한다. 밤이 길어지면 잎자루와 잎자루를 지탱하는 줄기가 만나는 지점에 있는 세포가 빠르게 떨어지면서 두꺼운 이층abscission layer이 형성된다. 이층은 사부phloem를 막아서 잎에서 줄기로 수액이 이동하는 길을 막는 방수층이다. 목부xylem를 막아 뿌리에서 잎으로 흐르는 수액도 차단한다. 이층이 생겨나면 엽록소chlorophyll의 양이 감소한다. 엽록소가 줄어들면 그동안 숨겨져 있던 가을의 색소가 서서히 모습을 드러낸다.

마치 1960년대 패션 잡지에 등장할 법한 황토색 리그닌과 바닐라 향에 어울리는 색소들, 예컨대 예컨대 카로티노이드 carotenoid, 크산토필xanthophyll, 베타카로틴β-carotene, 안토시아닌 anthocyanin이 모습을 드러낸다.

전시회가 열리던 그 일요일, 어머니는 새 계절을 맞아 진열할 오래된 잡지를 찾고 있었다. 언제 발행된 잡지인지는 중요하지 않았다. 중요한 건, 그 위에 남은 시간의 흔적들이었다. 손자국이 묻고, 종이가 누렇게 바래며, 한때 촉촉했던 질감은 거칠게 마르고, 먼지가 쌓여 시간이 흘렀음을 말해주는 것들. 오후의 햇살과 단풍의 따뜻한 색감과 함께 매장 곳곳에 가을이 들어서기 시작했다. 1990년대, 패션 매장의 쇼윈도는 누구나 꿈의 집을 상상하며 바라보던 공간이었다. 쇼윈도에는 이야기가 있었고 다른 어딘가에 있었던 물건들이 와 있었다. 어머니가 장식한 쇼윈도는 동네에서 최고였다. 전부 어머니가 직접 구상하고 찾아다닌 것들이었다. 어머니의 쇼윈도에 있는 것만큼 매듭이 완벽한 손수건은 없었고, 어머니가 물건을 놓는 방식만큼 정교하고 편안한 무질서도 없었다. 그 일요일 오후, 전시회에서 우리는 1960년대 잡지 수십 권을 넘겨보았다. 사진보다 삽화가 더 많았고, 대부분 흑백이었고 베이지색과 갈색으로 바래 있었다. 그림 속 인물들은 유행을 따르는 독특한 옷차림의 마른 모델들이었고 캐리커처처럼 과장된 선으로 그려져 있었다. 나도 그런 여자들을 그리고 싶어졌다. 집에 돌아가면 옷깃이 화려한 코트, 주름진 치마, 하이힐, 거만한 표정과 자신감 있는 포즈를 취한 여자들을 그릴 생각이었다.

집에 도착한 후, 크리스티안과 나는 여느 일요일 오후처럼 주방 식탁에 앉아 엄마와 그림을 그렸다. 나는 1960년대 잡지에 나온 모델들을 그리고 싶었다. 남자처럼 바지와 재킷을 입고 있던 모델들을 원했다. 잡지를 넘기던 중 나는 한 장의 흑백 사진 앞에서 멈췄다. 사진 속에는 그림 앞에서 춤을 추고 있는 세 명의 여성이 있었다. 여성들이 입은 드레스의 무늬는 그들이 서 있는 그림 속 무늬와 같았다. 수평선과 수직선은 검은색이었고, 사각형은 다양한 색으로 채워져 있었다. 기사 제목은 '몬드리안 스타일'이었다. 처음 듣는 이름이었다. 입생로랑Yves Saint Laurent이 몬드리안의 작품에서 영감을 받아 기획한 컬렉션에 관한 내용이었다. 그 컬렉션은 1965년 《보그》의 표지를 장식했다. 흑백 사진 아래에는 드레스가 원색인 빨간색, 파란색, 노란색을 표현했다고 적혀 있었다. 학교에서 색상환color circle을 그려봤기 때문에, 원색이 무엇인지 이미 알고 있었다. 이론상, 이 세 가지 색을 적절히 섞으면 모든 색을 만들 수 있다고 배웠다.

하지만 궁금해졌다.

빨강, 파랑, 노랑이 기본이면 자홍색은 어떻게 만들어질까?

청록색은?

패션이나 예술계에서 전통적으로 사용되는 원색은 과학의 원색과 달랐다. 하지만 인간 눈의 속성을 과학이 설명해준다. 우리의 눈은 생물학적으로 세 가지 색상만 인식할 수 있다. 나

입생로랑의 '몬드리안' 컬렉션 드레스를 입고
몬드리안 작품 앞에서 춤을 추는 여성들.

머지는 마음의 눈으로 느끼는 색이다.

휴대폰이나 TV 화면에 흰색만 띄운 뒤 돋보기로 보면, 또는 화면에 물 몇 방울을 떨어뜨려 보면 픽셀을 들여다볼 수 있다. 픽셀은 세 가지 색만으로 이루어져 있다. 빨간색, 초록색, 파란색. 이 색 체계를 RGB라고 하는데, 각각 Red(빨간색), Green(초록색), Blue(파란색)의 머리글자를 따온 이름이다. 픽셀에는 세 가지 색만 드러난다면, 어떻게 화면에는 그렇게 다양한 색이 나타나는 것일까? 그 이유는 바로 빛을 이용해 색을 만드는 가산혼합additive color mixing 방식을 사용하기 때문이다. 빨간색, 초록색, 파란색은 빛의 삼원색additive primaries이다. 이 세 가지 색의 빛을 조합하면 대부분의 색을 표현할 수 있다. 빨강, 초록, 파랑. 이 세 가지 광원을 모두 겹치면 흰색이 된다. 빨강과 초록을 겹치면 노랑, 초록과 파랑을 합치면 청록, 빨강과 파랑을 섞으면 자홍이 된다. 각 색을 얼마나 섞었는지 비율을 표시하기 위해 색마다 값을 부여한다. 0은 해당 색을 섞지 않았다는 뜻이며 값이 커질수록 그 색의 비율이 커진다는 뜻이다. 보통 RGB 모델에서는 각 색마다 0에서 255까지의 값을 사용한다. 대부분의 디지털 기기는 이 RGB 모델을 기반으로 사용하며 약 1,660만 가지의 색상을 표현할 수 있다. 예를 들어, 흰색은 세 가지 색을 최대치로 섞은 색이다(255, 255, 255). 우리가 '검은색'이라 부르는 색은 사실 색이 없는 상태이므로 세 가지 색이 모두 0일 때 얻을 수 있다(0, 0, 0). RGB 모델은 인간의 눈 작동 방식과 유사하게 설계되어 있기 때문에 사람의 시각 시스템과 잘 맞는다. 믿기 어렵겠지만, 인간의 눈도 실제로는 세 가지 색상만 볼 수 있다. 다시 말해, 우리 눈의 색 수용체는 RGB 모델처럼 작동한다. 인간의 망막에는 빛을 감지하는 세포, 그러니까 간상세포rods와 원추세포cones가 있다. 간상세포에는 로돕신rhodopsin이라는 색소가 포함되어 있다. 로돕신은 어두운 환경에서도 시각을 유지할 수 있게 해주는 역할을 하지만, 색상은 감지하지 못한다. 원추세포 안에는 세 가지의 시색소visual pigments가 있어 색을 감지하는 역할을 한다. 각 시색소는 단백질인 옵신opsin과 비타민A로부터 유도된 분자인 레티날retinal로 구성되어 있다. 레티날은 시스형cis와 트랜스형trans이라는 두 가지 형태로 존재한다. 세 가지 시색소는 다음과 같다. 붉은색의 파장에서 흡수율이 가장 높은 에리트롤레이브erythrolabe, 초록색은 클로롤레이브chlorolabe, 파란색은 사이아놀레이브cyanolabe이다. 우리 눈은 이 RGB 영역의 파장에 반응한다. 시색소가 파장에 민감하다는 것은 특정 색의 빛이 세포에 닿으면 시색소의 분자 구조가 변한다는 뜻이다. 구체적으로는 레티날이 시스형에서 트랜스형으로 바뀌는 현상이다. 빛의 충격을 받은 레티날이 자세를 바꾸듯 분자 구조를 회전시킨다. 이 변화는 시신경optic nerve을 통해 뇌로 전달된다. 뇌는 그 신호를 '색'이라는 감각으로 해석한다. 우리의 눈이 실제로 받아들이고 만들어내는 색상은 세 가지뿐이지만 우리의 마음은 분홍, 노랑, 청록까지 우리가 알고 있는 수많은 색을 본다. 눈의 민감도는 생물 종마다 다르다. 개나 고양이는 가시광선 밖의 인간이 볼 수 없는 자외선 영역까지 볼 수 있다. 따라서 색은 생물학적 영역이며 우리의 마음이 세상과 만나는 지점이다. 전기자기론의 창시자인 물리학자 제임스 클러크 맥스웰James Clerk Maxwell이 말한 것처럼 "색채의 과학은 본질적으로 마음의 과학처럼 다뤄야 한다." 이것이 바로 빛의 삼원색이 작동하는 방식이다. 하지만 색의 삼원색colorant primaries은 다르다. 빛의 삼원색을 혼합하면 빛이 추가되지만 색의 삼원색은 섞을수록 어두워진다. 물감을 섞으면 물감이 빛을 흡수하거나 반사한다. 색의 삼원색은 물감이 흡수하지 않은 빛이 반사되어 눈에 들어올 때 나타나는 색이다. 그래서 물감을 섞을수록 검은색을 향해 가고, 빛을 섞을수록 흰색을 향해 나아간다. 어떤 물건이 빨간색으로 보이는 이유는 그 물건이 유일하게 빨간색 파장만 반사하고 나머지 모든 파장*을 흡수하기 때문이다. 노란색 물체는 노란색을 제외한 모든 색상을 흡수한다. 그러므로 빨간색 물감과 노란색 물감을 섞으면 주황색이 된다. 두 색이 섞이면서 빨강과 노랑을 제외한 모든 파장을 흡수하기 때문에, 남은 주황색만이 반사되어 보이기 때문이다.

입생로랑에게 영감을 준 예술가 피에트 몬드리안(1872년 네덜란드 아메르스포르트~1944년 미국 뉴욕)은 검은색, 빨간색, 파란색, 노란색을 기본 색상으로 삼고 작품을 구성한 것으로 유

---

*   백색광을 구성하는 모든 색상.

명하다. 그 작품을 시간 순으로 분석해 보면 그가 어떤 생각의 흐름을 거쳐 자신만의 구성 방식에 도달했는지 비교적 쉽게 추적할 수 있다. 몬드리안의 초기 작품은 대상을 명확하게 묘사했던 구상화에 가까웠다. 그러나 시간이 흐르면서, 그는 점점 적은 색과 더 깔끔한 형태로 그림을 바꾸어 갔다. 그리고 마침내, 그가 현실을 가장 단순하게 표현했던 방식인 신조형주의Neoplasticism에 이르게 된다. 몬드리안은 1915년, 예술가 테오 반 두스뷔르흐Theo van Doesburg를 알게 되었고, 그와 함께 1917년 데 스틸De stijl('양식'을 의미하는 네덜란드어 ― 역주) 그룹을 결성했다. 1917년부터 1926년까지 발행된 《데 스틸》 잡지에는 추상이라는 공통된 미학적 가치를 추구하는 예술가, 건축가, 디자이너들이 함께했다. 몬드리안의 신조형주의는 데 스틸 운동과 떼려야 뗄 수 없다. 신조형주의는 기본 색상인 노란색, 파란색, 빨간색과 비색상인 검은색, 흰색 그리고 회색 톤 전체를 사용하는 표현 방식이다. 그 구성 방식은 수직선과 수평선만을 사용하는 비대칭적 구조로, 대각선은 일절 존재하지 않는다. 이 방식이 바로 몬드리안이 말한 "제거를 통한 구현"이다. 몬드리안은 단순한 선과 색만 사용해 시각적 잡음을 제거하려 했다. 그의 작업을 통해 우리가 엿볼 수 있는 것은 그가 추구한 *절대 우주*Absolute universe다. 몬드리안은 현실이 외형이라는 베일에 가려져 있다고 보았고, 진정한 예술가는 그 베일을 걷어내어 본질을 드러내야 한다고 믿었다.

당신이 몬드리안의 작품을 어린이에게 설명해야 한다면, 아마 이렇게 말할 수 있을 것이다.

"몬드리안은 풍경화나 정물화, 초상화를 거대한 픽셀로 재해석해 그린 거야."

몬드리안은 작품을 구성할 때 합성 색소로 만든 유성 물감을 썼다. 검은색은 카본 블랙, 노란색은 황산바륨이 포함된 황화 카드뮴Cadmium Sulfide, CdS, 파란색은 합성 울트라마린과 코발트 블루, 빨간색은 카드뮴 설포셀레나이드Cadmium Sulfoselenide, 흰색은 황화아연Zinc Sulfide, ZnS과 황산바륨의 혼합물인 리토폰Lithopone을 이용했다. 몬드리안이 겉모습의 베일을 벗은 현실을 그릴 때 왜 그가 말한 기본 색상이라는 색들을 사용한 것일까? 빨간색, 노란색, 파란색이 정말로 회화의 기본 색상일까? 기본 색상이란 말하자면 다른 색을 만들어낼 수 있는 색을 뜻한다. 그렇다면 몬드리안의 기본 색상을 이용해 청록색이나 자홍색을 만들 수 있을까?

불가능하다.

그러나 몬드리안도 마음대로 기본 색상을 정한 것은 아니다.

이 이야기를 제대로 이해하려면 마지막부터 시작해야 한다. 오늘날 회화에서 가장 많이 사용되는 원색은 청록색, 노란색, 자홍색이다. 이 세 가지는 대부분의 프린터 카트리지에 들어가는 색상들이기도 하다. 청록색은 프탈로시아닌 블루, 자홍색은 퀴나크리돈 마젠타, 노란색은 아릴라이드 옐로우 또는 황화 카드뮴이다. 이 세 가지 색을 섞으면 우리가 상상하는 모든 색을 만들 수 있다. Cyan(청록색), Magenta(자홍색), Yellow(노란색)의 머리글자를 따서 CMY라고 부른다. CMY에서는 자홍색과 노란색을 더하면 빨간색이 되고, 자홍색과 청록색을 더하면 파란색, 청록색과 노란색을 더하면 초록색, 세 가지 색을 모두 섞으면 검은색에 가까운 어두운 색이 된다. 하지만 이렇게 얻은 검은색은 '순수한 검은색Pure black'에 비해 깊이가 부족하다.* 그래서 CMY 모델에 '키key' 색상이 하나 추가된다. 보통은 Black(검은색)을 뜻한다. 그렇게 CMYK 또는 CMYB 모델이 탄생한다. 현재 사용되는 컬러 프린트는 CMY 색상에 더해 검은색 카트리지를 사용하여 명암과 대비감을 강화한다. 하지만 RGB와 CMY가 서로 다른 모델이기 때문에 모니터로 보는 색과 인쇄하여 보는 색에는 차이가 존재한다. RGB 색상은 빛의 반사나 방출로 표현되는 색이고, CMY는 빛의 흡수로 만들어지는 색이기 때문이다. 몬드리안은 CMY라는 현대적인 모델이 아닌 훨씬 오래된 모델에 마음이 갔다. 바로 1810년, 요한 볼프강 폰 괴테Johann Wolfgang von Goethe가 저서 《색채론Theory of Colours》에서 제안한 모델이었다. 괴테의 책에는 회화의 삼원색으로 빨간색, 노란색, 파란색을 제시한 첫 문헌적 근거가 담겨 있다. 괴테의 이론은 한동안 널리 인정받았고, 훨씬 더 그럴듯한 모델이 등장한 지금까지도 예술 학교에서 괴테의 이론을 가르치는 경우가 많다. 그 이유는 일부 예술가들이 괴테의 색

---

* 순수한 검은색은 가시광선을 모두 흡수한 색이다.

조합이 자연의 색을 가장 풍부하게 담아낸다고 믿기 때문이다. 괴테의 삼원색이 가시광선 전체를 아우르지는 못한다. 그러나 몬드리안에게는 그 세 가지 색이 *절대 우주의 색*, 다시 말해 보이는 현실을 넘어 진정한 현실을 재현하는 색들이었다.

  몬드리안이 자홍색과 청록색을 사용한다면 어떻게 되었을까? 세상이 시끄러워질 것이다. 자홍색과 청록색을 두고 자연을 묘사하는 색이라고 생각하기는 어렵다. 이 색들은 자연의 색이 아닌 인공의 색이다. 그래서 몬드리안은 빨간색, 파란색, 노란색을 기본 색상으로 정했을 것이다. 첫 번째 이유는 전통을 따른 것이고, 두 번째 이유는 비록 과학적으로는 삼원색이 아닐지라도 직관적으로는 그러하기 때문이다. 직관의 눈으로 본 자연은 그렇게 떠들썩한 모습이 아니다.

11

꽃으로 만든 거대한 강아지

우리 집에는 제프 쿤스 한 쌍이 있다. 그중 하나는 바닷가재 접시Lobster Plate다. 바닷가재가 양각으로 장식된 세라믹 접시로, 겉보기에는 평범한 접시처럼 보인다. 하지만 우리는 그 접시를 "프롤레타리아 제프 쿤스"라고 부른다. 스페인 말로스의 한 시장에서 30유로를 주고 샀기 때문이다. 사실 바닷가재 접시는 훌륭한 레디메이드 작품이기도 하다. 이 접시는 음식을 담아 먹을 수가 없고, 애초에 실제 접시로 쓰이도록 만들어진 것도 아니다. 실용적인 목적이 없는 물건이다. 또 다른 제프 쿤스는 에나멜 처리된 닥스훈트 도자기다. 영국 로얄 덜튼 Royal Doulton에서 만든 세라믹 제품이다. 우리 할머니, 할아버지가 영국에서 이민 생활을 할 때 구입한 물건이다. 이 세라믹 강아지도 금색 커피잔처럼 어떻게 보느냐에 따라 고급스럽기도, 촌스럽기도 하다. 나는 표지가 청동으로 된 책 위에 이 세라믹 강아지를 당당하게 전시해두었다. 강아지 다리에 구리의 빛이 반사되어 아주 화려한 받침대 위에 있는 것처럼 보인다. 그런 대우를 받을 만한 물건이다. 우리 할머니, 할아버지는 결국 살아남기 위해 이민을 선택하셨다. 그곳에서 두 분은 스페인으로 돌아가 자식들에게 풍족한 삶을 물려줄 수 있을 만큼 돈을 모으셨다. 두 분이 가져오신 물건들은 두 분의 노력, 그리고 성공의 상징이며, 어쩌면 그것은 노동자 계층의 '트로피'라 부를 수 있을 것이다.

여러분이 제프 쿤스의 〈풍선 개Balloon Dog〉처럼 상징적이고 유명한 작품을 갖고 있다면 안전하게 보관하겠는가?

아니면 누구나 볼 수 있는 정원에 전시할 것인가?

톰 포드Tom Ford 감독의 영화 〈녹터널 애니멀스Nocturnal Animals〉에는 현대 미술관 관장이 주인공으로 등장한다. 그녀는 LA 상류층을 위한 파티를 연다. 그녀가 사는 으리으리한 저택 마당에 떡하니 전시된 쿤스의 〈풍선 개〉가 손님들을 맞이한다. 〈풍선 개〉를 가져오기 위해 사용된 대형 크레인도 화면에 잡힌다. 주인공은 심각한 생활고를 겪고 있지만 비싼 물건을 과시하면서 여전히 그 물건이 자신의 소유물인 것처럼 연출한다. 그렇게 자신의 불행을 숨긴다. 2013년 크리스티Christie's 경매에서 〈풍선 개(주황색)Balloon Dog(Orange)〉가 익명의 입찰자에게 5,800만 달러에 낙찰되었다. 이로써 〈풍선 개(주황색)〉은 현존하는 예술가의 작품 가운데 가장 높은 경매가를 기록한 작품이 되었다. 마당에 이런 작품을 전시한다는 것은 거대한 트로피를 내세워 "나

제프 쿤스, 〈풍선 개〉
거울처럼 매끈한 표면의 스테인리스 스틸에 투명 코팅,
307.3×363.2×114.3cm, 1/5, 1999~2000년.

이만큼 성공했다"라고 세상에 선언하는 것과 다름없다. 물론 그 선언이 진실인지는 아무도 모른다.

    제프 쿤스를 이야기할 때면 항상 성공과 기만이라는 단어가 따라붙는다. 사람들은 종종 이 두 단어로 그를 단순하게 정의하려 한다. 미디어는 그의 작품보다 제프 쿤스라는 인물 자체에 집중한다. 그러나 성공과 기만이라는 말은, 사실 그의 작품을 두고 해야 할 말이다. 때로는 작가를 잊고 작품을 바라볼 필요가 있다. 제프 쿤스의 작품은 거대한 에나멜 인형처럼 보인다. 그는 키치Kitsch를 추구한다. 제프 쿤스의 〈마이클 잭슨과 버블Michael Jackson and Bubbles〉은 세계적인 팝스타와 그가 키우던 침팬지를 형상화한 조각이다. 이 작품은 미켈란젤로의 〈피에타Pietà〉와 동일한 삼각형 구도를 따르며, 마이클 잭슨은 종교적 권위의 상징처럼 묘사된다. 〈푸들Poodle〉 같은 다채로운 나무 조각 작품들도 마찬가지다. 초대형 장식물이면서 동시에 종교적 오브제의 기능을 수행한다. 〈마이클 잭슨과 버블〉과 〈푸들〉 모두 화려하지만 세속적이고 통속적이다. 우리 할머니, 할아버지의 에나멜 닥스훈트와도 닮아 있다. 우리 집 거실에 걸려 있는 바닷가재 접시 역시 마찬가지다. 그저 집을 장식하기 위해 놓인, 쓸모는 없지만 아름다운 물건들이다. 그것들이 우리를 기쁘게 할지, 놀라게 할지는 모른다. 그것이 취향의 차이인지 세대의 차이인지는 알 수 없다. 하지만 이 오브제들은 결국 아름다움이란 무엇인지 질문을 던지게 한다. 어쩌면 그것이야말로, 이 물건들의 역할이다.

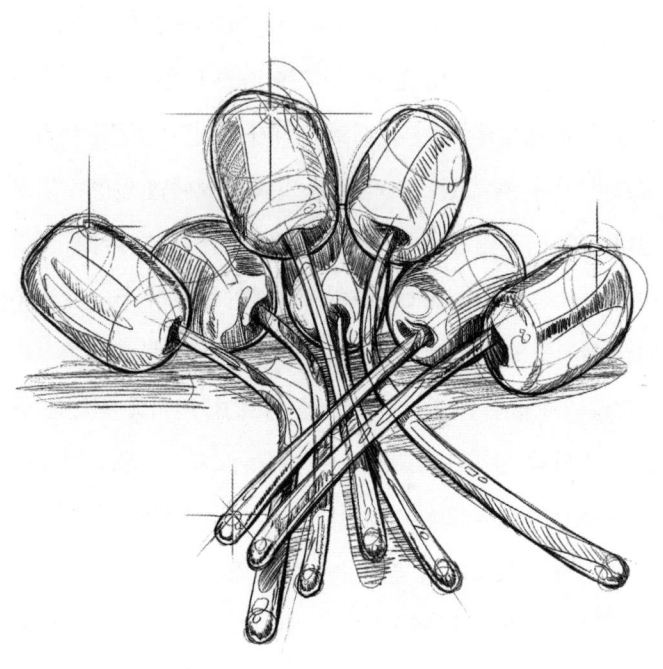

제프 쿤스, 〈튤립〉
하이 크롬 스테인리스 스틸에 반투명 컬러 코팅, 1995~2004년.

예술가들은 일상적으로 파티나 생일 축하 장소를 장식하는 일을 하기도 한다. 풍선, 꽃장식, 꽃가루를 비롯해 형형색색의 잡다한 물건들을 과할 정도로 채운다. 실용적인 면을 따진다면 그 어떤 것도 쓸모가 없다. 하지만 의미하는 바가 있다. 우리는 그것들이 축하할 때 사용되는 물건이라는 것을 알고 있다. 이것이 바로 제프 쿤스가 빌바오 구겐하임 미술관 뒤편에 설치한 〈튤립Tulips〉이 시사하는 바이다. 이것은 커다란 풍선 다발처럼 보인다. 마치 생일 파티의 피에로가 만들 법한 풍선 같지만, 실제로는 훨씬 더 거대한 규모를 지닌 조각이다. 퍼레이드 마차 행렬의 대미를 장식해도 좋을 만큼 화려하다. 그런데 이 조각에서 흥미로운 건, 그것이 강철로 만들어졌다는 사실이다. 그냥 강철이 아니다. 작품 캡션에 따르면 '하이크롬 스테인리스 스틸에 반투명 컬러 코팅'을 더한 조형물이다. 캡션의 단어 하나하나에는 쿤스가 재료를 통해 전하고 싶은 메시지가 담겨 있다. 우선 야외에 전시하도록 디자인된 조각품이라 스테인리스로 제작되었다. 강철은 철과 탄소가 혼합된 합금으로, 시간이 지나면 자연스럽게 산화된다. 이를 막기 위해 쿤스는 크롬을 첨가했다. 크롬chromium, Cr은 철보다 먼저 산화되며, 철을 보호하는 산화의 순교자가 된다. 그 과정에서 '패시베이션passivation'이라 불리는 얇은 산화막oxidized surface layer이 형성된다. 이 층은 프라이머처럼 표면을 정돈해, 래커가 매끄럽게 달라붙도록 만든다. 〈튤립〉은 반투명한 컬러 래커로 마감되었으므로, 그 표면은 거울처럼 반짝인다. 이 작품을 본 사람들은 예외 없이 풍선 표면에 비친 자신의 모습을 사진으로 남겼다. 그것이 바로 쿤스가 원했던 바다. 〈튤립〉에 비친 사람과 배경이 색으로 물들며, 〈튤립〉의 모든 표면은 마치 파티의 한 장면처럼 변해간다.

쿤스의 작품들은 현대의 트로피라 할 수 있다. 한편으로는 축구 리그의 MVP가 받는 금속 트로피처럼, 경쟁과 명예의 상징이 된다. 다른 한편으로는 쿤스의 작품은 단순히 소장하는 것이 아니라 과시하는 행위의 일부이기에 트로피라 불릴 만하다. 쿤스의 작품에서 재료, 크기, 대상 모두 중요한 의미를 지닌다. 그의 조각 작품에 필요한 모든 것을 갖추고 있으며, 그가 선택한 대상은 종종 레디메이드라고 불린다. 즉, 이미 존재했던 대중 오브제를 예술의 범주로 끌어올리는 방식이다. 그러나 쿤스의 작품은 엄밀히 말해 레디메이드는 아니다. 이미 있는 물건을 가져온 것이 아니라 그것을 닮은 새로운 작품을 만든 것이기 때문이다. 레디메이드는 마르셀 뒤샹이 시작했다. 그는 1914년, 병걸이Bottle Rack에 서명한 뒤 받침대에 올려 예술 작품이라 선언했다. 뒤샹의 오브제는 원래 용도가 분명한 일상 속 물건이지만, 현대 소비문화의 주축을 이루는 상징적인 물건은 아니었다. 앤디 워홀Andy Warhol(1928년 미국 펜실베이니아~1987년 미국 뉴욕)의 1962년 작 〈캠벨 수프 캔Campbell's Soup Cans〉과 1964년 작 〈브릴로 박스Brillo Boxes〉 역시 레디메이드로 분류되곤 한다. 하지만 쿤스가 만든 작품처럼 이미 존재하는 물건을 가져온 것이 아니라 그것을 충실하게 재현한 것

앤디 워홀, 〈브릴로 박스〉

나무에 폴리비닐 아세테이트와 실크스크린 잉크, 43.3×43.2×36.5cm, 1964년.

이다. 〈브릴로 박스〉는 수세미 포장 상자를 모방한 작품이다. 예술 작품으로써 만든 진짜 상자가 아니라 합판으로 만든 구조물에 실크스크린으로 인쇄한 것이다. 언뜻 보기에 실제 제품의 상자와 크게 다르지 않다. 심지어 쌓여 있는 모습이 슈퍼마켓에 진열된 것 같다. 〈브릴로 박스〉는 대표적인 콘셉추얼 아트Conceptual art 작품 중 하나다. 콘셉추얼 아트는 물리적으로 보이는 형상보다 아이디어가 더 중요한 예술이다. 대부분의 콘셉추얼 아트는 감각적으로는 허무하다고 느낄 수 있다. 사물에 의문을 제기하고 질문을 유도하거나 새로운 의미를 정의하기 위해 만들어진 예술이 콘셉추얼 아트다. 감각보다는 이성에 호소하는 예술이다. 바실리 칸딘스키Wassily Kandinsky가 말했듯, "모든 예술 작품은 그 시대의 자식이다." 〈브릴로 박스〉는 포스트모던 시대의 근본적인 주제를 다룬다. 바로 진실과 거짓의 경계가 흐려졌다는 사실이다. 확실성의 상실이다. 예술과 현실의 구분은 점점 모호해졌다. 워홀은 실제 〈브릴로 박스〉를 가져다 놓고 뒤샹처럼 "이것이 예술이다"라고 말하지 않았다. 워홀은 실제 제품을 모방한 것이고 작품에 담긴 의의는 '진실은 알 수 없다'는 태도에 있다. 뒤샹의 레디메이드는 오늘날 다소 낡았다. 그가 사용했던 오브제는 현대 관객에게 낯설다. 본래 용도도 파악하기 어렵다. 그러나 워홀의 작품은 대부분 여전히 현대적이고 관객들이 알아볼 수 있다. 워홀은 '용도가 있는' 물건을 예술로 전환했지만, 쿤스는 '쓸모없는 것'을 예술로 바꿨다. 그저 키치한 물건, 쓸데없는 사치품이다.

바로 이 점이 쿤스의 작업에서 물건이 중요한 이유다. 쿤스는 공상적이고 평범한 것에 초점을 맞추며, 아름다움에 대한 우리의 직관에 질문을 던진다.

무엇이 우아하고, 무엇이 저속한가?

좋은 취향과 나쁜 취향을 가르는 기준은 어디에 있는가?

그리고 무엇이 고급문화이고 저급 문화인가?

제프 쿤스의 '게이징 볼Gazing ball' 시리즈를 보면, 고대 조각처럼 중요하고 권위 있는 인물을 묘사한 새하얀 석고상 옆에 반짝이는 파란 유리공이 함께 놓여 있다. 예를 들어, 〈파르네세의 헤라클레스Farnese Hercules〉 같은 조각이 그렇다. 이 파란 유리공은 빅토리 가든victory garden에서 영감을 받은 오브제로, 제2차 세계대전 당시 사기 진작을 위해 가꾸어진 정원에서 착안되었다. 오늘날에는 북미 지역 주택의 정원 장식품으로 흔히 볼 수 있으며, 이웃을 환영하는 의미를 담고 있다. 유리공은 핸드 블로운hand-blown 기법으로 제작된다. 그 표면에는 유리공을 보는 사람과 그의 주변 풍경이 거울처럼 비친다. 새하얗고 세련된 조각상은 의외로 시선을 사로잡지 못한다. 모든 시선은 그 옆의 빛나는 파란 유리공에 쏠린다. 파르네세의 헤라클레스가 상징하는 고대 영웅주의의 위엄은 사라지고, 시선은 평범하고 흔한 '공'으로 옮겨간다. 기품은 사라지고, 조각상은 프롤레타리아적 화려함을 떠받드는 망루로 전락한다. 그 파란 공은 제프 쿤스가 디자인한 레이디 가가의 앨범 〈아트팝Artpop〉 표지에 나온 공과 같다. 이 앨범의 표지는 지안 로렌

초 베르니니Gian Lorenzo Bernini의 1622~25년 작 〈아폴로와 다프네Apollo and Daphne〉와 산드로 보티첼리Sandro Botticelli의 1486년 작 〈비너스의 탄생The Birth of Venus〉을 일부 재해석한 콜라주로 구성되어 있다. 그 가운데 레이디 가가가 두 손으로 가슴을 가린 채, 다리 사이에 파란 유리공을 둔 모습으로 바닥에 앉아 있는 장면이 등장한다. 보티첼리의 작품과 레이디 가가는 이미 그 자체로 팝 아이콘이다. 둘을 새긴 티셔츠까지 있다. 그것이 바로 쿤스가 찬양하는 '환상', 그러니까 보편적 키치의 환상이다. 고전 예술 작품이 식탁보, 흔한 장식품으로 소비된다는 것 자체가 영향력의 증명이라 할 수 있다.

고급스러움과 촌스러움의 경계는 과연 무엇인가?

나는 스페인 빌바오에 자주 간다. 갈 때마다 마치 순례하듯 〈퍼피Puppy〉를 보러 들른다. 〈퍼피〉는 거대한 꽃 강아지다. 이 작품의 핵심은 단 세 단어로 요약된다. 크기, 형태, 대상. 말 그대로 '거대한 꽃 강아지'다. 우리는 일상에서 예술적 본능을 드러내는 행위를 자주 하지만 그것이 예술로 인식되거나 주목받는 경우는 드물다. 예컨대 정원을 가꾼다. 우리는 왜 꽃을 색상별로 묶고, 크기나 배열을 조정하며 '예쁘게 보이도록' 신경을 쓸까? 우리는 식물을 배치하는 데 미적 기준을 적용한다. 그것은 예술적 관점에서 매우 흥미로운 행위다. 또 다른 예는 집을 꾸미는 일이다. 우리는 아무런 쓸모가 없는 예쁜 것을 산다. 벽에 접시를 걸기도 한다. 이는 집안의 레디메이드라 할 수 있다. 〈퍼피〉는 그냥 강아지가 아니라 테리어라는 견종

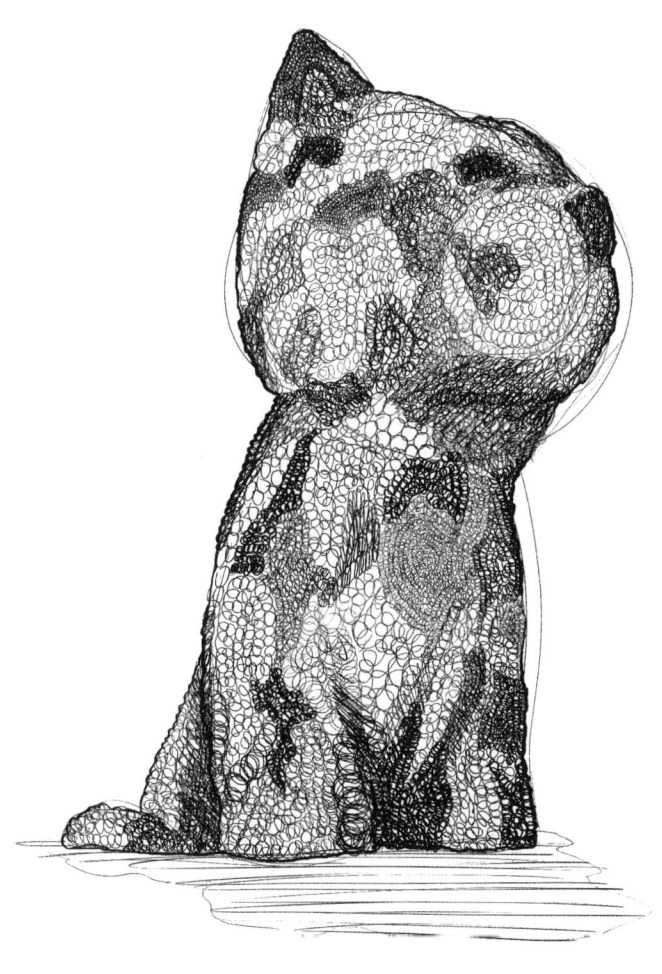

제프 쿤스, 〈퍼피〉
스테인리스 스틸, 흙, 꽃식물, 1,240×1,240×820cm, 1992년.

이다. 테리어는 무언가를 꾸밀 때 가장 많이 등장하는 견종 중 하나일 것이다. 생일 축하 카드에 그려진 강아지의 대부분이 테리어다. 그리고 〈퍼피〉가 정원 앞에 설치된 이유는 그것이 꽃으로 이루어진 강아지이기 때문이다. 그것이 핵심이다. 거대한 꽃 강아지는 그 자체가 정원이다. 꽃은 계절의 흐름에 따라 교체된다. 〈퍼피〉는 18세기 유럽 정원에서 꽃을 배열하던 방식을 그대로 따르고 있다. 가장 중요한 점은, 이 작품이 모든 사람에게 사랑받는 존재라는 사실이다. 행운을 전하고, 미소를 퍼뜨리는 존재다.

그러나 이보다 더 중요한 것이 있다. 〈퍼피〉는 단순히 스쳐 지나가는 풍경이 아니라 시선을 머물게 만드는 대상이다. 가벼운 시선을 거두고 진심을 담아 바라보기 시작하면 꽃이 피어난다.

12

립스틱을 바르는 엄마

그녀는 수천 번 연습한 동작처럼, 단 몇 초 만에 립스틱을 발랐다. 단 세 번. 큐피드의 활을 그리듯 위쪽 입술은 두 번, 아랫입술에 한 번. 립스틱마다 방식이 달랐다. 어떤 립스틱은 비스듬히, 어떤 것은 수평으로, 또 어떤 것은 둥글게 그려냈다.

 나는 그녀가 화장하는 모습을 지켜보는 것을 좋아했다. 욕실 문틀에 기대 서서 그녀가 화장하는 모습을 바라보았다. 그동안 그녀와 나는 이야기를 나눴다. 그녀는 정말 예뻤다. 립스틱을 바른 뒤 분홍색 베이클라이트 손잡이가 달린 큰 브러시로 블러셔를 살짝 얹었다. 립스틱을 꺼낼 때 작은 서랍에서 나는 덜커덕 소리가 좋았다. 그런 그녀의 모습이 그저 다 좋았다. 나도 그녀처럼 립스틱을 바르며 자라고 싶었다. 주말이면 엄마는 가끔 내게 화장을 해 주었다. 립스틱마다 향은 달랐지만, 나는 그 향을 맛으로 구분할 수 있었다. 나는 온 집안의 거울을 돌아다니며 조명 아래에서 달라 보이는 내 얼굴을 보곤 했다. 엄마는 내가 어릴 적 립스틱을 발랐을 때만 유난히 조용히 있었다고 했다. 나 역시 립스틱이 지워졌는지를 물을 때만 말을 꺼냈다. 엄마가 사진을 찍을 때도 마찬가지였다. 립스틱이 번질까 봐, 나는 별로 웃지 않았다. 엄마가 집에 없을 때면 나는 몰래 방에 들어가, 엄마의 옷장을 내 가게처럼 꾸몄다. 나는 스카프를 두르고 하이힐 중 하나를 골라 신었다. 엄마의 물건들은 모두 예뻤다. 화장을 해 줄 때, 엄마는 욕조 가장자리에 앉았고 나는 변기에 앉았다. 그렇게 앉으면 거울에서 반사된 빛이 내 얼굴에 들어왔다. 엄마가 처음으로 내게 외출용 화장을 해준 날에는 눈꺼풀에 반짝이가 거의 없는 회색빛 파란 아이새도를 발라주었다. 속눈썹 끝에 살짝 금빛이 돌도록 마스카라를 칠했다. 입술에는 랑콤의 연한 핑크 립스틱을 발라주었다. 립스틱이 닿은 내 입술에는 옅은 홍조가 돌았다. 나는 그 순간, 립스틱이 꼭 슈퍼 히어로 망토처럼 느껴졌다.

어릴 적 나는 아빠가 면도하는 모습을 보는 것도 좋아했다. 비누 거품 냄새. 나무 손잡이가 달린 거친 면도솔. 면도날이 수염을 깎을 때 나는 마찰 소리. 아빠는 혀를 볼 안쪽에 대어 피부를 늘린 뒤 면도를 했다. 아빠는 다칠까 봐 무서워하지 않았다. 그는 경로를 이탈하지 않을 것이라는 확신을 가지고 구레나룻까지 말끔히 정리했다. 그러고는 애프터 셰이브 로션을 피부에 바르고 손으로 톡톡 두드렸다. 마지막으로 혼신의 힘을 다했다는 듯이 턱을 들어 올리고, 입술을 다문 채 숨을 들이마셨다. 아빠는 머리카락에 젤을 잘 바를 때 쓰는 이빨이 넓은 빗을 갖고 있었다. 나는 그런 아빠의 모습이 좋았다. 아빠는 항상 셔츠를 입었다. 티셔츠는 오직 운동할 때만 입는 옷이었다. 아빠에게는 자신만의 스타일이 있었다. 도전적인 패션이었다. 아빠와 엄마는 비슷했지만, 아빠의 태도는 달랐다. 그것은 마치 풋살 경기처럼 치열했다. 나는 언젠가 아빠처럼, 헤라클레스 같은 존재감을 뽐내면서 세상에 나가고 싶었다.

성별을 특징짓는 요소들은 시간이 지나면서 변했다.

오늘날 여성성을 상징한다고 여겨지는 화장, 머리 스타일, 하이힐은 과거 수 세기 동안 남성의 전유물이었다. 그것들은 단지 남성성의 상징이었을 뿐 아니라, 계급을 나누는 표식이었다. 하이힐이 처음 사용된 것은 10세기 무렵이다. 그 시절 말을 타는 기수들은 굽이 달린 부츠를 신어 발등을 고정했다. 말을 소유하는 것은 부의 상징이었고, 하이힐을 신는 것 또한 부의 표시였다. 루이 14세가 신었던 붉은색 하이힐은 프랑스 귀족 사회의 유행이 되었다. 굽이 높을수록 사회적 지위도 더 높았다. 향수, 가발, 화장도 마찬가지였다. 그것들은 본래 상류층 남자들만의 특권이었다. 화장은 엘리자베스 1세 여왕이 붉은 립스틱을 유행시킨 16세기에야 귀족 여성들 사이에서 인기를 얻었다. 여성들이 하이힐을 신기 시작한 것도 17세기 말 이후였다. 당시 남성은 폭이 넓고 견고한 굽을 신었고 여성은 얇고 섬세한 굽을 신었다. 둘 다 높은 신분을 상징하는 장식이었고, 하류층과는 무관한 세계의 표현이었다. 육체노동을 하는 이들은 하이힐을 신을 수 없었다. 그렇기에 하이힐은 상류층만이 '걸을 수 있는' 특권의 놀이였다. 여성이 립스틱을 바르고 하이힐을 신는 행위는 권력에 대한 열망이었다. 여성이 남성과 동일한 야망을 품을 수 있음을 말하는 방식이었다. 그러나 이러한 여성의 행동은 역사 속에서 왜곡된 방식으로 해석되었다. 1960~70년대, 가부장주의와 여성 대상화에 저항하던 2세대 여성운동은 립스틱 바르기를 가부장제에 대한 복종이라고 비판했다. 최근에는 이러한 생각이 완전히 바뀌었다. 1980~90년대에 일어난 3세대 여성운동은 소위 '립스틱 페미니즘lipstick feminism'이라고 한다. 립스틱 페미니즘은 마돈나, 비욘세처럼 대중적 여성스타나 〈섹스 앤 더 시티〉와 같은 상징적 드라마를 통해 '걸 파워girl power'로 설명할 수 있다. 이들은 주로 독립, 권위, 여성 연대 및 성에 대한 검열 금지를 주장하며 여성의 자유를 요구한다. 오늘날 립스틱은 전형적인 여성성을 상징하는 도구이자, 여성의 힘을 드러내는 상징물이 되었다. 힘 있는 여성은 입술에 색을 칠한다. 립스틱은 소비의 척도이기도 하다. 1930년대에 에스티로더Estée Lauder의 회장 레너드 로더Leonard Lauder는 위기 상황에서 립스틱의 매출이 급증하는 현상을 관찰하고 '립스틱 지수Lipstick Index'를 만들었다. 대공황 시기 립스틱의 매출은 25% 증가했다. 립스틱 지수는 2000년대 초반 경기 침체 시기에 화장품 매출의 증가를 설명하는 지표가 되었다. 로더는 립스틱 매출이 경제 지표가 될 수 있다고 주장했다. 화장품 구매, 특히 립스틱은 경제 성장과 반비례하는 경향이 있기 때문이다. 경제가 어려울수록 여성들이 옷이나 신발 등 비싼 물건 대신 립스틱을 구매한다는 추측이 가능했다. 하지만 립스틱 지수는 곧 경제 지표로서 신뢰를 잃었다. 2001년, 화장품 판매가 증가한 원인은 경기 침체가 아니라 유명인의 광고 효과 때문이었다. 이후, 2010년대에 접어들면서, 네일 아트가 패션 트렌드로 부상했다. 특히 일본과 영국에서는 네일 아트 열풍에 립스틱의 인기가 잠잠해졌다. 네일 아트 지수가 등장할 때가 되었는지도 모른다. 립스틱은 여성의 투쟁이나 힘을 보여준 중요한 사회적 사건 속에서 등장해왔다. 예컨대 1912년, 뉴욕에서 벌어진 여성 참정권 시위에서 참가자들은 빨간 립스틱을 바르고 행진했다. 제2차 세계대전 당시에는 엘리자베스 아덴Elizabeth Arden이 군인을 위한 색조를 개발했고, 헬레나 루빈스타인Helena Rubinstein은 레지멘털 레드Regimental Red라는 군용 립스틱 색상을 출시했다. 미국 정부는 '뷰티 애즈 듀티Beauty as Duty'라는 슬로건을 내세우며, 여성들이 전쟁 중에도 평소처럼 외모를 가꾸도록 격려했다. 영화 속에서 가장 돋보였던 입술의 주인공은 1920년대 무성 영화에 립스틱을 바르고 등장한 클라라 바우Clara Bow였다. 립스틱은 흑백 영화에서 여배우의 입술을 돋보이게 하는 수단이었다. 영화 속 립스틱의 사용으로 립스틱의 대중화가 이루어졌다. 1930년대에 헬레나 루빈스타인과 엘리자베스 아덴의 매장에서 판매되기 시작하면서 립스틱의 사용이 본격적으로 자리를 잡았다. 그때부터 립스틱은 성욕을 표현하는 수단으로 인식되었다. 이러한 이미지는 1950년대 매릴린 먼로를 비롯한 영화배우들에 의해 더욱 강화되었다. 이후 1970년대부터 립스틱은 다시 남성의 물건이 되었다. 펑크Punk와 글램Glam의 영향이었다. 고딕 록, 상업 음악, 데스 록, 포스트 펑크 등 다양한 서브컬처가 유행하면서 데이비드 보위David Bowie, 로버트 스미스Robert Smith, 매릴린 맨슨Marilyn Manson 등 현대 문화의 아이콘들이 립스틱을 입술에 칠했다.

    립스틱의 발전은 과학과 기술, 특히 화학의 발전과 밀접한 관련이 있다. 인간이 화장을 시작했다는 최초의 고고학적 증거는 고대 이집트에서 발견되었다. 고대 이집트인들은 수지성 나무를 태워 만든 흑연 가루(콜Kohl)를 연망가니즈석pyrolusite 또는 카본블랙과 섞어 눈의 윤곽을 그렸다. 입술은 유화나 엔코스틱encaustic 기법에 사용되는 물감과 비슷한 밀랍이나 기름과 붉은색 또는 보라색 안료를 섞어서 칠했다. 이 안료는 주로 붉은 황토와 계관석 등의 광물을 갈아 만들었다. 역사를 거치며 화장의 트렌드는 계속 변해왔다. 화장에 사용된 색조와 바인더는 모두 당시 회화에 쓰이던 것들과 비슷했다. 현대의 립스틱은 꽤 최근에 발명되었다. 최초의 립스틱은 작은 병이나 종이에 담겨 판매되었고, 브러시를 사용해 입술에 발랐다. 20세기 초, 프랑스의 화장품 브랜드 겔랑Guerlain은 아주 단순한 형태의 립스틱을 제조하기 시작했다. 프랑스 귀족들은 단단하지 않은 골판지 튜브로 포장된 립스틱을 구매했다. 1915년, 미국의 스코빌 제조사Scovill Manufacturing Company는 립스틱을 넣을 수 있는 최초의 금속 용기 중 하나를 개발했다. 이 발명으로 립스틱의 사용과 판매가 훨씬 간편해졌다. 스페인에서는 1922년 푸이그Puig의 밀라디Milady가 금속 용기에 담긴 립스틱 제품으로 처음 출시되었다. 1923년에는 제임스 브루스 메이슨 주니어James Bruce Mason Jr.가 회전식 립스틱 용기를 발명했다. 이로써 오늘날 우리가 가지고 다니면서 쉽게 사용하고 있는 립스틱이 되었다. 립스틱은 화학적, 그리고 화장품의 제형 관점에서 보았을 때, 복잡한 구성 성분을 지닌 제품이다. 일반적으로 립스틱에는 왁스, 오일, 안료, 보습제가 포함된다. 왁스는 립스틱의 모양을 형성하고, 발림성을 부여하는 역할을 한다. 보통 비즈왁스Beeswax, 야자수잎에서 추출되는 카르나우바 왁스Carnauba wax, 칸데릴라Candelilla라는 식물에서 채취하는 칸데릴라 왁스가 사용된다. 오일과 기름은 보습제 역할을 한다. 올리브 오일, 카카오버터, 라놀린, 바셀린 및 피마자유 등이 쓰인다. 오일 덕분에 립스틱을 바르면 반짝이면서도 피부에 밀착되어 지속력 좋은 색상 층이 형성된다. 지속력이 좋은 립스틱은 일반적으로 색상을 유지하기 위해 실리콘을 포함한다. 최근 몇 년 동안 립스틱의 제형은 더욱 정교해졌다. 색소의 입자는 더 미세하고 더 균일해졌다. 또한 수분 공급 성분, 항산화제, 보습제 및 자외선 차단제 등이 추가되어 입술에 수분을 공급하고 피부를 보호한다.

 립스틱은 하이힐과 마찬가지로, 계급의 상징부터 시작되었지만 결국 여성의 상징이 되었다. 세계 여성 노동자의 날이라는 명칭도 세계 여성의 날이 되었다. 하이힐이나 립스틱과 같은 상징적 요소에서 평등한 권리와 기회와 관련된 모든 것에 이르기까지 여성의 진보는 대체로 남성에게만 허용되었던 권력을 정복하는 과정이었다. 권력은 오랫동안 남성의 것이었기 때문에 남성이 우선이고, 여성이 그다음이라는 고정관념이 남아있다. 이러한 성차별적 위계는 직업을 분석했을 때 확연하게 드러난다. 요리와 패션은 원래 여성의 영역이었다. 하지만 남성이 그 분야를 점유한 이후에야, 비로소 명예로운 활동으로 여겨지기 시작했다. 예를 들어, 재봉사는 여성 직업, 쿠튀리에르Couturier는 남성 디자이너다. 같은 일을 해도 성별에 따라 계급이 달라진다. 장난감과 색깔도 마찬가지다. 인형을 가지고 노는 것보다 로봇을 가지고 노는 것이, 분홍색 옷보다 파란색 옷이, 공주처럼 꾸미는 놀이보다 해적 흉내를 내는 놀이가 더 대단한 것으로 평가된다. 마치 남자의 놀이, 남자의 직업, 남자의 경력만이 사회적으로 가치 있는 것으로 인정받는 듯하다. 여성에게는 남성 중심 직업군에 도전하라고 격려하지만, 그 반대의 경우는 없다. 여성들이 수십 년간 주도해온 보건과 과학 분야 직업군은 남성 중심의 직군만큼 '꿈의 직업'으로 간주되지 않는 것 같다. 과거에 의료계는 '남성의 일'로, 컴퓨팅은 '여성의 일'로 여겨졌다. 전기 회로를 기반으로 한 최초의 범용 컴퓨터인 에니악ENIAC은 1950년대, 여성 개발자 여섯 명이 프로그래밍한 작품이었다. 에니악은 제2차 세계대전 당시, 미사일 궤도 계산을 위해 사용된 컴퓨터였다. 수학과 논리에 뛰어난 여성 개발자들이 복잡한 계산과 프로그래밍을 맡았지만, 세상에 알려진 이름은 남성 과학자들이었다. IBM의 첫 번째 전기 기계 컴퓨터도 여성이 프로그래밍했다. 1970년대 후반까지 컴퓨터 프로그래머의 다수는 여성이었다.

몇 년 전, 나는 과학 분야 지원을 장려하는 행사에 초청받아 참여했다. 그날의 경험은 내가 그동안 정해진 사실이라 믿어 왔던 것들을 흔드는 계기가 되었다. 행사에 참가한 사람은 모두 여성이었고, 그 자리는 여학생들에게 메시지를 전하기 위한 무대였다. 행사의 목적은 여성의 비율이 낮은 과학 분야, 특히 공학 계열 전공을 공부하도록 격려하는 것이다. 그런데, 그 당시 실제로는 과학 분야 전공자 중 여학생이 더 많다는 사실은 언급되지 않았다. 예컨대, 약학이나 의학 분야를 공부하는 학생의 70% 이상이 여학생이라는 사실은 문제로 여겨지지 않았다. 반면 일부 공학 분야에서는 여성 인력이 적다는 것은 해결해야 하는 문제가 되었다. 행사의 마지막, 질의응답 시간에 한 여학생이 이 모든 현상을 재조명하는 질문을 던졌다. 그 질문은 내 관점을 완전히 바꾸어 놓았다.

그 학생은 우리에게 물었다. "간호학을 공부하는 것이 잘못된 일인가요?" 그리고 "간호학은 자신이 항상 꿈꿔 왔던 분야"라고 덧붙였다.

그 학생은 강연 내용을 듣고 자신이 고정관념에 사로잡혀 있는 것은 아닌지 고민했던 것 같았다. 로봇으로 노는 게 바비 인형으로 노는 것보다 낫다는 말을 들은 어린 소녀 같은 표정이었다. 난 그때 남성 중심의 직업이 최고의 직업이라는 믿음 자체가, 얼마나 차별적인 시선인지 깨달았다. 오늘날 보건은 공학 분야보다 사회적 인정과 취업 안정성, 급여를 따져보았을 때 전망이 더 좋다. 이는 계층이나 권력의 문제가 아니라 남자다움의 문제다.

안타깝게도 이와 같은 성차별적 담론은 여전히 존재한다. 소녀들이 분홍색을 선택하거나, 약학이나 생물학을 공부하거나, 내가 가장 좋아했던 25년 전 가장 인기 있던 헤어스타일을 한 바비인형을 가지고 노는 것이 비난을 받을 일처럼 여겨진다. 화장이나 하이힐도 그렇다. 그것들이 여성의 손에 들어온 순간, 즉시 대상화와 예속의 상징으로 바뀌어 버린다. 어떤 것이 여성적인 것이 되면 여성적이라는 이유만으로 가치가 낮아진다. 이것이 바로 남성다움의 정의다. 어떤 이들은 화장을 하고 하이힐을 신은 여성이 억압받는다고 말하면서, 동시에 화장을 하고 하이힐을 신은 남성이 자유롭다고 믿는다. 그래서 현대 여성 운동에서는 여성성의 상징을 되찾아 전면에 내세우려는 흐름이 등장했다. 가슴, 성기, 립스틱 같은 것들. 하지만 이러한 상징과 여성 운동의 목표를 혼동하는 함정에 빠지지 않도록 주의해야 한다. 역사 속 페미니즘 운동은 언제나 계급에 대한 투쟁이었다. 립스틱의 역사는 과학, 음악, 정치의 역사다. 하지만 무엇보다도 여성의 힘에 대해 말하는 역사다. 나는 립스틱을 원해서 바른다. 하지만 더 중요한 건, 내가 립스틱을 바를 수 있다는 사실이다.

나는 내가 원하는 분야를 공부한다.

그것이 가능하기 때문이다.

나는 하이힐을 신는다.

신을 수 있기 때문이다.

페미니즘을 대표하는 색은 권력을 상징하는 색이 되었다. 바로 보라색 또는 자주색으로 마젠타와 파란색을 감산 혼합한 색이다. 전 세계 대부분의 문화권에서 보라색은 왕족, 명예, 신성함을 의미한다. 역사적으로 보라색 의복은 군주, 교황 등 최고 권력자들만 입을 수 있는 옷이었다. 또한, 보라색이 자연에서 얻을 수 있는, 가장 희귀한 색 중 하나다.

보라색 염료의 기원은 기원전 15세기, 페니키아인의 역사까지 거슬러 올라간다. 페니키아인들은 지중해 연안에서 보라색 염료의 생산과 상업화를 주도했다. 그들은 하나의 국가나 민족이 아니라, 같은 언어를 공유하고 유사한 상업 활동을 하는 독립적이면서도 경쟁하기도 하는 여러 도시에 근거지를 둔 사람들이었다. 이들 도시들은 오늘날의 레바논과 이스라엘 지역, 특히 지중해의 전략적 요충지에 위치한 항구 도시들이었다. 페니키아인들은 해상 상업 활동을 통해 유럽의 서쪽 끝까지 식민지를 확장했으며, 그리스인과 로마인 등과 사치품을 중심으로 무역 활동을 활발히 전개했다. 그들이 생산한 강렬한 색상의 직물, 특히 보라색 식물은 권력과 사회적 지위를 상징하는 귀중한 물건이 되었다. 이 직물은 옷, 태피스트리, 심지어 화폐 대용으로도 사용되었다. 페니키아 도시 대부분은 오늘날에도 여전히 존재한다. 보라색 염료 생산의 중심지인 티레Tyre도 페니키아 도시다. 이들의 직물 생산 과정은 알려지지 않았지만, 색상을 내는 데 사용된 보라색 안료를 얻는 방법은 문헌에 기록되어 있다. 주요 원료는 달팽이 모양 껍질에 뾰족한 돌기와 길쭉한 수관구가 있는 특징이 뚜렷한 무렉스 트룬쿨루스Murex trunculus와 무렉스 브란다리스Murex brandaris에서 얻을 수 있었다. 이 고둥들은 과거 지중해 연안, 특히 레반트Levante 지역의 얕은 바다에서 흔하게 서식했다. 하지만 지나친 채집으로 오늘날에는 개체 수가 크게 줄어든 상태다. 염료를 만드는 핵심은 이 고둥의 분비액에서 나오는 소량의 액체 색소를 추출하는 것이다. 그러나 이 액체를 채취하려면 엄청난 수의 고둥을 생포하고 관리해야 했다. 예컨대, 양털 1킬로그램을 염색하려면 염료는 약 200그램이 필요했고, 이것을 얻기 위해서는 무려 고둥 5만 마리를 으깨야 했다. 그러니 고둥 개체 수의 감소는 놀랄 일이 아니다. 염료 생산의 첫 번째 단계는 고둥을 대량으로 수확하는 작업이었다. 미끼를 이용해 채집된 고둥들은 거대한 수조로 옮겨져 살았다. 다음 단계는 반죽이 될 때까지 고둥을 으깨는 것이다. 크기가 큰 고둥의 경우에는 금속 도구를 이용해 점액선을 추출할 수 있었다. 원하는 양만큼 수집했다면 수조에 소금을 채운 뒤 열흘 동안 햇볕에 노출시켰다. 이 과정에서 햇빛과 산소, 염분이 반응하면서 광화학 변화가 일어났고 혼합물은 강렬한 보라색 염료로 변했다. 이 과정에서 발생하는 악취는 유명했다. 페니키아의 고둥 수조는 보통 사람들이 모여 사는 동네에서 멀리 떨어진 해변, 특히 고둥이 풍부한 레바논 해안에 있었다. 무렉스 트룬쿨루스에서는 로열 블루라 불리는 청자색 염료를 얻을 수 있었고, 무렉스 브란다리스로부터는 티리안 퍼플이라고 알려진 뚜렷한 자주색 염료를 얻었다. 고둥에서 얻은 염료의 가장 큰 특징은 퇴색되지 않는다는 점이었다. 이 점은 당시 귀족 계층에게 매우 높이 평가되었다. 로마의 상류층은 권력을 자랑하기 위해 보라색 의복을 입었다. 그 결과, 보라색 직물의 가치는 금보다 더 높아지기에 이르렀다.

보라색 염료의 기원에는 신화적 이야기도 전해진다. 티레의 페니키아신 멜카르트는 그리스 신화 속 바다의 님프 네레이스와 함께 레바논 해변을 걷고 있었다. 그는 사랑하는 사람에게 특별한 선물을 주고자 자신이 기르던 그레이하운드를 해변으로 보냈다. 그런데 개가 돌아왔을 때, 선물은 없었고 주둥이는 피투성이였다. 주둥이를 유심히 본 멜카르트는 그것이 피가 아니라, 으깨어진 뿔고둥에서 묻어난 자주색 액체임을 알아챘다. 네레이스는 그 자주색의 강렬함에 매료되었고 "그 색으로 드레스를 만들어주면 당신과 결혼을 하겠다"고 말했다. 멜카르트는 수많은 뿔고둥을 모아 으깨고 마침내 충분한 양의 염료를 얻어 드레스를 완성했다. 이렇게 해서 '티리안 퍼플'이라는 이름이 생겨났다. 테오도르 반 튈덴Theodoor van Thulden이 1636~38년 사이에 그린 〈보라색의 발견The Discovery of Purple〉이

무렉스 트룬쿨루스와 무렉스 브란다리스.

라는 작품 속에 묘사되어 있다. 다른 이야기도 있다. 멜카르트가 만든 드레스는 티레의 전설적인 왕 피닉스를 위한 것이었다고도 전해진다. 피닉스는 보라색에 각별한 애착을 가졌고, 자신의 영토를 '자주색의 땅'이라는 뜻으로 개명했다. 그것이 바로 페니키아다. 훗날 페니키아의 왕이 될 자들은 계급의 상징으로 보라색 의복을 입도록 명령했다. 이 두 이야기 모두 후기 그리스 로마 신화에서 유래했지만, 티레 지역에서 출토된 동전에서 개가 고둥 껍데기를 물고 있는 모습이 발견되면서, 신화의 기원이 페니키아임이 유력해졌다.

오늘날에도 티레는 여전히 고급 옷감으로 유명하다. 그런데 고둥의 수요가 높아 곧 고둥이 희소해진 탓에 외부에서 고둥을 채집하거나 보라색 염료를 생산하기 시작한 도시들도 나타났다. 보라색 염료의 생산과 상업화를 주도한 것은 페니키아인들이었지만 보라색을 고급 옷감과 고급 제품에 사용하면서 큰 의미를 부여한 것은 로마인들이었다. 스페인 남부 지역에서는 알무녜카르Almuñécar, 로스토스카노스Los Toscanos, 모로데라메스키티야Morro de la Mezquitilla 등지에서 고둥의 껍데기와 깨진 잔해들이 발견되었다. 리비아, 크레타, 이탈리아 등 지중해권에서도 보라색 염료의 생산이 활발했다. 한편, 일본에서는 무라사키라 불리는 식물 지치Lithospermum erythrorhizon의 뿌리에서 보라색 염료를 추출할 수 있었다. 하지만 이 식물은 재배하기 까다롭고 수확량이 적었기 때문에, 일본에서도 보라색 염료가 극히 희귀한 상품으로 여겨졌다. 반면, 중국에서는 초기에 보라색이 크게 각광받지 못했다. 신성함을 상징하는 다섯 가지 색인 청색, 적색, 황색, 백색, 흑색 이른바 오방색이 아니었기 때문에 그다지 중요한 색이 아니었다. 하지만 기원전 5세기부터 변화가 시작된다. 보라색은 황제를 상징할 정도로 귀족들 사이에서 중요한 색으로 자리를 잡았다. 도교에서 또한 보라색을 정신의 고귀함을 뜻하는 색으로 받아들여졌다.

19세기 중반, 서양에서는 보라색이 새로운 바람을 일으켰다. 페루에서는 조류의 배설물인 구아노Guano에서 무렉시드Murexide라는 보라색 물질을 추출하였다. 프랑스에서는 보라색 이끼에서 염료를 얻는 실험이 이루어졌다. 보라색의 권위와 상징성은 훨씬 이전부터 형성되어 있었다. 고대 로마에서는 보라색 의복이 중국의 비단과 함께 권력과 명예, 그리고 길조를 상징하는 물건으로 여겨졌다. 보라색은 워낙 고가라서 애초에 구하기가 어려웠지만 사치금지법에 의해 사용이 금지되기에 이르렀다. 로마 공화정 시절에 장군들만이 보라색으로 전체를 염색한 의복을 입을 수 있었고, 원로원 의원, 영사, 법무관 등은 가장자리의 줄무늬에만 보라색을 새길 수 있었다. 줄무늬의 폭이 좁을수록 사회적 계급이 낮았으며, 이러한 규제는 로마 제국 시대에 접어들며 더욱 엄격해졌다. 4세기 무렵에는 황제만이 금실로 만든 티리언 퍼플 색의 망토를 두를 수 있었다. 황제가 아닌 사람이 보라색 의복을 입으면 처벌을 받았다. 진짜 보라색 염료가 아닌 모조 염료를 쓴 경우도 마찬가지였다. 따라서 아버지가 황제에 즉위한 뒤 태어난 자녀들은 '보라색

혈통을 타고났다'는 의미인 "포르피로게니투스Porphyrogenitus"라고 불렸다. 포르피로게니투스는 왕족이 아닌 데 성공한 정치인이나 군인과 진짜 왕족을 구분하는 말이었다. 시간이 지나면서는 상류층 자녀들을 통칭하는 말로 쓰였다. 가톨릭교회 역시 로마의 전통과 유사하게 보라색을 신성함과 권위의 색으로 사용했다. 교황청은 교황과 추기경의 예복에 티리안 퍼플을 사용하고, 이는 예수 그리스도가 아주 특별한 왕족이라는 개념과도 상통하다고 할 수도 있었다. 그래서 보라색은 사순절과 대림절을 상징하는 색이 되었다. 후일, 교황 비오 5세가 도미니코 수도회의 수도복을 입기로 한 까닭에 교황의 의복이 흰색으로 바뀌었다. 그러나 주교와 대주교는 암적색과 남색을 섞어 보라색과 비슷하게 만든 색의 옷을 입었다. 르네상스 시대의 수많은 종교화에서 천사나 성모 마리아를 보라색 의복으로 표현하기도 했다.

1856년, 화학을 공부하던 학생인 윌리엄 헨리 퍼킨William Henry Perkin이 우연히 보라색 색소를 발견하면서 보라색 염료의 상업적 생산이 시작되었다. 사실 퍼킨은 말라리아 치료제인 퀴닌quinine을 합성하려던 중이었다. 퍼킨은 아닐린aniline을 중크롬산 칼륨과 황산으로 산화시켜 퀴닌의 전구체인 퀴논quinone을 얻으려고 했다. 그런데 산화 과정에서 퀴닌 대신 보라색 물질이 생성되었다. 그 결과 모베인Mauvein이 탄생했다. 모베인은 실크에 잘 물들고 빛에 강한 물질로, 얼마 지나지 않아 상업적으로 생산되기 시작했다. 퍼킨의 보라색은 최초의 합성염료였다. 값비싼 티리언 퍼플과 구분하기 위해 퍼킨의 보라색에는 '모브Mauve'라는 이름이 붙었다. 그 덕에 더 현대적인 이미지가 생겼다. 보라색의 대량 생산으로 유럽 귀족, 특히 영국 귀족들 사이에서 보라색 열풍이 불었다. 심지어 빅토리아 여왕도 1862년 런던 세계 박람회에 보라색 드레스를 입고 참석했다. 퍼킨의 보라색이 누린 황금기는 짧았다. 간신히 1860년대까지 살아남았다. 우표 인쇄에 사용된 것만이 예외였다. 모베인의 원래 성분은 과거 박물관의 견본에서 확인되었다. 1867년에서 1880년 사이 빅토리아 시대의 영국 우표에서도 이를 찾아볼 수 있다. 모베인의 샘플에는 서로 유사한 열세 가지의 화합물이 혼합되어 있다. 화합물들은 메틸기의 수와 위치의 차이만 있을 뿐이다. 이 화합물들의 최대 흡수값이 540~550나노미터 사이이기 때문에 보랏빛을 띠는 것이다. 주요 성분은 모베인A와 모베인B라 불린다. 이후 크로마토그래피와 질량 분석법과 같은 분석 기술을 통해 모베인B의 비중이 가장 높다는 점이 확인되었다. 모베인A와 모베인B는 퍼킨의 최초 제조법을 추적하는 데 활용할 수 있다. 하지만 화합물을 완벽하게 혼합하는 합성 절차는 아직 확실하게 알지 못한다. '실크, 면, 양모 또는 기타 재료를 연보라색 또는 보라색으로 염색하는 새로운 염료 생산을 위한 발명품'에 대한 퍼킨의 특허 증서에서 합성 정보를 살짝 확인할 수 있다. 예컨대, "아닐린 황산염aniline sulfate과 중크롬산 칼륨potassium dichromate을 동일한 비율로 뜨거운 물에 각각 녹인 후 섞고 흔들면 검은색 침전물이 형성된다." 하지만 실험실에서 퍼킨의 제조법을 따라 해도 보라색 안료를 얻을 수 없다. 퍼킨이 의도적으로 정보를 숨기거나 위조한 것은 아니다. 그는 진심으로 자신의 레시피가 정확하다고 믿었다. 사실 퍼킨의 보라색을 얻으려면 아닐린 황산염 외에 톨루이딘Toluidine과 톨루엔 유도체라는 불순물이 포함되어 있었던 것으로 보인다. 즉, 보라색 염료의 핵심 열쇠는 공급업체가 제공한 원자재의 불완전성에 있었던 것이다. 최근에는 아닐린과 톨루이딘 이성질체isomer를 사용하는 새로운 합성 방법이 개발되었고, 이는 퍼킨이 보라색을 만들어낸 당시의 공정과 가장 가까운 방식으로 여겨지고 있다. 보라색은 여전히 귀족이나 왕족을 상징하지만, 그 의미는 과거보다 훨씬 더 다층적이다. 보라색은 사회적 변화의 색이기도 했다. 여성 참정권 운동가를 상징하는 색이었고 오늘날 페미니스트의 대표색으로 자리 잡았다. 여성들은 하이힐을 신고, 립스틱을 바르던 것처럼, 권력의 상징인 보라색 옷을 입었다. 예술에서도 보라색은 하나의 색으로 해방됐다. 인상주의가 등장하면서, 상징에서 벗어나기 시작했기 때문이다. 보라색을 캔버스에 담아낸 최초의 인상주의 화가 중 한 명은 클로드 모네다.

그는 말했다.

"드디어 진정한 대기의 색을 발견했다. 바로 보라색이다."

모네는 틀리지 않았다. 푸른 하늘은 실제로 보라빛을 띠지만, 우리의 눈이 그것을 감지하지 못할 뿐이다.

현대 예술가 마틴 크리드Martin Creed(1968년 영국 웨이크필드~)

도 모네처럼 '공기'를 시각화하기 위해 보라색을 사용했다. 마틴 크리드는 2008년, 〈작품 번호 965: 주어진 공간을 반쯤 채운 공기 Work No. 965: Half the Air in a Given Space〉라는 설치 미술 작품을 선보였다. 이 작품에서 하얀 방 전체가 보라색 고무풍선으로 절반쯤 채워졌다. 보이지 않던 공기가 색으로 둘러싸인 물체가 되었다. 그것은 추상적인 생각을 구체화하는 것과 같다. 관객들은 머리보다 높게 쌓인 풍선 사이를 걸으며 작품을 관람한다. 방향 감각을 잃고, 이동의 불편감을 느끼며, 색으로 가득 찬 공기의 물리적 밀도를 체험한다. 풍선은 가볍지만 공간에 주는 압박감은 결코 가볍지 않다. 이는 공기의 존재를 알려주는 하나의 방식이다. 여느 때처럼 공간은 공기로 가득하지만, 단지 그중 절반이 풍선으로 둘러싸여 있을 뿐이다. 보라색이 페미니즘의 상징이자 인구의 절반이 자신에게 주어진 자리에 대한 권리를 요구하기 위해 흔드는 깃발의 색이라는 점은 매우 시사적이다. 게다가 소위 남자의 색과 여자의 색이라 하는 파란색과 분홍색을 섞으면 보라색이 된다는 것이 더 놀랍다. 보라색은 어떤 이들에게는 파랑에 가까운 분홍이며 어떤 이들에게는 분홍에 가까운 파랑일 것이다.

13

장밋빛 하늘은 맑은 날의 예고편이다

"해변에서 함께 일몰 보자."

고작 열네 살이었던 나에게 그 말은 세상에서 가장 로맨틱한 제안처럼 들렸다. 하지만 현실은 그리 낭만적이지 않았다. 해변으로 걸어가는 중에 신발에 모래가 가득 차서 피부가 긁혔고, 바람이 부는 탓에 보습제를 바른 입술에 머리카락이 달라붙었다. 몇 년째 입고 다니던 90년대 데님 재킷은 추위로부터 나를 보호하지 못했다. 그리고 무엇보다, 나는 아직 그의 포옹이 따뜻하고 편안하게 느껴질 만큼 그를 좋아하지는 않았다.

겨우 두 번째 만남이었다.

우리 사이엔 새로움과 어색함만 있었고, 서로에 대한 발견보다는 확인에 가까운 말들만 오갔다. 그는 부모님이 나를 데리러 오기 전에 리아소르 해변에서 함께 일몰을 보자고 했다. 그런데 해가 지기까지는 한참이나 남아 있었다.

우리는 마치 멜로드라마의 주인공이라도 된 것처럼 둘 다 사랑에 빠진 척했다. 모래 위에 앉았을 때 하늘은 이미 빛나고 있었고 구름은 또 다른 맑은 날을 기대하며 분홍색으로 변하기 시작했다. 일몰을 볼 때 수평선 위로 해가 지는 모습을 보는 것이 가장 좋다. 하지만 해를 보면 마치 망막에 누가 총을 쏜 듯 눈이 타들어갈 것 같고 검은 잔상이 남는다. 일몰을 본다는 건 사실상 행위일 뿐 실제로는 볼 수 없다. 태양의 주변을 바라보는 것으로 만족해야 한다. 그래서 난 계절마다 각기 다른 장소에서 하루 내내 미묘하게 변하는 빛을 바라보기를 좋아한다. 폰테베드라의 빛은 라코루냐보다 더 노란빛을 띤다. 8월 늦은 오후의 하늘은 9월보다 분홍색이 짙다. 구름이 검은색인 날은 구름의 그림자가 보이는 날이다. 아침 하늘은 파랗지만 사실은 보라색이다. 태양은 우리와 아주 가까이 있는 별이기에, 우리는 그 빛의 온기를 느낄 수 있다.

클로드 모네는 이렇게 말했다.

"나에게는 풍경이 풍경 그 자체로 존재하지 않는다. 순간마다 풍경의 모습이 바뀌기 때문이다. 하지만 끊임없이 변하는 풍경 주변의 공기와 빛이 풍경에 생명을 불어넣는다."

빛은 경로에 장애물이 없는 한 직진한다.

거울에 부딪히면 반사되고 프리즘이나 빗방울을 통과하면 여러 색으로 분해되어 무지개처럼 퍼진다. 또한 대기 중의 기체나 입자와 충돌해 광원에서 나온 빛이 사방으로 퍼지며 확산하거나 흩어질 수도 있다.

따라서 햇빛은 지구의 대기권에 도달하여 공기 중의 기체나 입자와 만나면 사방으로 흩어진다. 입자나 기체의 크기가 햇빛의 파장과 같거나 작기 때문이다. 빛의 파장은 색에 따라 다르다. 장파장인 빨간색과 주황색은 단파장인 파란색과 보라색보다 산란이 적다. 장파장의 빛이 공기 중 입자보다 더 크다. 그렇기에 장애물을 만나도 대부분 그대로 통과된다. 반면 단파장인 파란색과 보라색의 빛은 공기 입자의 크기와 비슷하여 산란이 훨씬 많이 일어난다. 그래서 하늘이 흰색이 아닌 파란색으로 보인다. 이와 같은 현상을 '레일리 산란Rayleigh scattering'이라고 한다. 우리 눈에 하늘이 보랏빛이 아닌 푸른빛으로 보이는 이유는 인간의 눈이 파란색에 더 민감하기 때문이다. 일몰이 다가올수록 빛은 더 긴 경로를 이동해야 하며, 더 많은 입자와 기체에 부딪히게 된다. 장애물은 빛을 분산시키고 산란한다. 대기의 밀도 차이는 햇빛의 경로가 조금씩 꺾이게 만든다. 가장 짧은 파장을 가진 파란색과 보라색 빛은 산란이 더 많이 되면서 관측자의 시선에서 멀어지게 된다. 그래서 태양이 지평선 아래로 질 때 단파장의 빛이 가장 먼저 사라진다. 마지막까지 남은 빛은 파장이 가장 긴 빨간색과 주황색이다. 그래서 해가 질 무렵의 하늘이 가장 붉게 물든다. 때로는 일몰이 끝날 무렵 순간적으로 녹색 섬광이 보이기도 한다. 파장이 가장 짧은 빛부터 가장 긴 빛 순서로 지평선에서 사라지기 때문이다. 푸른색이 사라진 직후에 녹색도 사라진다. 그래서 공기가 맑으면 태양이 완전히 사라지기 직전에 녹색이 잠깐 번쩍이는 것을 볼 수 있다. 구름이나 안개를 구성하는 물 입자처럼 대기 중의 입자가 빛의 파장보다 클 경우, 모든 빛이 고르게 산란되어 하늘이 흰색으로 보인다. 그러나 일몰 무렵의 하층 대기에 에어로졸 농도가 높고 구름이 흩어져 있으면 하늘은 분홍빛을 띠게 된다. 이러한 현상은 '미 산란Mie scattering'이라고 한다. 입자 크기가 커질수록 미 산란 현상이 강해져 빛의 전방 산란이 일어난다. 일출과 일몰의 빛이 레일리 산란만 일어났을 때보다 더 다채로운 이유는 미 산란 현상 때문이다. 일몰 시 구름은 따뜻한 주황빛과 분홍빛을 흩어지게 한다. 그 순간, 구름은 마치 살아 있는 존재처럼 느껴진다. 빛의 화가로 유명한 낭만주의 예술가 J. M. 윌리엄 터너J. M. William Turner(1775~1851년 영국 런던)는 그 누구보다도 강렬하고 생동감 넘치는 저녁 햇살을 화폭에 담아냈다. 그가 사용하던 색상의 팔레트는 지금보다 훨씬 제한적이었지만, 터너는 가장 부드러운 분홍빛에서 가장 강렬한 주황빛까지 자유롭게 표현했다. 짙은 파랑과, 거의 흰색에 가까운 노란 태양빛을 표현하며 절묘하고 생동감 넘치는 하늘을 그려낸 것이다.

  19세기 중반, 과학 기술의 발전으로 새로운 합성 안료가 등장했고 예술가들은 순도와 채도가 더욱 높은 새로운 색상을 유화에 사용할 수 있게 되었다. 예술가들이 폭넓고 다양한 색상을 사용할 수 있게 되면서 그림을 그리는 방식도 바뀌었다. 1839년 화학자 미셸 외젠 슈브뢸Michel Eugène Chevreul은 모든 색상은 주변 색상에 따라 상대적이라는 동시 대조의 법칙을 확립했다. 이 이론은 보색의 법칙으로 확장되었다. 보색 관계에 있는 색상을 나란히 칠하면 우리 눈의 망막에서 색이 혼합되어 보이면서 실제로는 없는 색이 보이게 된다. 보색의 법칙을 이용해 폴 시냐크Paul Signac나 조르주 쇠라Georges Seurat 등의 예술가들은 점묘주의Pointillism 기법을 사용해 보라색과 노란색 점으로 푸른 하늘을 표현했고, 파란색과 빨간색 점을 섞어 도자기처럼 매끈한 피부의 나체를 그리기도 했다. 두 사람 모두 물리학자 오그던 루드Ogden Rood의 영향을 받았다. 루드는 1879년에 예술가들을 위한 실용 서적인 《Color Theory(현대 색채론)》을 펴냈다. 루드는 그의 저서에서 새로운 색채 이론과 관련된 재료와 그 용도에 대해 경험에 근거한 주장을 펼쳤다. 책에는 망막에서 혼합되어 보이는 색채의 쌍과 특정 안료를 설명하는 도표와 다이어그램까지 설명되어 있다. 그의 책은 인상파 화가들 사이에서 돌고 돌았다. 루드 덕분에 슈브뢸의 이론에서 한 단계 발전한 이론으로 나아갔을 뿐만 아니라, 19세기 중반에 색이 혼합되는 두 가지 방식, 그러니까 빛 또는 색소를 이용해 색상을 혼합하는 두 가지 방식을 밝힌 물리학자 헤르만 폰 헬름홀츠와 제임스 클러크 맥스웰의 업적도 쉽게 이해할 수 있었다. 그림자를 표현하는 색상이 어두운 색상에서 차갑거나 채도가 낮은 색상으로 변하면서 깊이감을 느낄 수 있게 되었다. 마찬가지로 빛을 표현하는 색도 맑은 색에서 따뜻하고 채도가 높은 색으로 바뀌면서 배경에서 빛이 더 돋보이게 되었다. 전통적인 회화에서 널리 사용되던 명암법과의 결별이었다. 그림자는 빛보다 차가웠지만 그 안에서 보이지 않는 깊이까지 표현할 수 있었다. 인상주의 화가들은 작품을 그리는 것이 아니라 오직 칠하는 것에 집중했다. 이로써 조형의 언어는 훨씬 더 풍부해졌다. 풍부한 색상 사용을 통해 입체감이 자연스럽게 살아났고, 그림자에도 빛이 스며들게 되었으며, 밝은 부분에도 미묘한 그림자의 결이 드리워졌다. 인상주의 화가들은 하늘의 빛이 사물의 빛과 같다는 점을 알고 있었다. 인상주의 화가 카미유 피사로Camille Pissarro(1830년 미국 샬럿아말리에~1903년 프랑스 파리)는 자신이 여러 날의 다양한 순간과 수많은 계절에 거닐었던 몽마르트르 거리를 그리는 데 전념했다. 그는 푸른 밤하늘과 주황색, 분홍색, 노란색 하늘을 그렸다. 반사되는 빛이 시시각각 달라졌기 때문에 몽마르트르 거리도 계속 변했다. 어떤 장소도 항상 같지 않다.

빛과 시선에 따라 달라진다.

피사로가 말했듯 "다른 사람들은 아무것도 보지 못하는 평범한 곳에서 아름다운 것을 보는 사람들은 행복하다."

내가 본 가장 아름답고 단정한 분홍빛 하늘을 담은 그림은 프란 에르베요Fran Herbello의 작품이다. 그림의 제목은 〈흡습성 사각형Cuadrado higroscópico〉이다. 파란색과 분홍색이 섞인, 정확히 말하자면 서로 희석된 색으로 옅은 사각형이 그려진 단순한 그림이다. 작품 캡션에 따르면 작가는 안료로 단일 물질인 염화코발트(II)를 사용했다. 염화코발트(II)는 하늘처럼, 습도에 따라 색이 달라지는 화합물이다. 이 물질은 결정성 화합물로, 수분을 흡수해 분자 구조에 포함시키는 '흡습성hygroscopicity'을 갖는다. 염화코발트(II)는 용해성이 높아 수분에 매우 민감하게 반응한다. 즉, 이 화합물은 두 가지 형태로 존재할 수 있다. 수분이 없는 상태에서는 무수물anhydrous form 형태로 파란색을 띠며, 수분을 흡수하면 수화물hydrated form 형태로 분홍색을 띤다. 이 두 형태는 분자 구조와 대칭성이 서로 다르며, 그 구조적 차이가 색의 차이로 나타난다. 프란 에르베요의 작품은 두 가지 형태의 화합물이 공존하며 서로 다른 색상을 띤다. 그 이유는 결정장 이론crystal field theory과 얀-텔러 효과Jahn–Teller effect를 통해 설명할 수 있다. 분홍색부터 보자. 염화코발트(II) 수화물은 결정성 착물complex이다. 이 말은 분자의 구조와 결합이 질서정연한 3차원 네트워크로 분포되어 있는 구조라는 뜻이다. 코발트(II) 이온Cobalt(II) ion의 주변을 보면 두 개의 염소 이온과 네 개의 물 분자로 둘러싸여 있다. 이때 리간드ligand 배치는 대체로 팔면체octahedral 구조를 이룬다. 코발트(II) 이온은 전자를 통해 여섯 개의 리간드에 결합한다. 이 전자들은 새로운 구조를 구성하는 접착제 역할을 한다. 코발트가 구형 환경에 있었다면 모든 원자가 동일한 전자valence electron를 가진 상황이 된다. 동일한 에너지 준위에 존재하면서 접착제로 활동할 확률이나 경향성도 같았을 것이다. 하지만 리간드가 팔면체 구조를 이룰 때는 전자들이 두 가지 에너지 준위에 분포되어 있다. 일부 전자들은 리간드가 존재해야 안정적인 결합을 형성할 수 있다. 이들은 낮은 에너지 준위에 머문다. 반면 다른 전자들은 리간드의 전자와 반발이 일으켜, 상대적으로 불안정한 높은 에너지 준위에 놓인다. 이처럼, 전자는 단일 에너지 준위를 갖지 않고, 두 가지 에너지 준위로 나뉘어 존재하게 된다. 그리고 낮은 준위에서 높은 준위로 이동하려면 외부로부터 에너지를 흡수해야 한다. 녹색 가시광선은 염화코발트(II) 수화물에서 에너지 준위가 낮은 전자를 높은 준위로 전이할 수 있을 만큼 충분한 에너지를 가지고 있다. 이 점이 정말 중요하다. 녹색 가시광선을 흡수하면 바로 그 녹색을 우리가 볼 수 없게 된다. 그래서 우리는 녹색의 보색인 분홍색을 띤 화합물을 보게 되는 것이다. 염화코발트(II) 수화물이 완전히 건조되고, 리간드 역할을 하던 물 분자가 전부 손실되면 염화코발트(II) 무수물이 된다. 염화코발트(II) 무수물도 결정성 착화합물이다. 다시 말해 모든 원자는 기하학적 배열에 따라 연결된 3차원 구조를 형성한다. 이 구조 속의 코발트 이온은 살펴보면 사면체 구조를 이루는 네 개의 염소 이온에 둘러싸인다.

  화합물의 기하학적 구조가 어떤 식으로든 변하면 원자가 전자가 분포되는 방식에 큰 영향을 미친다. 전자들은 더 이상 동일한 에너지 준위에 존재하지 않고, 두 개의 에너지 준위로 나뉘어 존재하게 된다. 전체적으로 수화물과 비슷해 보이지만 팔면체 구조보다 사면체 구조에서 높은 준위와 낮은 준위의 에너지 차이가 더 작다. 즉 무수물의 전자가 낮은 에너지 준위에서 높은 준위로 이동할 때, 필요한 에너지가 수화물보다 적다.

수화물은 녹색 가시광선에 해당하는 에너지를 흡수하지만* 무수물은 녹색보다 에너지가 적은 주황색 빛을 흡수할 것이다. 화합물이 특정 빛을 흡수하면 그 색은 보이지 않게 된다. 그래서 무수물은 주황색의 보색인 파란색을 띤다. 이처럼 염화코발트(II)는 색이 변하는 특징이 있어서 실험을 진행할 때 수분의 존재를 확인하는 지표가 된다. 분홍색을 띠면 수분이 있고 파란색을 띠면 수분이 없는 것이다. 프란 에르베요는 자신의 작품에서 염화코발트(II)를 유일한 안료로 사용했다. 캔버스에 발생하는 습도 차이로 인해 하나의 작품 안에 두 가지 색상이 여러 톤으로 공존할 수 있기 때문이다. 이를 위해 작가는 염화코발트(II) 6수화물**을 물에 1:10의 비율로 희석했다. 그런 다음 프라이머 처리가 되지 않은 100% 면 캔버스에 이 용액을 칠하여 면이 수분을 충분히 흡수하도록 했다. 사각형의 가장자리는 외부와 맞닿은 건조한 경계이기 때문에 파란색이 가장 강렬하며 사각형의 중앙으로 갈수록 분홍색이 주요 색상이 된다. 박물관에서는 온도와 습도가 통제된다. 이러한 환경에서는 일단 균형을 찾은 그림은 변하지 않는다. 조건이 일정하게 유지되는 한, 그림의 색과 톤도 그대로 유지된다. 박물관이나 미술관이라면 어디든 작품의 보존을 보장할 수 있는 설비를 갖추고 있어야 하므로, 이 그림은 마치 시간이 멈춘 분홍빛

---

*   그래서 분홍색으로 보인다.
** 사용된 화합물의 종류.

하늘처럼, 항상 같은 모습으로 남아 있을 것이다. 이것이 바로 에르베요의 작품을 해석하는 하나의 방식이다. 예술을 보존하려는 우리의 노력 덕분에, 이 작품은 시간이 지나도 변함없는 모습일 것이다. 우리가 이곳에 있는 한, 이 작품은 처음 구상된 대로 남을 것이다. 사실 모든 예술 작품이 그러하지만 이 작품은 특히 예민하여 손실과 훼손의 가능성이 크다. 이 작품은 그러한 절박함을 전달한다. 또 다른 해석은 '캔버스에 갇힌 분홍빛 하늘'에 관한 것이다. 구름을 그리는 데 사용된 독특한 색소는 일몰이 다가올 때의 대기와 같은 방식으로 움직인다. 습도가 높을수록 구름의 분홍색은 짙어지고, 하늘의 파란색은 희미해진다. 이 작품은 박물관의 통제된 조건 속에 안전하게 보관된, 정적인 일몰의 한 장면이다. 이 작품은 그러한 조건을 구성하고 유지하는 과학에 대한 찬사이며, 모든 것을 칠하는 빛에 대한 찬사이다.

  호기심은 우리가 예상치 못한 곳에서 영감을 찾을 수 있게 해준다. 마음이 열중하는 데 익숙해지면 머릿속이 어지러운 상태라도 일상생활 속에서 아름다움을 찾을 수 있다. 그렇게 찬찬히 세상을 관찰하는 일은 내가 삶을 살아가는 유일한 방식이다. 관찰하는 것은 번잡함에서 살아남는 방법이다. 세심한 관찰의 결과는 예술, 과학, 언어를 통해 재현되고 전달된다. 주의 깊게 살펴보고 깊이 있게 사는 법을 배웠다면, 모든 사물 속에서 아이디어를 끌어낼 수 있다. 나는 종종 상상한다.

  예술가는 어떻게 아이디어를 얻게 되었을까?

그들은 연구하다가, 책을 읽다가, 산책하다가, 혹은 화학자처럼 물건이 무엇으로 만들어졌는지 궁금해하다가 아이디어가 떠올랐을 것이다.

에르베요가 안료를 처음 발견했을 순간은 어땠을까. 그는 가방 주머니나 DO NOT EAT SILICA GEL(실리카겔을 먹지 마시오)이라고 쓰인 전자기기 포장 속에서 작고 둥근 구슬들이 담긴 작은 봉지를 발견하지 않았을까. 예측하건데, 아마도 에르베요는 그 작은 봉지 중 하나를 열어 보았고, 그 안에 든 구슬들이 색깔을 바꾸는 광경을 목격했을 것이다. 그리고 그 순간, 그의 호기심이 그것들이 염화코발트(II)에서 비롯된 것임을 발견하도록 이끌었을 것이다. 아마 그는 그 작은 구슬 하나하나 안에서 온전한 하늘을 보았을지도 모른다. 그 작은 봉지에 든 실리카겔은 이산화규소 silicon dioxide, SiO_2를 주성분으로 하는 다공성 물질이며, 둥근 알갱이 형태를 띤다. 이들은 전자기기, 가죽 의류, 신발, 가방 등 습기에 민감한 제품을 보호하기 위한 제습제로 사용된다. 또한 실험실에서는 칼럼 크로마토그래피의 고정상 stationary phase에 사용되거나 수분에 민감한 화합물을 보존하는 데시케이터 dessicator 안에 넣어 사용되기도 한다. 흡착제 화합물 a'd'sorption와 흡수제 화합물 a'b'sorption의 가장 큰 차이는 수분을 '붙잡는가' 아니면 '머금는가'에 있다. 실리카겔은 표면에 수분을 붙잡는 흡착제 화합물에 해당한다. 이 물질의 구조는 산화규소 silicon dioxide, SiO_2로 이루어진 3차원 망상 구조다. 안쪽에는 산소와 실리콘 원자가 안정적으로 결합된 실록산siloxane이 있고, 표면 쪽에는 규소silicon, Si 원자에 하이드록시기hydroxyl group, –OH가 결합된 실라놀silanol이 자리 잡고 있다. 실라놀은 물과 잘 결합해, 수분 분자를 쉽게 끌어당긴다. 물 분자는 실라놀의 하이드록시기와 수소 결합을 형성하며 알갱이 표면에 흡착된다. 완전히 수산화된 표면에서는 물 분자들이 닿을 수 있는 모든 부위에 여러 개의 수소 결합 층이 만들어진다. 즉, 실리카겔 표면의 여러 하이드록시기는 물 분자와 수소 결합을 이루어 물 분자를 흡착하고, 그 위로 다른 물 분자들이 다시 수소 결합을 통해 여러 겹의 층이 쌓여간다. 실리카겔은 비표면적이 크지만, 당연히 포화되는 시점이 있다. 재사용하려면 흡착된 물이 증발할 때까지 가열해 수소 결합을 끊어주기만 하면 된다. 실리카겔은 자신의 무게의 최대 40%까지 수분을 흡착할 수 있다. 그래서 보존제나 건조제 용도로 매우 효과적이다. 단점이라면 실리카겔은 무색의 투명한 알갱이이며, 수분을 흡착해도 외관상의 변화가 거의 없다. 그 결과, 그 자체로는 습도 지표로 사용하기 어렵다. 수분 흡착을 얼마나 했는지 또는 흡착 용량의 한계에 도달했는지 알 수 없다. 이러한 이유로 습도에 따라 색이 달라지는 염화코발트(II)가 추가된다. 에르베요가 자신의 작품에 사용한 바로 그 안료말이다. 염화코발트(II)가 분홍색으로 변했다는 것은 실리카겔이 흡착하고도 남는 수분이 있다는 뜻이다. 즉 실리카겔이 더 이상 물 분자를 수용할 수 없는 상태, 곧 포화에 도달했음을 의미한다.

포르투갈의 상징인 수탉은 전통적으로 화려한 도자기 장식품으로 알려져 있다. 그런데 이 수탉은 염화코발트(II)를 이용해 습도에 따라 색이 변하는 기능성 기념품으로도 제작된다. 즉, 공기 중 습도에 반응해 파란색에서 분홍색으로 변하는 수탉 모형이다. 이 기념품은 대기 중 수분이 많아질수록 색이 분홍색으로 변해, 기상 상태를 직관적으로 보여준다. 수탉이 파란색이면 맑은 날, 분홍색이면 비가 오는 날이다. 아마도 〈흡습성 사각형〉의 작가는 실리카겔 봉지를 열어보았을 수도 있고, 포르투갈에서 수탉을 만났을 수도 있고, 화학 서적을 읽었을 수도 있고, 학교에서 했던 실험을 기억했을 수도 있고, 어머니가 주방에 색이 변하는 인형을 장식해두던 날을 기억했을 수도 있다. 그의 주의 깊은 시선과 호기심은 이것도 하나의 예술 작품이 될 수 있다는 생각으로 이끌었다. 그의 지식, 성찰, 연구, 실험, 작업실에서의 집요한 탐구는 훗날 하나의 캔버스로 이어졌다. 그가 코발트로 그린 일몰은 그 시간 속에 멈춘 채, 영원히 맑은 날로 보존될 것이다.

14

빛보다 더 하얀

내 어린 시절 최악의 사건은 토요일 오후가 사라진 것이다. 나는 친구들과 영화를 보러 다니기 시작했고, 그 시간이 즐겁기도 했다. 하지만 동시에, 아빠와 크리스티안과 함께 오후를 보내지 못하게 되었기에 슬프기도 했다. 그 변화의 시기에도, 가끔은 예전처럼 가족과 토요일을 보내는 날이 있었다. 마치 과거로 돌아간 듯한 그런 날들. 사실 토요일에 친구들과 어울리는 일은 그 나이 또래 아이들에게 일종의 숙제 같은 것이었다. 크리스티안과 할머니, 할아버지와 놀고 싶어도, 학교에 꼭 가야 했던 것처럼, 그 시간도 마땅히 해야 하는 일이었던 것이다. 아빠는 크리스티안과 나를 다 큰 어른처럼 대해주었지만 우리는 여전히 차 뒷좌석에 앉는 아이들이었다. 르노 25의 뒷좌석 중앙에는 우리 둘이 머리를 나란히 기댈 수 있는 베개 같은 팔걸이가 있었다.

우리는 차 안에서 음악을 들었다. 장소마다 기억에 남는 노래가 있었다. 살로Xalo 산에 눈을 보러 갔던 토요일 오후, 차 안에서는 비지스Bee Gees의 음악이 흘러나오고 있었다. 그래서 나에게 비지스의 음악은 언제나 눈을 떠올리게 한다. 그날은 눈이 막 쌓이기 시작한 순간이었다. 해안 지역에는 보통 눈이 내리지 않는다. 눈을 실제로 본 것은 그때가 처음이었다. 우리는 아노락을 입고, 군용 워커를 신었다. 썰매 대신 쓸 쓰레기 봉지도 챙겼다. 나무 사이로 난 길은 어둡고 땅은 검게 젖어 있었다. 차를 타고 산을 오르자 경사진 곳에 눈 언덕이 나타났다. 더 높이 올라가자 하얀 혀처럼 쏟아진 눈이 작은 풀들을 덮고 있었다. 멀리서 흰 봉우리도 보였다. 우리는 봉지를 들고 눈 언덕 중 하나를 미끄러져 내려갔다. 가지가 엉덩이를 긁었고, 우리는 느린 속도로 몇 미터쯤 미끄러졌다. 영화처럼 멋지게 잘 타기란 쉽지 않았다. 눈 때문에 손가락은 따가워지고, 피부는 수축해 붉어진다. 눈덩이를 가지고 놀다 보니 손이 아팠고, 청바지가 젖었다. 눈과 비가 동시에 내리기 시작했을 때, 우리는 나무판자로 벽을 덧댄 작은 술집으로 피신했다. 나무판자에는 손가락에 달라붙는 듯한 부드러운 바니시가 발라져 있었다. 사람들은 눈 오는 날에 어울리는 옷을 입고 있었다. 모자를 쓰고, 패딩 재킷과 바지를 입고, 패딩 부츠를 신었다. 따뜻한 음료를 마셨고, 컵에서 피어오른 김은 천장까지 닿았다. 입김은 손가락 사이에 천천히 머물렀다. 체리콕Cherry Coke이 막 출시된 참이었다. 크리스티안과 나는 생애 처음으로 체리콕 한 잔을 마셨다. 처음이 많았던 토요일 오후였다.

거의 모든 토요일 오후가 그랬다.

나는 그날 오후를 마치 내내 밤이었던 것처럼 기억한다. 빛이 거의 없었지만, 차가운 흰색의 빛이었다. 하지만 눈 언덕에 몇 번 다시 갔을 때는, 모든 것이 하얗게 뒤덮였고, 햇살은 여름 한낮처럼 강렬했다. 눈에 반사된 빛은 마치 바다에서 수영할 때, 물 표면이 빛날 때처럼 하얗게 반짝였다. 마치 동공에 직접 닿는 불꽃놀이 같았다. 그 불꽃놀이의 향연으로부터 눈을 지켜야 한다. 물은 형태가 어떻든, 장소가 어디든, 눈을 시리게 하는 '하얀빛'으로 변한다. 너무 하얀 탓에 빛이 나는 흰색도 있다. 그건 빛이 나는 것처럼 보이는 것이 아니라, 실제로 빛을 내는 것이다. 예술 작품에는 티타늄 화이트titanium white, 징크 화이트, 연백white lead, 스페니쉬 화이트Spanish white(탄산칼슘 등으로 구성된 백색 가루가 띄는 색 — 역주) 등 다양한 흰색이 사용된다. 이러한 흰색들은 모두 화학적 조성이 다르므로, 흔히 말하는 '흰색'이라고 다 같은 흰색이 아니다. 왜 어떤 흰색은 다른 흰색보다 더 하얄까? 여기에 대해 화학은 여러 답을 줄 수 있다. 그 이유는 각 화합물이 빛과 상호작용하는 방식에 있다. 백색광은 모든 색상의 합이므로, 백색 안료는 가시광선 스펙트럼 전체 혹은 거의 대부분을 반사한다.

흰색으로만 그려진 매우 유명한 그림이 있다.

바로 카지미르 말레비치Kazimir Malevich(1879년 우크라이나 키이우~1935년 러시아 상트페테르부르크)의 〈흰색 위의 흰색White on white〉이다. 1918년 작품인 이 그림은 20세기 미술사에서 가장 논란이 많은 작품 중 하나다. 멀리서 보면 단색 작품처럼 보일 수도 있다. 하지만 가까이서 보면, 흰색 배경 위에 살짝 기울어진 흰색 사각형이 분명히 보인다. 배경은 따뜻한 흰색, 사각형은 조금 더 푸르고 차가운 흰색이다. 말레비치에게 이 작품은 절대주의Suprematism의 정점이었다. 절대주의는 아방가르드 예술 운동 중 하나로, 그 선언문인 《From Cubism and Futurism to Suprematism(입체주의에서 절대주의로)》은 말레비치가 직접 작성해 1915년 발표한 것이다. 절대주의는 미학적으로 형태와 색채의 완전한 절제를 추구한다. 평면 도형과 단순하고 제한된 색상만을 사용한다. 〈흰색 위의 흰색〉은 절대주의의 궁극을 보여주는 작품이다. 흰색뿐인 그림이다. 흰색 배경에 기울어진 사각형 하나가 그려진 것뿐이다. 그러나 아무렇게나 만들어진 작품은 아니다. 그 안료와 형태, 배치까지 모두 의도적으로 선택된 요소들이다. 이 작품에는 빛, 공간, 시간이 있다. 세 가지 모두 물리학의 주요 변수이며, 이 회화에서는 최소한의 방식으로 표현된다. 빛은 흰색으로 축소되고, 공간은 두 개의 미묘한 평면으로 축소되며, 시간은 기울어진 모습으로 표현된다. 대각선이 시간의 이동을 가장 간단히 표현하는 방식이다. 흰색 사각형이 오른쪽 위 여백 쪽으로 기울어져 있어, 마치 그림을 떠나가는 듯한 느낌을 준다. 배경은 연백으로 칠했다. 연백은 염기성 탄산염이며, 수백연광이라는 광물과 성분이 같다. 그러나 예술에 사용되는 연백은 광물 그대로가 아니라 '백연' 또는 '은백'이라 불리는 합성 안료이다. 연백 안료의 합성 방법 중 가장 오래된 방법은 아리스토텔레스의 학생이었던 테오프라스토스Theophrastos가 사용한 방법이다. 플리니우스Plinius는 당시 가장 중요한 과학 백과사전이었던 《박물지Naturalis Historia》에서 이 최초의 완전 합성 무기 안료에 대해 이미 언급한 바 있다. 또한 비트루비우스Vitruvius는 그의 저서 《De architectura(건축 10서)》에서 연백색에 대해 언급한다. 이탈리아 루카Lucca에서 발견된 중세 시대에 손으로 쓰인 제조법 모음집, 그리고 테오필로스와 이라클리오스의 기록에서도 연백 제조에 금속 납과 식초가 기본 재료로 등장한다. 역사를 통틀어 연백 안료를 얻는 방법은 점차 정교해졌지만, 결론은 같다. 연백 안료를 만들려면 금속 납, 식초의 주성분인 아세트산, 그리고 이산화탄소가 포함된 공기가 필요하다. 납과 아세트산을 섞으면 물에 녹는 아세트산 납lead acetate이 형성된다. 여기에 이산화탄소를 압력 하에 첨가하면, 아세트산이 변위되어, 중탄산납lead biocarbonate이 생성된다. 중탄산납은 용해되지 않으며, 흰색 침전물 형태로 바닥에 가라앉는다. 바로 이 침전물을 여과하고, 건조하고, 분쇄하여 안료를 얻는다. 이 추출법은 납이 납 중독을 일으키는 신경독성 금속이라는 사실이 알려지지 않았던 과거의 방법보다 더 안전하다. 하지만 독성이 알려지면서 연백 안료는 더 이상 쓰이지 않게 되었다. 연백은 산업 혁명 이후 대기 오염으로 인해 더 따뜻한 색조를 띠게 되었다. 연백으로 칠한 프레스코화 중에는 너무 노랗게 변해서 갈색, 심지어 거의 검은색으로 변한 것도 있다. 만약 어느 교회의 프레스코화에 검은 천사가 그려져 있다면, 그 천사는 과거에는 분명 '하얀 천사'였을 가능성이 높다. 그 이유는 납이 공기 중의 유황과 반응하여 황화납lead(II) sulfide, PbS이 형성되는 화학적 과정 때문이다. 황화납은 검은색에 가까운 갈색의 물질이다. 그런데 유화에서 연백을 사용할 경우에는 다른 반응이 일어난다. 오일의 지방산과 연백 안료가 화학적으로 반응하여 아주 안정적인 비누가 형성된다. 또한 연백 안료는 기름막이 오래될 때 생성되는 산을 중화하는 안정제 역할을 한다. 그렇기 때문에 연백은 일반적으로 다른 유화 물감, 심지어 유약과 혼합하여 사용된다. 연백은 질감을 통일시키고, 계면장력을 낮추며, 그림을 보다 균일하게 건조시키는 기능을 하기 때문이다. 실제로 양호한 상태로 오랫동안 보존된 유화 작품들은 그림의 물감 또는 프라이머에 연백이 포함되어 있는 경우가 많다. 그러나 장점만 있는 것은 아니다. 연백 때문에 비누가 생기면 시간이 지남에 따라 피복력을 잃는다. 그래서 프라이머는 갈수록 투명해진다. 이러한 원리를 바탕으로 그림이 그려진 연대를 추정하는 데 사용되기도 한다. 또한, 연백은 산과 염기에 민감하므로 화이트워시(석회를 재료로 안료를 만들어 사용하는 기법 ― 역주), 프레스코화 또는 액상 유리liquid glass에 사용해서는 안 된다. 그리고 주홍, 울트라마린 또는 카드뮴 옐로우cadmium yellow처럼 유황이 포함된 안료와 혼합해서도 안 된다. 연백과 유황이 반응해 황화납이 형성되며, 그림 전체가 어두워질 위험이 있다.

한편 말레비치의 그림 속 사각형은 조금 더 차가운, 푸른 빛을 띠는 흰색이다. 이것은 아연백이라는 색으로 차이나 화이트China White라고도 불린다. 화학 용어로는 산화아연zinc oxide, ZnO이다. 산화아연은 자연에서 흔히 발견되지만 녹색에서 빨간색까지 보통 색상에 영향을 미치는 철과 망간 등의 불순물을 포함하고 있기 때문에, 합성 안료로 제조된 형태가 사용된다. 아연백은 오일과 반응해 비누를 형성하며, 건조가 빠르고 필름을 안정시킨다. 하지만 연백과 달리, 아연백 층은 단단하고 부서지기 쉽고, 유연성이 크게 떨어진다. 따라서 탄력성이 있는 표면, 혹은 완전히 마르지 않은 프라이머 위에는 사용할 수 없다. 건조 중 균열이 생길 수 있기 때문이다. 더욱이 아연백은 연백보다 기름을 잘 덮지 못하며, 염기에도 민감하고 산성 결합제와 함께 사용하면 너무 빨리 걸쭉해져 다루기 어렵다. 아연백은 중세부터 사용되어 왔으며, 그 당시에는 '철학자의 양털Philosopher's wool'이라 불렸다. 원래는 황동 제조 과정에서 발생하는 성가신 부산물이었으나, 1800년경부터 안료로 처음 사용되었고, 1830년대부터는 산업적으로 제조되었다. 이후 곧 물감으로 활용되기 시작했다.

오늘날 기술 분야에서는 미술용 아연백과 도료용 산화아연을 명확히 구분한다. 둘 다 본질적으로 산화아연이지만, 미술용 아연백은 순도, 입자 크기, 광학적 특성에서 훨씬 정교하게 제조된다. 반면, 도료용 산화아연은 불순물이나 불균일성 등의 이유로 예술용으로는 적합하지 않다. 회화에 적합한 산화아연은 아연백이다. 아연백은 금속 아연zinc, Zn을 기화시켜 생기는 증기를 뜨거운 공기 속에서 산화한다. 산화 시 생기는 침전물을 입자 크기에 따라 분리한다. 안료로 판매하려면 순도가 최소 99%여야 한다. 연백과 아연백은 모두 반도체 전도성semiconductivity이라는 성질에 의해 백색을 띠는 화합물이다. 반도체 전도성은 가장 바깥쪽 전자가 이동하는 현상이다. 전자가 이동하기 위해 두 화합물의 전자는 가시광선 스펙트럼의 청색 복사선 바로 위인 자외선 영역인 정확히 380나노미터의 파장에서 복사선을 흡수한다. 즉, 두 화합물 모두 자외선 복사선을 흡수하고 가시광선 스펙트럼의 모든 복사선을 반사하기 때문에 둘 다 흰색으로 보인다. 시간이 지나면서, 연백은 황화물이 형성되며 점차 따뜻한 색이 된다. 반면 아연백은 빛을 더 많이 받을수록 오히려 더 하얘진다. 아연백이 반도체 전도성 물질일 뿐만 아니라, 형광 물질이기 때문이다. 형광이란, 자외선을 흡수한 물질이 그것을 가시광선으로 다시 방출하는 현상이다. 그래서 아연백은 받는 빛보다 더 밝은 백색광을 되돌려준다. 그것은 흰색 중에서도 강한 흰색이며 빛을 내는 흰색, '완전한 백색perfect white'이다.

 그래서 나는 말레비치의 작품을 이렇게 해석해 본다. 기울어진 흰색 사각형이 그림에서 벗어나고 있는 것처럼 보이지만, 실제로는 빛을 영구적이고 무한대로 방출하고 있다. 그렇기에 너무 새하얀 나머지 빛이 난다고 말하는 것은 단지 문학적 비유가 아니라 물리적 사실이기도 하다. 따라서 〈흰색 위의 흰색〉은 빛의 근원이다. 기술이나 인공물이 필요 없는 빛. 그것은 안료의 순수한 빛이니까. 어떤 그림이든 시간 속에 멈춰 있지만, 말레비치의 그림 속 빛은 보다 더 영원히 멈춰 있다.

15

심연보다 더 어두운

몇 시간 동안 헤드라이트에만 의지해 달렸다. 그런데 결국 막다른 도로였다. 수 킬로미터에 이르는 거리를 달리는 동안 불빛도 없고 인가도 없었다. 길 옆이 산인지 벼랑인지조차 몰랐다. 도로는 전기도 빛도 전무한 캘리포니아 평원 한가운데서 끝났다. 마누는 차 안의 불빛 때문에 외부의 아주 작은 빛조차 보지 못할까 봐 시동을 껐다. 우리는 어둠 속에서 동공이 확장될 때까지 조용히 기다렸다.

아무것도 보이지 않았다.

멀리서도 빛의 흔적조차 보이지 않았다.

마누가 나가서 별을 봐야 한다고 했다. 우리는 그렇게 황량하고, 어두운 곳에 가본 적이 없었다.

"나는 차에 있을게. 밖에 동물이 있을지도 모르고, 땅이 어떨지도 모르잖아. 세 발짝 뒤에 바로 낭떠러지일 수도 있고."

마누는 차에서 내려, 문에 기대어 섰다. 나는 내가 앉은 쪽의 창문을 열고 머리를 바깥으로 내밀었다. 우리는 그렇게 많은 별을 본 적이 없었다. 하늘엔 1센티미터의 공간도 없을 정도로 하얀 자국이 빽빽하게 박혀 있었다.

"난시 때문에 별이 점이 아니라 진짜 별 모양으로 보여. 꼭 장노출로 찍힌 천체 사진처럼 별들이 퍼져 있어."

마누도 그랬다. 난시 때문에 광학적 오차가 발생하지만 결국 별이 별 모양으로 보인다는 것은 빛이 움직이며 여행한다는 것을 말해준다. 그 빛의 기원은 더 이상 존재하지 않을지도 모른다. 이렇게 별로 가득한 하늘이 사실은 '심연'일 테다.

나는 하늘을 올려다보면 약간의 어지러움을 느낀다. 마치 위로 떨어지는 것 같은 두려움이다. 진공 상태에서는 아무것도 들리지 않는 것처럼 빛이 없다면 아무것도 볼 수 없다. 그리고 저 위에는 빛이 거의 없다. 한때 거대했던 별들이 지금은 가늘고 깜빡거리는 빛줄기로 보이듯 지구도 저 멀리서 보면 창백한 푸른 점일 뿐이다. 이곳에서 우주를 바라보면 이곳이 우주에서 어떻게 보일지 상상하게 된다. 상상하다 보면 내가 한 행성에 살고 있다는 확신이 다시금 든다. 이것을 '원근효과 perspective effect'라고 한다. 원근 효과는 우주 비행사들이 우주에서 지구를 관찰할 때 경험하는 의식의 인지적 변화를 의미한다. 우주에서 지구는 양파 껍질처럼 얇은 대기층에 둘러싸인 푸른 공처럼 보인다.

지구가 너무나도 연약해 보인다.

우주에서 지구의 첫 컬러 사진을 찍은 것은 반세기가 넘은 일이다. 〈지구돋이Earthrise〉라는 이름의 사진은 역사상 가장 인상적인 사진 중 하나다. 푸른 행성이 회색 달 위의 암흑 속에 떠 있다. 1968년 12월 24일 오후 5시 20분경, 세 명의 인간이 처음으로 달 지평선 너머로 떠오르는 지구를 목격했다. 당시 달 탐사선 아폴로 8호의 조종사 윌리엄 앤더스William Anders가 최초의 흑백 사진을 찍었다. 몇 초 뒤, 동료 조종사인 짐 러벨Jim Lovell이 그에게 컬러 필름 한 롤을 건넸다. 앤더스는 그 필름을 핫셀블라드 500EL 카메라에 넣고 행성으로서의 지구를 컬러로 포착했다. 이 사진은 아폴로 8호의 멋진 성과 중 하나일 뿐이다. 프랭크 보먼Frank Borman이 지휘한 아폴로 8호는 아폴로 계획 중 두 번째 유인 탐사 계획이었다. 이 임무는 7개월 뒤 닐 암스트롱과 버즈 올드린이 달을 정복하는 데 핵심적인 기여를 했다. 보먼, 러벨, 앤더스는 지구 궤도를 벗어나 달의 뒷면을 본 최초의 인간이었다. 그들은 달 궤도를 열 번이나 돌며 달로부터 111킬로미터까지 접근했다. 러벨은 달 표면이 석고나 회색 해변 모래처럼 보였다고 회상했다. 그들은 12월 21일 케이프커내버럴Cape Canaveral에서 이륙하여, 27일 태평양에 착륙했다. 그 기간에 그들은 지구와 여섯 번 TV 생중계로 연결되었다. 크리스마스이브에는 창세기의 첫 구절을 읽은 후, "좋은 밤 보내세요. 행운을 빕니다. 메리 크리스마스. 아름다운 지구에 계신 여러분에게 신의 축복이 깃들길"이라는 인사말을 보냈다. 이 방송은 역대 최고 시청률을 기록한 생중계였다. 그 사진과 그 며칠은 인류에게 일종의 집단적 원근 효과를 일으켰다. 〈지구돋이〉는 아마도 지금까지 촬영된 가장 영향력 있는 환경 사진일 것이다. 그 사진은 최초의 환경 운동의 탄생으로 이어졌다. 사람들은 우리가 살고 있는 지구가 연약하며 지구를 보호해야 한다는 것을 깨달았다. 우리가 하나의 별에 살고 있다는 사실을 알게 된 것이다.

내가 행성에 살고 있다는 사실을 처음으로 완벽히 깨달은 날은 2017년 8월 21일, 일식이 있던 날이었다. 일식을 영상으로 볼 수도 있고, 일식 현상과 더불어 그로 인해 돋아나는 감정을 설명한 훌륭한 자료를 읽을 수도 있다. 하지만 일식이 일어나는 바로 그 장소에서 직접 두 눈으로 보지 않는 이상 그것이 의미하는 바를 진정으로 느낄 수 없다. 사실 누구나 그렇게 말하지만 나는 직접 일식을 보기 전까지는 그 말을 믿지 않았다. 나는 90년대 말, 라코루냐에 있는 우리 집에서 일식을 본 적이 있다. 크리스티안과 함께 부모님 침실에서 창문에 붙어서, 방사선 사진 필름으로 일식을 관찰했다. 다행히도 망막이 타지 않았다. 보통의 해 질 녘과는 다른 느낌으로 밤이 되는 듯한 회색 하늘을 본 기억이 있다. 달이 태양을 물고 있는 것을 본 것을 기억한다. 심지어 달이 태양을 완전히 가려서 사라지게 한 기억도 있는 것 같다. 물론 그것은 내 상상 속에서 일어난 일이다.

1999년의 일식은, 태양이 80%만 가려진 부분일식이었다.

부분일식과 개기일식은 완전히 다르다.

99%에서 100%로 넘어가는 그 한순간, 부분일식에서 개기일식이 되는 그 순간, 엄청난 변화가 일어난다. 기온이 몇 도 떨어지고, 동물들의 행동이 수상해지고, 새들이 지저귐을 멈추고, 귀뚜라미가 큰 소리로 운다. 우리는 보호용 안경을 벗고 직접 눈으로 개기일식을 볼 수 있었다.

　2017년 8월 20일, 일식 전날이었다. 우리는 워싱턴에서 미주리주 세인트루이스로 가는 비행기를 탔다. 세인트루이스를 선택한 건 몇 가지 전략적 이유 때문이었다. 첫째, 세인트루이스의 8월 날씨는 수년간 안정적이었고 강우량도 적절했다. 둘째, 도로가 잘 갖춰져 있어서 일식을 관찰할 수 있는 여러 장소에 한두 시간 내로 갈 수 있었다. 완전한 일식을 충분히 관찰할 수 있는 지역의 폭은 약 100킬로미터에 불과하기 때문에 미국에서 일식을 관찰할 수 있는 곳은 그리 많지 않았다. 우리는 나사NASA의 관측 기지가 있는 카본데일Carbondale, 컬럼비아Columbia 아니면 세인트클레어Saint Clair로 갈 생각이었다. 하지만 일식이 일어나기 며칠 전, 일식을 볼 수 있는 경로를 대부분 가리는 태풍이 등장했다. 태풍의 이동이 불규칙적이라 날씨 예보 또한 계속 변했다. 세인트루이스 도시 전체와 우리가 머물고 있는 호텔에 긴장감이 가득했다. 모두가 휴대전화의 날씨 애플리케이션을 쉴 새 없이 확인했다. TV에서도 온통 그 얘기였다. 사람들은 서로 일식을 보러 갈 장소를 정했냐고 물었다. 대다수에겐 길고도 값비싼 여행이자 일생에 한 번뿐인 기회였다. 우리는 몇 분 만에 사라질 무언가를 위해 몇 달 동안 준비해왔다. 태풍이 그것을 망쳐서는 안 됐다.

일식 당일 아침, 우리는 세인트클레어와 카본데일의 예보가 비슷하다는 것을 알았다. 동전을 던졌고 앞면이 나왔다. 우리는 세인트클레어로 향했고, 일찍 출발해서 오전 10시경에 세인트클레어에 도착했다. 일식은 11시 48분에 시작되어, 13시 15분에 해가 완전히 가려졌다. 세인트클레어는 미국의 유명한 66번 국도에 있는 작은 마을로, 주민은 약 4천 명이다. 시내에는 카페 몇 곳, 철도가 지나가는 작은 광장, 작업장, 여러 종교의 교회, 1~2층짜리 주택들뿐이다. 하지만 그날은 전 세계에서 온 사람들로 가득했다. 우리는 스웨덴, 프랑스, 캐나다, 칠레, 아르헨티나 등에서 온 사람들과 이야기를 나누었다. 세인트클레어의 환영은 따뜻했다. 우리가 도착하자 사람들은 우리에게 시원한 물병을 주었다. 보안관은 일식을 안전하게 볼 수 있도록 보호안경을 나눠주며 돌아다녔다. 녹지마다 관광객들이 있었다. 우리는 나무 그늘 아래 잔디밭에 누워 간식과 샌드위치를 먹었다. 우리는 가끔 일식이 어떻게 진행되고 있는지, 달이 태양을 어떻게 가리고 빛이 어떻게 바뀌는지 보기 위해 일어나기도 했다. 기온이 점점 떨어지고 있었다. 90%에 도달했을 때는 주변 사물들의 색이 달라졌다. 빛은 1999년의 빛처럼 희끄무레하게 변했지만, 그 안에서 풀과 피부의 색은 더 선명하게 드러났다. 그리고 아주 흥미로운 현상을 지켜볼 수 있었다. 나뭇잎의 그림자가 땅 위에서 일식을 수백 번 재현했다는 것이다.

일식이 완성되기까지 10분 정도 남았을 때 우리는 기찻길이 있는 곳으로 갔다. 거기서 지평선을 볼 수 있었다. 다들 무척 긴장했다. 그리고 드디어 그 순간이 왔다. 구름 단 한 점조차 우리가 보려는 그 찬란한 광경을 막을 수 없었다.

사람들이 외쳤다.

"됐다!"

달이 태양을 완전히 가렸다. 빛은 즉각적으로 변했다. 침묵이 흘렀다. 하늘이 어두워지자 안경 없이도 태양을 직접 볼 수 있었다. 태양은 번쩍이는 흰색 빛의 왕관에 둘러싸인 거대한 검은색 원이 되었다. 별들이 보였다. 지평선이 토파즈의 노란 빛으로 물들었다. 보통의 일몰 때와는 완전히 달랐다. 내 눈으로 태양을 볼 수 있게 된 순간, 그 커다랗고 검은 태양을 보며 온몸에 고통이 느껴졌다. 차가운 광선이 흉골을 관통하는 것 같았다. 가슴이 심하게 두근거리기 시작했고 진정하기 위해 가슴에 손을 얹었다. 얼굴 위로 눈물이 흘렀다. 위를 올려다보고 있는 탓에 눈물이 귀로 미끄러지는 것이 느껴졌다. 나는 우주에 떠다니는 듯한 압도감과 현기증을 느꼈다. 처음으로 내가 정말로 하나의 행성에 존재한다는 느낌을 받았다. 개기일식은 2분 41초간 진행되었다. 내 주변에 있는 사람들은 모두 울고 있었고 숨을 헐떡였다. 개기일식의 광경은 보편적인 아름다움이었기에 어디서 왔는지, 어떤 문화권에 사는지 상관없이 모두 같은 반응을 보였다. 그때 그 공간에 있었던 사람들 대부분이 '스탕달 증후군Stendhal syndrome'을 겪은 것이라고 말할 수 있다. 스탕달 증후군은 극도로 아름다운 것을 감상할 때 나타나는 공황 발작과 같은 생리적 반응으로, 고통과 기쁨을 동시에 느끼게 되는 현상이다. 그 장면을 영상으로 볼 수도 있고, 일식 현상과 더불어 그로 인해 돋아나는 감정을 설명한 훌륭한 자료를 읽을 수도 있다. 하지만 일식이 일어나는 바로 그 장소에서 직접 두 눈으로 보지 않는 이상 그것이 의미하는 바를 진정으로 느낄 수 없다. 나는 하늘에 거대한 구멍이 생긴 것 같았던 검은 태양의 이미지를 기억 속에 새겨두었다. 캘리포니아 평원에서 보냈던 밤의 깊고도 아득한 어둠과 같았다. 어둠은 낯설면서도 매력적이다. 그래서 검은색, 빛이 전혀 없는 상태는 그 자체로 과학과 예술 두 분야에서 여전히 연구 대상이다.

선사시대에는 숯, 그을음soot 또는 이산화망간으로 구성된 연망가니즈석처럼 자연에서 쉽게 찾을 수 있는 검은색 안료가 사용되었다. 오늘날에는 검은색 안료의 종류가 아주 많다. 실제로는 검은색이 아닌 짙은 파란색 염료와 붉은색 래커를 섞은 안료부터 19세기에 처음으로 제조된 아닐린블랙Aniline Black과 같은 합성 안료까지 다양하다. 예술에서 가장 널리 사용되는 검은색은 인공 및 천연 탄소로 이루어진 안료다. 소나무, 석유 또는 가스의 연소로 인한 그을음에서 형성된 다양한 유형의 카본블랙carbon black이 있다. 카본 블랙 외에 예술가들 사이에서 가장 잘 알려진 안료로는 탈지된 뼈의 건류dry distillation(고체 유기물을 가열하여 분해하는 것 — 역주)를 통해 만드는 아이보리

블랙ivory black이 있다. 아이보리 블랙은 인산칼슘calcium phosphate 함량이 높아 청회색을 띤다는 특징이 있다. 르네상스 이후 회화에서는 검은색을 사용한 방식에 따라 혁명적인 변화가 일어났다. 카라바조, 렘브란트, 고야, 마네의 작품을 보면 알 수 있다. 인상주의가 등장한 시기에는 검은색이 더 이상 팔레트에 포함되지 않았다. 모네가 말했듯이 자연에는 검은색이 없기 때문이다. 아방가르드avant-garde 운동에서는 모양, 그리고 무엇보다도 색에 초점이 맞춰졌다. 검은색과 흰색은 색이 아니다. 빛과 심연이다. 카지미르 말레비치의 1915년 작 〈검은 사각형 Black Square〉은 우리가 오늘날에도 계속 탐구하고 있는 예술 양식인 모노크롬의 문을 열었다. 더 과거로 가 보면 또 다른 검은색 사각형 그림들이 있다. 17세기 독일에서 로버트 플러드 Robert Fludd가 1617년에 쓴 《Utriusque Cosmi, Maioris scilicet et Minoris, metaphysica, physica, atque technica Historia(거시 우주와 미시 우주라는 두 세계에 관한 형이상학적, 물리학적, 기술적 역사)》에서 선례를 찾을 수 있다. 이 책에도 검은색 사각형 그림이 있다. 저자는 사각형의 각 변에 'et sic in infinitum(무한을 향해)'라는 문구를 넣었다. 무無란 무엇인지 보여주는 그림 같다. 흥미롭게도 이 사각형은 말레비치의 사각형처럼 오른쪽이 약간 솟아있다. 로렌스 스턴Laurence Sterne의 소설 《신사 트리스트럼 샌디의 인생과 생각 이야기》의 첫 번째 장에도 우연인지 검은색으로 칠해진 페이지가 있다.

이러한 예술적 표현은 현대의 예술 흐름에 지대한 영향을 미쳤다. 특히 마크 로스코, 애드 라인하르트Ad Reinhardt, 막달레나 아바카노비츠Magdalena Abakanowicz, 밀튼 레스닉Milton Resnick, 리처드 세라Richard Serra, 호르헤 데 오테이사Jorge de Oteiza, 케이티 패터슨Katie Paterson, 로버트 라우션버그Robert Rauschenberg, 안토니오 사우라Antonio Saura, 클리포드 스틸Clyfford Still, 피에르 술라주Pierre Soulages, 앙헬라 데 라 크루스Ángela de la Cruz, 라이문트 기르케Raimund Girke 등 검은색에 몰두한 동시대 예술가들에게 영향을 미쳐 새로운 소재와 기법을 실험하게 되었다. 현대 예술가 제이슨 마틴Jason Martin(1970년 영국 저지~)의 검은색 단색화는 내가 본 것 중 가장 아름다웠다. 마치 검은색 물감을 주걱으로 듬뿍 퍼서 바른 듯한 방대한 그림이다. 작품 캡션에 따르면 그의 그림에는 단 하나의 안료, 스피넬spinel, $MgAl_2O_4$만 사용되었다. 스피넬은 알루미늄과 마그네슘의 산화물로 이루어진 광물이다. 스피넬을 활용하면 철, 아연 또는 크롬 등 불순물 정도에 따라 루비와 유사한 강렬한 붉은색, 파란색 또는 거의 검은색에 가까운 짙은 녹색까지 표현할 수 있다. 이와 같은 종류의 스피넬은 '세일라니타ceilanita' 또는 '플레오나스토pleonasto'라고 알려져 있다.

하지만 나에게 검은색을 생생하게 느끼게 한 예술가는 마크 로스코(1903년 라트비아 다우가프필스~1970년 미국 뉴욕)이다. 그의 작품에는 점차 어두워지는 변형이 일어났다. 그가 처음으로 그린 어두운 그림은 우연의 산물이었지만, 그 이후에는 의도적으로 어둡게 그렸다. 로스코의 어두운 그림은 수많은 이야기를 품고 있다. 이렇게 보이는 이유는 그가 예술가로서 대담한 안료와 기법을 선택한 결과이기도 하지만, 결국 그의 작품을 제대로 보관하지 못한 이유가 가장 크다. 로스코는 20세기의 중요한 예술가 중 하나였다. 로스코의 45년 예술 경력은 네 개의 기간으로 나눌 수 있다. 1924년부터 1940년까지는 리얼리즘 단계, 1940년부터 1946년까지는 초현실주의 단계, 1946년부터 1949년까지는 전환기, 마지막으로 1949년부터 1970년까지는 고전주의 단계다. 로스코는 고전주의 단계에서 일명 '멀티폼multiform'이라 불리는 양식을 통한 표현의 수단을 찾았다. 멀티폼은 사각형의 흐릿한 색면을 배열하여, 고전주의적인 작품을 탄생시키는 것이다. 마크 로스코는 자신을 추상 예술가라고 생각하지 않았지만 보통은 그를 추상 표현주의자라고들 한다. 1950년대를 전후로 뉴욕에서 결성된 추상 표현주의자 단체는 일명 '뉴욕파New York School'라고도 불렸다. 19세기까지는 유럽이 현대 미술의 발전을 주도해왔지만, 그 이후 북미 회화가 세계를 선도하게 되면서, 미국 예술가 집단이 하나의 운동으로서 국제적인 인정을 받은 것은 미술사상 처음 있는 일이었다. 하지만 추상 표현주의Abstract Expressionism는 하나의 양식으로, 정의되기 어렵다. 이 운동은 형식적 기준에 기반을 두지 않고, 비구상적 회화를 통한 표현 과정에 기반을 두기 때문이다. 화가 윌리엄 자이츠William Seitz는 이 운동을 매우 단순하고 설득력 있게 정의했다.

"그들은 완벽함보다 표현을, 완성보다 활력을, 부동성보다

마크 로스코, 〈검정 위의 선홍색〉
캔버스 위에 유화, 2,306×1,527×38mm, 1957년.

유동성을, 알려진 것보다 알려지지 않은 것을, 명백히 드러난 것보다 숨겨진 것을, 사회보다 개인을, 외적인 것보다 내적인 것을 중시했다."

이러한 예술적 의도는 추상 표현주의 운동 중에서도 아주 다른 특징을 지닌 회화 방식 두 가지에서 드러났다. 바로 액션 페인팅과 색면 회화다. 색면 회화의 가장 대표적인 작가는 모리스 루이스지만, 로스코도 자주 언급된다. 하지만 작가의 의도, 색상 사용, 실행 방법은 전혀 다르다. 색면 또는 컬러 필드는 문자 그대로 색의 면을 뜻한다. 로스코의 대표작을 보면 거대한 색면, 커다란 크기, 색 또는 유약의 중첩이라는 특징을 발견할 수 있다. 그러나 로스코는 색상과 형태의 관계에는 관심이 없고 인간의 가장 기본적인 감정을 표현하는 데 관심이 있었다. 그는 그림을 통해 신비롭고 종교적인 느낌을 직접적으로 전달하고 싶었던 것 같다.

"나의 그림 앞에서 눈물을 흘리는 사람들은 내가 그 그림들을 그릴 때 느꼈던 종교적인 느낌을 똑같이 경험하는 것이다. 그리고 만약 당신이 그림 속 색상 간의 관계에만 끌린다면 당신은 결정적인 것을 놓치게 될 것이다."

로스코의 작품을 이해하고 싶다면 그 앞에 서 있어야 한다. 아니, 그 안에 있어야 한다. 어떤 예술이든 진정으로 감상하려면 꼭 직접 보아야 하지만 로스코의 작품은 예상과는 매우 다른 경험이 될 수 있다. 나는 로스코의 작품을 여러 차례 감상할 수 있어 행운이었다. 그의 다양한 스타일의 작품을 다양한 전시 조건 속에서 즐겼다. 특별한 전시관과 집단 전시회에서 그의 그림들을 만날 수 있었다. 빌바오의 구겐하임, 로스앤젤레스의 MOCA, 런던의 테이트 모던 등등. 로스코 작품이 있는 전시실에 들어서는 순간, 말하지 않아도 작품의 존재감을 느끼게 된다. 거대한 포맷이 방 전체를 덮는다. 그의 작품은 보통 바닥 가까이에 배치되며, 높이는 약 3미터에 달해 벽화처럼 보인다. 벽화 같은 그의 그림은 가까이 다가가 감상해야 한다. 그러면 시야가 제한되면서 작품의 색상과 뉘앙스에 푹 빠질 수 있다. 로스코는 자신의 그림은 그가 그림을 그릴 때와 똑같이 45센티미터 떨어진 거리에서 감상해야 한다고 말했다. 그 거리에서는 그림 앞에 서 있는 것이 아니라, 그림 속에 서 있는 것이다. 모든 공간이 작품이 된다. 그 느낌은 마치 바다가 내려다보이는 절벽에서 지평선을 응시할 때의 감각과도 같다. 나와 땅끝만 존재하는, 더 이상의 길은 없는 절벽에 서서 오직 바다와 하늘 사이의 흐릿한 지평선만을 바라볼 뿐이다.

  나는 종종 로스코에 대해 "지평선을 그리는 작가"라고 한다. 사실 그가 그리는 것은 지평선도 풍경도 아니지만 지평선을 바라볼 때 느껴지는 신비로움을 그린다. 그의 말에 따르면 "시각 예술, 시, 음악의 목적은 결코 사물을 표현하는 것이 아니라 아름답고 감동적이며 극적인 것을 만드는 것이다. 이 둘은 결코 같은 것이 아니다." 로스코는 영혼은 육체와 분리될 수 없기에 육체의 취약성이나 예민함을 갖추지 않은 추상화는 있을 수 없다고 주장했다. 로스코의 작품 대부분은 특정 공간을 차지하도록 설계되었다. 다른 예술가들과 마찬가지로 로스코도 작품 캡션에 전시 방법을 설명했는데 특히 전시 공간에서 작품의 위치와 조명 활용 방식을 적어놓았다. 로스코의 작품은 보통 빛이 제한된 별도의 공간에 전시되기 때문에 마치 예배당 안에 있는 것 같은 느낌이 든다. 빛이 적은 공간에서는 침묵이 울려 퍼지고, 발걸음은 멈추고, 허용되는 소음은 숨소리뿐이다. 그의 작품은 고독 속에서 감상된다.

"생명의 숨을 쉴 수 있는 분위기가 풍기지 않는 그림은 나에게 흥미롭지 않다."

그림이 풍기는 그러한 분위기는 로스코가 정의하는 가장 이상적인 작품에서 뿜어져 나와 관객을 감싸는 것이다. 그러한 작품은 바로 복잡한 아이디어를 단순하게 표현한 작품이다. 그리고 조형 예술을 한마디로 정의하자면 거기에 있는 것, 인지 가능하고 익숙한 것, 그리고 다른 방식으로는 외부로 표현할 수 없는 것을 보여주는 목표가 있는 예술이라는 것이다. 로스코에 따르면 그의 예술적 의도는 뉴욕파의 다른 추상 표현주의자들과 달랐다. 그의 예술은 유럽 예술에 더욱 가까웠으며, 로스코는 성상파괴주의iconoclasm 예술가였다. 그는 영성 가득한 이미지를 창조했지만 그 속엔 우상이 없었다. 종교화처럼 집중과 묵상은 필요하지만 우상은 없는 그림. 이렇게 로스코는 육신의 신성함을 추구하는 성상 파괴적 신비주의라는 새로운 미적 기호학의 등장에 기여했다. 로스코는 자신의 작품을 설명하는 것을 싫어했다. 작품은 충분히 감상되어야 하며 작품과 관람객 사이의 그러한 소통을 통해 비로소 예술 작품이 탄생한다고 생각했다. "얼마나 많이 보았는지는 중요하지 않다. 많이 보았다고 작품을 설명할 수는 없다. 작품의 해석은 그림과 관람객 사이의 깊은 교감에서 탄생한다. 예술의 감상은 진정한 감각의 결합이다. 마치 결혼처럼, 미완성은 파기의 근거가 된다."

로스코의 가장 위대한 예술적 공헌 중 하나는 그가 그림을 그리는 방식이었다. 로스코는 붓의 흔적도 작업의 흔적도 남기지 않았다.

어떻게 그럴 수 있었을까?

로스코의 작품 대부분은 캔버스에 그린 유화다. 그러니까 로스코가 대체로 사용하는 물감이 주로 유화에 사용되는 물감이었음을 뜻한다. 예컨대 안료, 보통 아마인유가 쓰이는 오일 바인더, 용제로는 테레빈유를 사용하여 만든 물감이 있다. 그림을 그리기 전 우선 캔버스를 준비해야 한다. 그 준비를 애벌 처리라고 한다. 전통적으로 유화 캔버스를 애벌 처리할 때 캔버스를 프레임에 펼쳐놓고 토끼 아교를 바른다. 토끼 아교는 동물의 여러 부위, 특히 가죽, 뼈, 연골을 비롯한 기타 부위를 오랫동안 끓여서 만든다. 동물의 내장을 자르고 씻은 뒤 끓는 물에 넣고 나오는 거품을 제거한다. 식으면 젤라틴 반죽이 형성되는데 이 반죽이 잘 걸러지고 굳을 때까지 건조한다. 젤라틴 반죽의 성분은 피부의 탄력을 높여주는 단백질인 콜라겐이다. 토끼 아교는 단단하고 건조된 자잘한 플레이크 형태로 판매된다. 플레이크 상태의 토끼 아교를 24시간 동안 물에 담가둔다. 그게 충분히 부풀어 오르면 즉, 수화되면 녹을 때까지 섭씨 60도를 넘지 않는 물통에서 가열한다. 그렇게 얻은 액체는 젤라틴 같은 농도가 될 때까지 냉장고에 보관한다. 그런 다음 명반을 추가하여 습기에 더 잘 견딜 수 있게 한다. 토끼 아교는 흡습성 물질이라는 단점이 있어 물을 많이 흡수하기 때문에 습도가 갑자기 변하면 팽창하고 수축하면서 시간이 지남에 따라 물감이 갈라진다. 대개 방부제로 펜타클로로페놀 나트륨Pentachlorophenol Sodium과 같은 살균제를 첨가한다. 캔버스에 따뜻한 아교를 두 겹 바르는데 한 겹이 마르기를 기다린 후 다음 겹을 바른다. 이렇게 하면 캔버스가 완벽하게 팽팽해지고, 물감이 흡수되지 않고 접착되며, 유화 물감이 부패하지 않는다. 티타늄 화이트, 황산칼슘 또는 스페니쉬 화이트를 아교 한두 부분과 섞어 서너 겹 바르면서 애벌칠을 하면 캔버스의 짜임새가 잘 드러난다. 이렇게 겹겹이 칠하면 캔버스의 안정성과 색상의 광도가 보장된다. 로스코는 르네상스 시대부터 사용되어 온 캔버스 애벌 처리라는 전통적인 그림 그리는 과정을 바꾸었다. 로스코는 희석한 안료와 따뜻한 토끼 아교를 겹겹이 중첩하는 방식을 고안해냈다. 이를 통해 그는 붓질의 흔적을 지울 수 있었다. 안료는 반투명한 아교 위에 매달려있다. 그리고 건조하는 동안 화학적 반응으로 인해 콜라겐의 구조가 상당 부분 원상 복구된다. 로스코는 아교 칠을 한 캔버스 위에 테레빈유에 희석한 물감을 덧칠하기도 했다. 테레빈유로 물감을 희석하면 안료의 입자가 표면에 거의 달라붙지 않는다. 로스코는 아주 빠르고 부드러운 붓질로 물감의 층을 쌓았다. 이렇게 해서 그는 경계를 완전히 흐리게 만들었다. 로스코가 말했듯 그는 그림을 그리는 대신 캔버스에 색을 내뿜는 데 전념했다.

 1960년대 초 로스코에게 그의 작품으로 공간을 장식할 기회가 찾아왔다. 그는 하버드대학교의 홀리요크 센터 꼭대기에 있는 식당을 장식할 벽화 시리즈를 그리게 되었다. 로스코는 삼부작 하나와 두 개의 큰 벽화를 그렸다. 그림의 배경은 전부 짙은 붉은색이었다. 그리고 붉은색의 밝기와 색조는 색의 층을 쌓아 다르게 했다. 벽화가 완성된 후, 하버드대학교 총장 네이선 퓨지Nathan Pusey는 현대 미술에 대한 지식이 거의 없었음에도 로스코의 작업실을 방문하여 작품을 보고는 승인했다. 그의 첫인상은 로스코의 작품이 매우 슬프다는 것이었다. 로스코는 삼부작의 우울한 느낌은 성금요일에 그리스도가 받은 고통을 전달하기 위한 것이며, 더 크고 밝은 그림 두 점은 부활절과 부활을 뜻한다고 설명했다. 퓨지는 그 설명에 감명받았고, 로스코가 자신만의 철학과 중요한 메시지를 전달하는 예술가라는 것을 알게 되었다. 그는 케임브리지로 돌아와 이사회에 그림을 수락하자고 제안했고, 1963년 로스코의 감독하에 그의 그림이 설치되었다. 얼마 지나지 않아 식당이 수리되던 중에는 로스코의 벽화가 2개월 동안 뉴욕의 구겐하임 미술관으로 옮겨졌다. 식당의 수리가 완료된 후 로스코는 다시 하버드로 돌아와 작품 설치를 감독했다. 그런데 로스코는 가구의 배치, 특히 조명이 도무지 마음에 들지 않았다. 관계자들은 커튼을 설치해 문제를 해결하려 했지만 로스코가 좋아할 리 없었다. 몇 년이 지나면서 로스코 작품 속 강렬한 붉은색은 극히 희미해지고 푸른 색조로 바뀌었다. 그리고 1979년 햇빛에 노출되고 여기저기 긁혀 심하게 손상된 작품은 어두운 방에 보관되었다. 로스코는 이 작품에서 리톨 레드Lithol red와 울트라마린, 이렇게 두 가지 안료만 사용했다. 리톨 레드는 20세기에 흔히 사용된 합성 유기 안료다. 아조azo 염료는 일반적으로 빛에 민감하지 않은 것으로 알려져 있었기 때문에, 로스코의 작품에서 발생한 이 색 변화는 과학적으로도 설명하기 어려운 미스터리가 되었다. 2010년 핵자기 공명NMR, nuclear magnetic resonance, X선 회절X-ray diffraction, XRD, 퓨리에 변환 적외선 분광법 FTIR, Fourier-transform infrared spectroscopy, 라만 분광법Raman spectroscopy, 질량 분석법mass spectrometry과 같은 분광 기술을 통해 리톨 레드 내 모든 염의 결정 구조가 밝혀졌다. 또한 리톨 레드가 방사선 아래에서 어떻게 반응하는지 연구하기 위해 다양한 실험이 수행되었다. 첫 번째 실험은 순수한 리톨 레드 안료를 텅스텐 할로겐램프, 수은 램프, 크세논램프의 빛에 노출시키고 적외선 필터와 자외선 필터를 사용해 각각의 빛과 로스코의 작품이 홀리요크 센터에 설치된 기간 동안 노출되었던 빛을 비교한 것이었다. 실험 결과, 순수한 리톨 레드 안료는 방사선에 쉽게 영향을 받지 않는다는 사실이 밝혀졌다. 이러한 이유로

로스코의 작품에서 바인더와 울트라마린 안료 두 가지가 리톨 레드 안료의 안정성에 영향을 미쳤을 가능성을 염두에 둔 실험이 진행되었다. 실험을 위해 로스코의 방식대로 물감을 준비했다. 따뜻한 토끼 아교와 순수 안료를 조심스럽게 섞었다. 그렇게 만든 물감을 로스코와 같은 방식으로 캔버스에 펼쳐 발랐다. 그림이 마르면 순수한 안료와 동일한 조건의 방사선에 노출시켜 사진으로 색상 변화를 기록하고 그림을 현미경으로 관찰했다. 실제로 색상이 약간 변한 부분도 있었다. 울트라마린 안료만 섞은 리톨 레드로 동일한 실험이 진행되었다. 울트라마린이 광분해의 원인이라는 추측은 오랫동안 제기되었지만, 결과적으로 그 가설은 사실이 아닌 것으로 판명되었다. 그런데 손상된 어떤 물감의 일부를 적외선 분광법을 사용하여 연구한 결과, 없던 화합물이 생겨난 것이 발견되었다. 바로 황산 나트륨sodium sulfate, Na_2SO_4이었다. 이 발견으로 리톨 레드의 설폰산기sulfonate group가 광분해되어 안료의 색상이 변했을 가능성이 제기되었다. 이후 로스코의 원작에서 손상된 물감의 샘플을 라만 분광법을 사용하여 분석했지만 황산 나트륨이 검출되지 않았다. 따라서 이 가설은 여전히 미결 상태다. 아직까지 리톨 레드가 어떻게 푸른색으로 변할 정도로 빛의 영향을 받은 것인지 정확히 설명할 방법이 없다. 모든 증거가 토끼 아교가 어떤 식으로든 작용한 결과이거나 토끼 아교의 수화 때문일 수도 있음을 가리킨다. 어쨌든, 우리는 여전히 리톨 레드의 색이 어두워진 현상에 어떤 화학적 배경이 있었는지 모른다.

로스코는 자신의 작품에 붓 자국이 전혀 남지 않도록 색이 자연스럽게 캔버스 위로 퍼지게 하는 기법을 개발했다. 하지만 이 기법은 결국 색상의 불완전성에 일조했기 때문에, 기법 자체가 실패로 간주되기도 한다. 하지만 실제로는 전시의 실패였다. 로스코는 자신의 작품을 어두운 방에 전시해 줄 것을 자주 요청했으며, 만약 그 요구가 지켜졌다면 작품이 손상되지 않았을 것이다. 그 작품은 그의 첫 어둡고도 위대한 작품이었다. 그 뒤로 수많은 어두운 작품들이 탄생했다. 로스코의 그림들이 시간이 지나면서 어두워졌다는 것은 운명의 장난 같다. 로스코가 자신의 팔레트를 어둡게 물들이고 전시회에서 조명을 점점 더 어둡게 하기로 결정한 시기가 언제였는지 알 수 있다. 이는 1968년 로스코 채플에 14점의 검은 그림이 전시되면서, 그 흐름은 정점에 이르렀다. 로스코 채플은 종교가 있든 없든 모든 사람에게 열려있는 성지다.

지금도 새로운 검은색 안료와 물감이 개발되고 있으며, 과학자와 예술가가 긴밀히 협력하여 작업하고 있다. 완벽한 검은색. 빛을 100% 흡수하는 이 검은색은 예술과 과학 모두에게 매혹적인 대상이다. 아직은 찾지 못했지만, 거의 다 왔다. 현존하는 가장 짙은 검은색은 기술 회사 서리나노시스템즈Surrey NanoSystems에서 개발한 반타블랙VANTA black이다. 이 물질은 원래 정찰기의 동체 코팅이나 천체 관측 장비 등 기술적, 군사적 용도로 개발되었다. 반타블랙은 가시광선의 99.9%를 흡수하며, 심지어 우리 눈에 보이지 않는 스펙트럼의 일부도 흡수한다. 반타블랙이라는 이름은 'Vertically Aligned Nano Tube Arrays', 즉 수직으로 정렬된 나노튜브 집합체의 약자다. 반타블랙을 화학적으로 살펴보면 탄소나노튜브의 숲으로 이루어져 있다. 탄소나노튜브는 탄소의 동소체로, 흑연이나 다이아몬드처럼 탄소 원자만 구성된 구조다. 나노튜브는 관 모양이다. 이는 마치 원자 두께의 흑연 한 장을 분리해 관에 말아 놓은 듯한 모습이다. 반타블랙을 구성하는 나노튜브 각각의 두께는 인간의 머리카락보다 1만 배나 얇다. 나노튜브의 숲을 만들기 위해 나노튜브를 알루미늄 호일 위에 아주 단단히 엮는다. 그래서 광자는 그 숲속으로 들어올 수는 있지만 탈출할 방법은 없다. 빛은 반사되지 않고 숲속에 갇혀 길을 잃고 만다. 그래서 진한 검은색이 탄생한다. 반타블랙을 본 사람들은 너무 어두운 나머지 마치 구멍 난 것처럼, 그러니까 아무것도 없는 것처럼 보인다고 묘사한다. 초점을 맞출 수도 아무런 질감을 느낄 수도 없기 때문이다.

현대 예술가 애니시 커푸어Anish Kapoor(1954년 인도 뭄바이~)는 이렇게 말했다.

"마치 물감 같지만 너무 검은 탓에 거의 보이지 않는다. 비현실적이라는 특징이 있다."

애니시 커푸어는 2014년부터 반타블랙의 조형 가능성을 실험해 왔지만, 최근에서야 커푸어 스튜디오Kapoor Studios가 반타블랙의 예술적 용도에 대한 특허를 취득했다. 기술 또는 디자인과 같은 다른 용도는 서리나노시스템즈가 단독 권한을 갖는다. 반타블랙은 색도 물감도 아니다. 반타블랙은 새로운 물질이다. 따라서 예술에 반타블랙을 적용하는 것은 여전히 실험 단계다. 반타블랙의 이야기는 역사상 가장 유명한 물감인 클라인 블루와 유사하다. 다만 한 가지 차이점이 있다. 클라인 블루는 예술가 이브 클라인이 실험실에 의뢰하여 탄생한 색상인 반면, 반타블랙은 애초에 실용적 목적으로 실험실에서 개발된 소재였다. 그런데 이 소재가 의도치 않게 예술계에서 가장 뜨거운 관심을 불러일으키며, 아직도 해결되지 않은 예술적 과제에 대한 새로운 해답을 제시하게 되었다.

바로 '완벽한 검은색'이라는 주제다.

마누와 내가 캘리포니아 고속도로에서 길을 잃고 끝없는 어둠에 휩싸였을 때, 우린 별을 보기로 했다. 마누에게 그 어둠은 천체 관측을 할 수 있는 절호의 기회였지만, 나에게 별을 보는 것은 위로받는 일이었다. 검은색을 다룰 수 있는 사람은 아무도 없다. 우리는 차를 돌려, 첫 번째 우회로로 향했다. 우리는 빛줄기를 찾아 수 킬로미터를 달렸고, 오른쪽에서 지평선이 밝은 안갯속으로 사라지기 시작했다. 우리는 문명의 빛에 의해서만 인도되는, 우리를 그곳으로 데려다주는 듯한 그 길로 핸들을 꺾었다.

16

바다에 맞서는 피난처

일요일 아침이면, 크리스티안이 침대로 와 나를 깨우곤 했다. 집 안이 아직 고요했던 그 시간, 우리는 책장에 꽂힌 이야기들을 꺼내 읽으며 시간을 보냈다. 가끔은 그림을 보면서 더 재밌는 이야기를 만들기도 했다. 예를 들면, 긴 머리카락 대신 머리에서 소시지가 솟아 나오는 라푼젤 같은 이야기.

우리의 피난처는 바로 그 침대였다. 우리는 이불을 바닥에 던지고, 시트만 남겨 두었다. 그리고 그 시트 속으로 몸을 완전히 숨겼다. 내가 등을 대고 누워 다리를 들어 올리면, 다리는 지지대 역할을 했고 그 모습은 크리스티안에게는 텐트처럼 보였다. 창문으로 들어오는 아침 햇살은 시트를 통과해 스며들었다. 시트의 색에 따라 그 아래의 빛은 때로는 분홍빛, 때로는 푸른빛이었다. 시트 아래로 스며드는 부드러운 빛은 마음을 편안하게 했다. 낮 동안 얼굴 위에 시트를 덮어 놓으면,

그 아래로 닿는 빛이 마음을 진정시킨다. 어린 시절 나는 시트 사이로 느끼는 빛이 열이 날 때의 낯선 느낌을 덜어준다는 것을 본능적으로 알고 있었다. 시트는 고통의 피난처였다. 꽃무늬의 빛 아래에서는, 그 어떤 것도 나쁠 것이 없었다. 크리스티안은 방문을 감시하기 위해, 시트를 옆으로 말아 올렸다. 그렇게 하면 우리 굴속에서 부모님이 복도로 걸어 들어오셨는지 아닌지 볼 수 있었다.

그곳은 우리에게 꼭 필요한 피난처였다.

크리스티안 가르시아 베요Cristian García Bello(1986년 스페인 라코루냐~)는 2015년 〈타버린 숯처럼Como tizón Quemado〉이라는 제목의 설치물도 만들었다. 그 작품도 피난처다. 피난처란 우리 자신을 보호하면서 바깥세상을 관찰할 수 있도록 인간의 크기 정도로 만들어진 기초적인 구조물이다. 피난처는 이동하는 유목민 같은 공간이기 때문에 결코 집이 될 수는 없다. 피난처는 삶을 위한 공간이기보다는 위험과 죽음에 대항하는 난간이다. 하지만 그러한 특성으로 인해 조각과 건축물의 중간쯤에 속하는 것으로 여겨진다. 크리스티안의 작품은 피난처의 인체 측정적 조건, 그러니까 사람의 키에 주목한다. 바닥에 겹쳐 쌓인 나무 판자들은 사람의 키만 한 크기다. 각 재료는 무언가를 의미한다. 재료는 시적 요소를 지닌다. 모두 갈리시아 영토를 의미한다. 우리의 땅을 뜻하는 것이다. 우리의 땅에서 흔히 볼 수 있는 재료인 소나무는 녹청으로 덮여 있고, 소나무가 타고 남은 숯가루로 보호되어 있다. 마치 재료가 산 것과 죽은 것

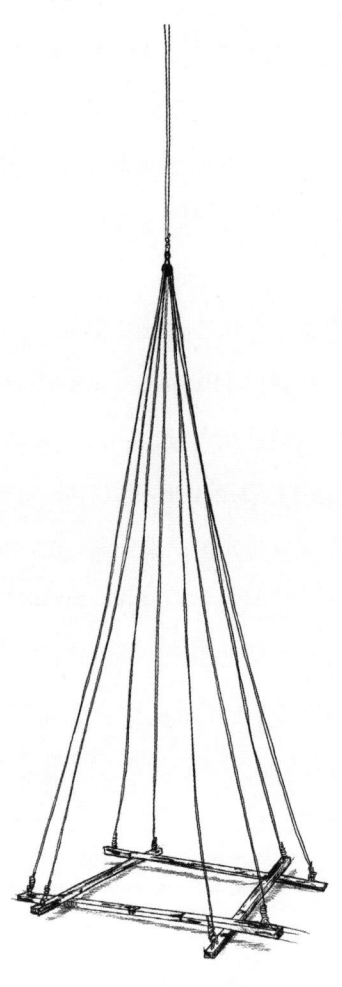

크리스티안 가르시아 베요, 〈타버린 숯처럼〉
소나무, 로프, 쇠붙이 위에 숯, 180×180cm×높이 변동, 2015년.

사이를 움직이는 것처럼 보인다. 장작은 반쯤 타버린 나무 막대기다. 이 작품에 사용된 나무 막대기는 실제로 탄 숯이 아니라, 숯처럼 보이도록 만든 것이다. 사실은 검게 그을린 소나무 막대기 네 개다. 소나무는 죽음을 상징한다. 소나무 관을 두고 가장 보잘것없는 관이라고 한다. 거기서 죽음을 뜻하는 몇 가지 속어가 생겨났다. 소나무는 수가 많고 비교적 빠르게 자라는 나무다. 그래서 갈수록 나이테가 분리되기 때문에 목질이 부드러워진다. 목재의 경도는 외부 물질이 목재에 침투하는 것에 대한 저항성으로 측정한다. 경도를 측정하는 세 가지 고전적인 방법이 있다. 브리넬 시험, 얀카 시험, 모닌 시험이다. 그중 모닌 시험이 가장 널리 사용된다. 모닌 시험은 목재 표본 위에 직경 30밀리미터의 강철 원통을 놓고 수직 방향으로 100킬로폰드*의 하중을 가하는 방식이다. 목재에 원통의 자국, 보통은 얼마나 깊게 자국이 났느냐로 목재의 경도가 정해진다. 경도는 관통력과 역수이며 단위는 밀리미터다. 소나무 목재는 양도 많고 부드러워 실용적인 데다 경제적이며 다루기도 쉽다. 그래서 소나무는 죽음뿐만 아니라 겸손을 상징하기도 한다. 작품은 바닥에서 수직으로 솟아오르며, 중력과 구성의 긴장감을 시야의 소실점으로 모아낸다. 바다를 의미하는 로프는 흔들리는 피라미드 모양을 만든다. 속이 비어있어 피

---

*   980.6N 또는 100킬로그램의 무게와 동일하다.

라미드 구조를 눈으로 볼 수 있다. 그래서 이 작품을 볼 때, 우리는 그 안에 들어가 있는 자신의 모습을 상상하게 된다. 우리가 어떻게 땅을 인식하고, 그 안에 살고, 바꿔 가는지 궁금해하게 만든다. 〈타버린 숯처럼〉이라는 제목은 시편 102편 3절 "내 날이 연기같이 소멸하며 내 뼈가 숯같이 탔음이니이다"에서 따온 것이다. 인간이란 존재는 필연적으로 죽음이라는 궁극적인 결론에 복종하는 것을 뜻한다. 죽음은 우리를 평생 긴장 상태에 놓이게 하는 종말이다. 여기에 바로 풍경 속의 개인과 그의 존재라는 크리스티안 작품의 핵심이 있다.

작품 속 모든 요소 사이에 경계선이 그어진다.

먼저 인간과 자연 사이의 경계선이다. 경계선은 인간이란 유전과 자신이 속한 환경에 의해 결정되는 존재이며 자유의지가 없는 자연의 일부라고 정의하는 자연주의부터, 인간은 빈 책과 같고 자연을 변형하는 힘을 지닌 자율적이며 자유로운 개인이라고 말하는 자연주의의 반대편에 있는 낭만주의 사이를 오간다. 또 인간과 신 사이의 경계선, 산 자와 죽은 자 사이의 경계선이 있다. 자연과 인공 사이의 경계선, 주어진 것과 창조된 것 사이의 점점 더 모호해지는 경계선이 있다. 그리고 자연적 진화와 자연의 인간화 사이의 경계선이 있다. 인간의 기술이 자연에 개입한 것은 인간의 역사와 함께 시작한다. 과학이 비교적 최근에 탄생한 것처럼 기술도 인류와 궤를 같이한다. 인간의 생물학적 진화는 기술 없이는 설명될 수 없다. 신석기시대에는 농업의 발전, 목축 및 선택적 번식, 최초의 도시 건설 등 인간의 개입이 더욱 일반화되고, 눈에 띄게 되었다. 그 이후로 인간이 자연에 개입하는 행위는 더 심해졌다. 인간의 도시가 광활한 자연의 품에 안긴다는 표현은 사라지고 그 반대가 되었다. 오늘날 우리가 살고 있는 땅에는 있는 그대로의 자연이 거의 사라졌기 때문에, 자연은 이제 관리되고 보호의 대상이 되었다. 그리고 기술은 과학을 발판 삼아 자연을 더 인공적인 것으로 바꿔놓았다. 자연과 인공, 이전에 자연이 준 것과 나중에 인간이 변형한 것 사이의 경계는 예술가 에두아르도 치이다 후안테기Eduardo Chillida Juantegui(1924~2002년 스페인 산세바스티안)가 그의 조각품 〈수평선에 대한 찬사Elogio del horizonte〉에서 찬양한다. 작품의 위치, 형태, 크기, 소재. 이 모든 것이 '수평선'이라는 개념을 암시한다. 치이다는 수평선을 찬양하는 자신의 생각에 맞는 공간을 찾아 유럽 해안을 따라 여행했다. 하지만 그가 마음에 드는 장소 대부분이 전략적 이유로 이미 해군에게 점유되어 있음을 알게 되었다. 히혼Gijón에 있는 산타카탈리나의 경관을 재정비하던 건축가 파코 폴Paco Pol은 치이다의 프로젝트에 관심을 두게 되었다. 마침 치이다는 그 공간이 작품에 대한 자신의 철학과 맞는다고 생각해 작업을 시작하게 되었다. 〈수평선에 대한 찬사〉는 1990년, 마침내 산타카탈리나 언덕에 세워졌다. 이 작품에 쓰인 재료는 콘크리트였다. 콘크리트는 여전히 예술계에서는 특이한 재료로 여겨진다. 치이다가 콘크리트를 사용한 것은 1972년 작 〈무너진 인어La sirena Varada〉에서부터였다. 그 작품에서 치이다는 처음으로 콘크리트 전문 엔지니어 호세 안토니오 페르난데스 오르도녜스José Antonio Fernández Ordóñez와 함께 작업했다.

콘크리트와 시멘트cement는 다르다.

콘크리트는 시멘트, 골재, 물이 혼합된 물질이다. 만약 콘크리트 내부에 금속 뼈대가 들어가게 되면 철근 콘크리트가 된다.

시멘트는 콘크리트의 결합제이자 접착제다. 골재는 입자의 두께에 따라 모래와 자갈로 나뉘고 충전재 역할을 한다. 시멘트와 물이 합쳐져 형성되는 페이스트 덕분에 콘크리트의 응결과 경화가 가능해지며, 골재는 응결을 조절하는 화학반응과는 관련이 없는 불활성 물질이다. 시멘트는 물과 접촉하면 수화라는 일련의 화학반응이 진행되면서, 접착이 가능하며 가소성이 있는 페이스트로 변환되고 이 페이스트는 몇 시간 뒤에 굳어져 석재가 만들어진다. 일반적으로 가장 많이 쓰이는 시멘트인 포틀랜드 시멘트의 기본 원료는 점토와 석회암이다. 석회암은 주로 탄산칼슘으로 이루어져 있으며, 섭씨 900도 이상에서 가열하면 탄산이 분해되어 이산화탄소와 석회가 생성된다. 점토에서는 실리카silica, SiO_2, 알루미나alumina, Al_2O_3, 산화철을 얻을 수 있다. 시멘트 가마에 이 화합물들이 들어가면 복잡한 화학반응이 일어나 최종적으로 규산염silicate, 알루미네이트aluminate, 칼슘페로알루미네이트calcium ferroaluminates의 혼합물이 형성된다. 규산염은 시멘트의 장기적인 강도와 경화 후의 화학적 불활성을 결정짓는다. 알루미네이트는 응결 및 단기 강

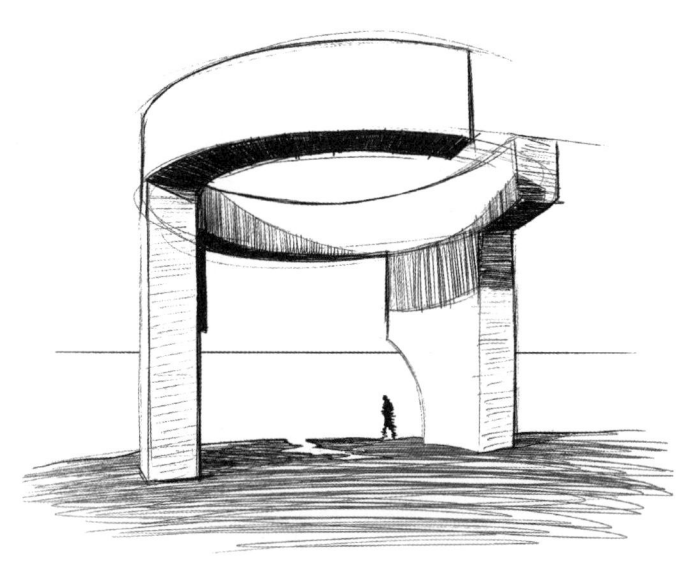

에두아르도 치이다, 〈수평선에 대한 찬사〉
철근 콘크리트, 1990년.

도를 결정하는 화합물이다. 칼슘페로알루미네이트는 시멘트 제조 과정에서 매우 접착성이 강한 유체를 형성하여 원료가 쉽게 용해되고 반응하게 된다.

〈수평선에 대한 찬사〉를 세우기 위해 치이다는 다시 한번 페르난데스 오르도녜스의 도움을 받았다. 치이다는 세련된 콘크리트를 원치 않았다. 돌과 흙으로 만들어진 노출 콘크리트의 원시적인 외관과 흙빛 색상을 원했다. 그는 조각품이 땅에서 유리되지 않도록 의도했다. 조각품이 탄생한 땅을 연상시키기를 바랐다. 페르난데스 오르도녜스는 치이다가 상상을 현실로 만들 수 있도록 구조 계산을 담당했다. 그는 콘크리트의 최종 투여량, 그러니까 각 성분의 비율을 정했다. 두 사람이 사용한 콘크리트는 붉은 자갈, 붉은 모래, 주조 칩, 물, 알루미나 시멘트를 다양한 비율로 섞어 만든 알루미늄 콘크리트다. 포틀랜드 시멘트와 달리 알루미늄 시멘트는 석회암과 보크사이트로 만들어지며 주로 알루미네이트로 구성되어 있어 며칠도 아닌 단 몇 시간 만에 응고된다. 1970년대에 건설 분야에서 사용이 대중화되었지만 시간이 지나면서 알루미네이트의 결정 구조가 육각형에서 입방형으로 변형되면서 기공이 생기고, 콘크리트 붕괴가 촉진되어 재료가 열화된다는 사실이 밝혀졌다. 이런 현상을 알루미노시스aluminosis라고 칭했다. 이는 알루미늄을 함유한 콘크리트의 문제라는 뜻이다. 엔지니어인 페르난도 오르도녜스는 조각품이 알루미노시스를 겪고 콘크리트가 지닌 흙 본연의 성격이 부각되기를 바라면서 의도적으로 알루미뉴 콘크리트를 선택했다. 이 알루미늄 콘크리트의 가장 큰 특징은 골재로서 주조 칩이 대량으로 사용되었다는 점이다. 칩이 포함되면서 외관이 녹슨 것처럼 보였고, 시간이 지나면서 콘크리트의 기공을 통해 흘러나오는 산화철로 변해 콘크리트가 주황색이 되었다. 주조 칩 덕분에 이 조각품은 치이다가 의도했던 고대의 견고함을 얻게 되었다.

이 콘크리트의 또 다른 주목할 만한 특징은 물의 비율이 높다는 것이다. 수분 함유량이 많으면 다공성이 높아지고, 결과적으로 주조 칩의 조기 산화를 유발한다. 또한 모래보다 굵은 자갈이 더 많이 함유되어 있는데 이 또한 콘크리트의 다공성을 높이며 산화를 일으키는 요인이 된다. 이와 같은 비율로 콘크리트를 만들면 표면에 기공이 생겨 산성도가 높아지면서 철의 산화를 막을 수 없게 된다. 또 조각품의 위치가 바다 바로 앞이기 때문에 콘크리트의 균열에 물과 질산나트륨이 축적되어 산화가 촉진되고 내구성이 떨어지게 된다. 이런 콘크리트는 예술에서만 수용될 수 있다. 공학 분야에서는 상상도 할 수 없는 일이다. 게다가 알루미노시스 현상이 발견된 이후, 현행 토목 규정에 따르면 알루미늄 콘크리트의 사용은 더 이상 허용되지 않는다. 하지만 이 경우에는 예술 작품이기 때문에 허용된다. 치이다는 조각품의 최종 형태를 완성하기 전에 강철과 목재로 여러 가지 모델을 만들었다는 기록이 있다. 처음엔 디자인이 복잡했지만 결국 형태의 단순함과 경제성을 선택하게 되었다. 완성된 조각품을 정면에서 보면 커다란 문의 형태이고 위에서 보면 타원형이다. 문의 높이는 10미터, 타원형의 지름은 12~15미터에 이른다. 작품 전체의 두께는 1.4미터로 일정하다. 세 개의 지지대는 높이가 8미터, 길이는 2미터에 이른다. 정말 하나의 집 같은 거대한 조각품이다.

치이다가 만든 나무 모형은 설계도를 그리는 데 유용했다. 그 설계도를 바탕으로 작업실에서 최종 치수를 기준 삼아 발포 폴리스티렌 모형을 제작했다. 모형을 따라 거푸집을 만들면서 조각품의 최종 형태가 결정되었다. 거푸집은 후에 페이스트로 채워질 콘크리트의 틀이다. 이중 곡률이 있는 작품이었기 때문에 설계가 어려웠다. 거푸집으로는 강도와 특성을 고려해 소나무를 선택했는데 한편으로는 작품의 곡률을 충족해야 했고, 다른 한편으로는 굳지 않은 콘크리트의 높은 습도와 산타카탈리나 언덕의 환경적 습도로 인한 뒤틀림을 최소화해야 했기 때문이다. 거푸집이 모두 완성된 뒤에는 틀마다 빨간색과 파란색으로 표시하여 편하게 조립할 수 있도록 했다. 이 작품은 철근 콘크리트로 만들어졌기 때문에 500톤 무게의 조각품을 서 있게 하려면 복잡한 금속 골격도 설계해야 했다. 거푸집과 철근을 제자리에 놓은 후 콘크리트를 부었다. 일주일간 기다린 뒤 거푸집을 제거하고 나무틀을 제거한 다음, 조각품 표면을 묽은 산으로 세척해 콘크리트 표면에 있는 그라우트grout(건축물이나 석축의 틈에 압력으로 주입하는 시멘트 페이스트 등의 재료 — 역주)를 벗겨내고 본래 색상을 회복하도록 했다. 콘크리트가 경화된 후에는 증발로 인해 수분이 손실되고, 내부에 작은 공극이 생겨 강도가 약해질 수 있다. 이는 콘크리트 양생으로 방지할 수 있다. 양생은 콘크리트 표면에 물을 충분히 추가하여 화학적 수화 반응이 새로 발생하도록 하는 것이다. 플라스틱 시트를 덮어 표면을 보호하는 방법부터 표면에 물을 직접 뿌리는 방법까지 양생에는 여러 방식이 있다. 치이다는 작업 과정에 빠짐없이 참여하여 모든 세부 사항을 검토하고 변경하고 결정했다.

치이다는 특히 거푸집 작업을 좋아했다.

"거푸집을 만든 뒤 콘크리트를 부을 내부 공간을 보면 확장되는 느낌을 받는다. 내부에서 외부로 이동하는 압력은 환상적이다. 석재로 작업할 때도 과정은 같지만 진행되는 시간이 다르다. 그것들은 그 안에 압력이 있었다는 기억을 간직하는 확장하는 재료다."

재료 선택 덕분에 수평선을 바라보며 드는 마음이 더욱 강화된다. 그 마음은 곧 '찬사'다. 따라서 작품의 재료는 인간이 만든 창조물이자, 그 대상에 대한 경의를 표현할 수 있는 명확한 인공물이 되어야 한다. 치이다는 인공물이라는 점을 더욱 강조하기 위해 누구나 다 아는 인공적인 재료를 선택했고, 원래 쓰이던 것과 전혀 다른 방식을 보여주었다. 콘크리트는 실용성을 목적으로 고안된 거칠고 견고한 재료이며, 예술 작품이 지닌 목적성과는 상반된다. 예술 작품은 도구가 아니기에, 유용하지 않다. 콘크리트는 견고한 재료이자 건설 분야에서 힘을 견디며 지지하는 역할을 하는, 결론적으로 유용한 재료다.

콘크리트는 인공 돌이다. 중간 과정 없이 바로 돌이 된 재료다. 콘크리트는 인간이 지구 곳곳의 다양한 땅에서 재료를 추출해, 분쇄하고 원하는 방식으로 혼합한 뒤 가열하고 내부 수분을 제거하여 만든 것이다. 제거한 물은 나중에 다시 혼합물에 첨가하게 되는데, 이로써 혼합물의 모든 구성 요소는 새롭고 안정된 형태로 압축되며, 자연의 법칙을 따르게 된다. 그래서 콘크리트는 돌이지만 인공적이라는 형용사가 붙는다. 돌은 맞지만, 사람이 깨고 재구성한 돌이다. 오랜 시간 자연 속에서 창조되는 과정을 거치지 않았으며, 오랜 열역학적 변동도 견뎌내지 않고, 가루에서 돌이 되기까지 단 며칠밖에 걸리지 않는다. 하이데거는 예술 작품이 그것이 만들어진 땅을 표현함으로써 작품 자체의 세계를 연다고 했다. 거석이나 사원은 공간의 일부가 되어 하나의 장소로 기능하며, 땅과 구분되는 또 다른 하나의 땅이 되고, 성스러움을 찬양하고 신성함에 대한 찬사를 보내는 역할을 한다. 이와 비슷하게 〈수평선에 대한 찬사〉도 공간을 장소로 바꾸었다. 땅과 구분되는 또 다른 하나의 땅을 만든 것이다.

  치이다의 작품은 종종 그 작품을 둘러싼 공기 같다는 평가를 받는다. 치이다의 작품은 공간을 감싸면서도 공간에 속해 있다. 그 공간은 작품의 세계이며, 대상이 된 공간 그 자체보다 더 큰 세계이다. 따라서 〈수평선에 대한 찬사〉는 수평선을 감상하는 인간이 있는 내부에서 창조된 세계와 수평선이 존재하는 외부 사이의 경계를 강조한다.

콘크리트라는 재료는 인공과 자연의 경계라는 특성이 있다. 인간과 자연 사이의 경계이면서 그 둘을 연결하는 고리가 된다. 콘크리트는 흙 위에 지어지고 흙으로 만들어지며, 흙처럼 산화되고, 흙처럼 늙어간다. 거푸집은 발자국처럼, 콘크리트의 표면에 흔적을 남긴다. 시간이 지나면 콘크리트는 점점 순백의 색을 잃고, 주름이 생기며, 자신이 왔던 흙처럼 황토색으로 돌아가 흩어진다. 콘크리트는 투박하고, 거칠고, 돌투성이이며, 주황색을 띠는 규칙이랄 것이 없는 물질이다. 콘크리트는 인간의 흔적을 품으면서 동시에 자연으로 돌아가고자 하는 물질이다. 〈수평선에 대한 찬사〉의 크기 또한 작품이 갖는 의미를 뒷받침한다. 이 작품은 높이가 10미터에 달할 정도로 거대하다. 인간이 자신의 한계를 느낄 만한 크기다. 아주 광대하지만 가늠할 수 없는 것은 아니다. 작품의 아래에서는 콘크리트의 무게가 느껴지고, 콘크리트 벽이 돌풍으로부터 보호해주는 듯한 느낌이 든다. 그곳에는 세상으로 통하는 열린 창문이 있고, 안으로 들어오라고 초대하는 열린 문도 있다. 그것은 피난처다. 피난처만 한 크기에, 인간이 만든 재료로 지어졌다. 육지와 바다의 경계를 바라보며 서 있는 이 작품은 마치 감상을 위한 창문처럼 생겼다. 액자 같은 모습이다. 위를 바라보면, 타원형이고 지붕은 하늘이다. 아래에서 보면, 열린 문이다. 이 피난처로 들어오라고 초대하는 넓은 팔처럼 느껴진다. 어디를 보아야 하는지, 어디에 서야 하는지, 그 공간이 어디인지 알려주는 작품이다.

콘크리트 벽에 바람이 부딪히면 그 피난처에서의 명상이 더욱 깊어진다. 바다와 바람의 용맹함이 섞여서 마치 우리가 거대한 껍질 안에 있는 것 같은 느낌을 준다. 사색에 빠지게끔 하는 차분한 분위기에서 액자 속 시야는 점점 넓어진다. 동시에 장면의 역동, 파도와 빛의 끊임없는 변화, 새들의 비행, 구름의 움직임이 보인다. 사색과 역동이 함께 어우러지며 지금 이 순간을 더 강하게 인식하게 된다. 〈수평선에 대한 찬사〉가 세워진 전망대는 영화의 한 장면 같다. 치이다의 작품은 사색을 통해 현실을 더 깊이 이해할 수 있도록 하며, 자신의 내부를 돌아보는 차분함과 공간과 시간의 역동성을 결합하여 명상의 고요함 속에서 조화를 찾도록 한다. 하이데거가 그랬듯 "사원은 서 있는 자체로 주변 사물에 형태를 부여하며 인간에게는 자신을 돌아보는 시선을 알려준다."

작품의 규모는 한편으로는 인간을 닮았지만, 다른 한편으로는 그 기념비적 특징과 하늘, 땅, 바다를 향한 개방성 때문에 인간을 우주의 무한한 차원과 마주하게 한다. 이 작품의 모든 것은 수평선에 대한 찬사다. 바다를 향해 서면 하늘과 땅 사이의 지평선이 보이고, 땅을 바라보면 인간과 인간이 속한 풍경 사이의 지평선이 보이고, 위를 보면 인간과 우주 사이의 지평선이 보인다. 그리고 작품의 재료에서는 자연과 인공, 주어진 것과 창조된 것 사이의 지평선을 느낀다.

건축가 미겔 피삭Miguel Fisac(1913년 스페인 다이미엘~2006년 스페인 마드리드)은 자연과 인공 사이의 수평선을 나타내는 재료로서 콘크리트를 탐구하는 데 한 걸음 더 나아갔다. 피삭은 틀을 뼈처럼, 거푸집을 매트리스처럼 사용한 건축가다. 콘크리트의 독특한 특성 중 하나는 건설 현장에 액체 상태로 도착한 후 응고되는 재료라는 것이다. 피삭은 콘크리트를 가장 생생하게 표현하는 방식이 아마도 이런 방식이 될 것이라고 생각했다. 바로 유전자 지문처럼 그것이 틀에 부어진 부드러운 재료라는 것을 기억하는 것이다. 일반적으로 노출 콘크리트는 표면에 나무 거푸집이 남긴 흔적 때문에 질감이 나무 같다. 목재는 탄성이 일정하고 성형이 쉬운 재료이며, 흡습성이 있어 콘크리트가 굳은 후 뒤틀림 없이 습도를 유지할 수 있기 때문에 나무 거푸집이 사용된다. 하지만 피삭은 콘크리트에 그런 목재의 흔적을 남기는 것은 재료에 충실하지 못한 행위라 생각하여, 콘크리트 자체의 부드럽고 유연한 특성을 그대로 표현할 방법을 찾기 시작했다. 이리하여 그는 유연 콘크리트 flexible concrete를 발명했다.

피삭은 1970년 〈외장 콘크리트용 유연 거푸집 시스템〉부터 2000년 〈주택 및 이와 유사한 건설을 위한 공정〉에 이르기까지 패널용 콘크리트의 현장 타설과 관련된 총 네 개의 특허를 냈다. 거푸집에 플라스틱 시트를 추가하여 패딩 처리가 된 광택 마감을 가능케 했다. 구체적으로는 온실 덮개에 사용되는 것과 비슷한 두께인 800게이지(약 0.2밀리미터)의 유연한 폴리에틸렌 원단을 사용했다. 소재의 유연성 덕분에 콘크리트로 둥근 형태나 곡선을 만들 수 있었다. 폴리에틸렌은 투명하다는 특성이 있어 콘크리트가 굳을 때 형성되는 공기 방울을 관찰할 수 있기 때문에 수동 진동으로 공기 방울을 제거할 수 있다. 이렇게 하면 플라스틱 거푸집을 제거한 후에도 콘크리트는 항상 새것이었던 것처럼 윤이 나고 둥글게 유지된다. 하지만 빛을 어떻게 받는지에 따라 대리석처럼 매끈하면서도 팽팽한 것처럼 보일 수도 있다. 우리는 이제 돌을 만들어내는 법을 알고 있다. 그것은 실로 놀라운 일이다. 콘크리트는 인간의 시간에 적응하는 돌이다. 화학, 재료 과학, 공학을 비롯한 여러 분야에서 축적된 모든 지식의 결과다. 피삭은 돌에 모양과 광택을 부여했다. 콘크리트도 다른 돌과 마찬가지로 늙기 때문이다. 콘크리트에는 시간의 흔적이 남는다. 시간은 그토록 위대하다. 예술, 건축, 그리고 물질의 시학이 위대한 것처럼 말이다.

마누와 나는 우리가 지금 살고 있으며 내가 지금 글을 쓰고 있는 이 집을 처음 찾았을 때, 그 형태와 소재를 소중히 여기며 그것들의 시간을 존중하게 될 것이라는 점을 이미 알았다. 우리는 내가 자란 동네에 1950년대에 지어진 합리주의 스타일의 주택에 살고 있다. 합리주의 건축은 합리성과 기능성에 기반한 디자인을 추구한다. 복잡한 장식을 배제하고 설계 자체에 집중하며, 단순한 선, 기하학적 형태—입방체, 원뿔, 원통, 구 등—를 중심으로 구성된다. 구조적으로는 강철, 콘크리트, 유리와 같은 산업적 재료를 기본으로 하며 공간은 기능에 따라 계획된다. 합리주의는 기술적 진보와 산업적 생산과 밀접한 관련이 있으며, 층과 출입구를 자유롭게 구성하고, 내부 공간을 외부로 개방하는 방식을 지지했다. 합리주의의 주요 전제 중 하나는 기능주의였다. 기능주의는 건축 언어가 기능을 수행해야 한다고 보는 이론이었다.

건축가 피삭은 다음과 같이 말했다.

"이 세 가지 요소에는 위계가 있다. 무엇보다도 창조의 위계가 있다. 어떤 것은 다른 것보다 우선될 수 없다. 아름다움이 기술보다 앞선다면 결과물은 건축물로 사용되도록 강요된 조각품에 지나지 않을 것이다."

거실 한가운데에 노출된 콘크리트로 만든 기둥이 있다. 기둥은 그것이 그 시대의 산물이라는 것을 보여준다. 당시에는 콘크리트를 만드는 데 해변의 모래를 사용했다. 지금은 허용되지 않는 것이다. 우선 해안에서 모래를 추출하는 행위가 미치는 환경적 영향 때문이고, 둘째는 모래에 있는 염화물과 황산염이 콘크리트의 구조적 안전성을 해칠 수 있기 때문이다. 하지만 50년대에는 이러한 방식이 일반적인 관행이었고, 페인트와 석고의 모든 층을 제거하여 콘크리트 본연의 모습이 드러나도록 했다. 그 콘크리트 기둥에는 라코루냐 해안에서 떠밀려온 조개껍질이 선명히 박혀 있다. 거실 한가운데에 놓인 노출 콘크리트 기둥은 그 시대와 장소에 대한 우리만의 특별한 찬사다. 당연히 기둥은 건축에 필요하여 세워진 것이지만 노출된 모습으로 둔 것은 예술적 의지가 반영된 것이다.

피삭의 생각에 따르면 이 기둥은 조각품으로 사용되기를

강요받은 건축의 일부였다. 결국 나의 집과 그 안에 사는 사람들이 바다로부터 나를 보호해 주는 '*피난처*'다.

17

시간은 무엇으로 만들어졌는가

"할아버지가 다시 어려지면, 그땐 내가 할아버지를 혼낼 거야."

이건 내가 어릴 적, 할아버지에게 혼이 날 때마다 내가 하던 말이다. 나는 사람이 자랐다가 다시 어려지는 과정을 반복한다고 믿었다. 나 자신이 이미 오래전, 다른 시간과 장소에서 어른이었을 것이라고 확신했다. 다만, 내가 아기로 돌아갈 때마다 모든 것을 잊고 다시 시작했을 뿐이라고 생각했다. 내가 자라는 동안 할머니, 할아버지는 점점 아이가 되고, 내가 다시 어려질 차례가 되면, 그들은 다시 어른이 된다고 생각했다. 그것은 영원한 회귀에 대한 나만의 특별한 해석이었다. 어린 시절, 나는 어딘가 안개 낀 장소에서 빨간 버스를 탔던 기억이 있다. 남색 모직 코트를 입고 있었고, 금색 단추가 포개져 있었다. 코트의 표면에는 작은 물방울이 맺혀 있었고, 나는 끈으로 묶는 에나멜 신발을 신고 있었다. 습기 어린 공기 속에서 금발 머리가 자연스레 곱슬거렸다. 그것은 라코루냐에서의 기억일 수도 있지만, 나는 그것을 런던에서 보낸 다른 삶의 기억이라고 믿었다. 우리 할머니와 할아버지는 일을 하러 런던으로 이민을 가면서 그들의 부모님께 자식을 맡기셨다. 할머니와 할아버지가 찍은 사진과 들려준 이야기들은 내 기억에 너무 깊이 뿌리내려, 결국 내 것이 되어 버렸다. 할아버지가 안개 속 런던에서 길을 잃고 몇 시간을 헤매던 날이 있었다. 하지만 결국엔 집을 찾아내셨다.

그날, 할아버지는 이렇게 말씀하셨다. "런던은 우리와 맞지 않는 곳이야. 갈리시아, 그러니까 집으로 돌아가야지."

시간의 정의는 복잡하며, 생각보다 직관적이지 않다. 어린이에게 시간이 무엇인지 어떻게 설명할 수 있을까? 방정식이나 수학 공식을 빼고 말해야 한다면 말이다. 심지어 우리 어른들도 사실은 시간을 이해하는 척한다.

시간은 빅뱅 이후에 시작되었다.

이게 무슨 뜻일까? 우리는 시간의 부재를 이해할 수 없다. 우리는 중력의 작용으로 인해 시간이 변형된다는 사실조차 이해하기 어렵다. 일반 상대성 이론에 따라 설명할 수는 있지만 직관적으로 알 수 있는 것은 아니다. 합리적으로 생각하자면 시간은 끊임없이 흐른다. 하지만 종종 느리게 혹은 빠르게 흐른다. 내 옷장 꼭대기에는 시간 여행을 할 수 있는 상자가 있다. 무엇보다 일곱 살 무렵에 교과서에서 잘라낸 부분을 아직 갖고 있다. "주변 어른 중 한 분에게 어린 시절의 소중한 일화를 여기에 적어 달라고 부탁해 보세요"라고 적힌 부분이다. 바로 아래에는 네모 칸 안에 점선이 그어져 있다. 할아버지는 그 네모 칸 안에 훌륭한 목수답게 연필로 어린 시절의 행복한 기억을 적었다.

'내가 여섯 살밖에 안 된 어릴 적에는 장화 신는 걸 좋아했단다. 학교 가는 길에 물웅덩이에 뛰어들고 싶었으니까. 우리 동네에는 물이 많았고 장화를 신으면 발이 젖지 않을 수 있었지. 그건 동방박사의 선물이었어. 안토니오 베요 씀.'

만약 시간이 내 상상대로 흘렀다면 지금 우리 할아버지와 나는 친구가 되었을 것이다.

"아무도 나에게 시간이 무엇인지 묻지 않는다면 나는 시간이 무언지 안다. 하지만 누군가가 나에게 시간이 무엇인지 묻고 내가 설명하려 한다면 나는 더 이상 시간이 무언지 모른다." 철학자 성 아우구스티누스는 이렇게 말했다. 시간을 정의하는 것은 고대 그리스 철학부터 시작된 끝없는 과제다. 고대 그리스 철학을 대표했던 플라톤과 아리스토텔레스는 시간을 운동의 관점에서 정의했다. 중세 초기까지 고민은 이어졌다. 성 아우구스티누스는 시간의 측정은 주관적이며 그 본질은 영혼이라고 생각했다. "시간이 항상 현재이고 과거로 흐르지 않는다면, 그것은 더 이상 시간이 아니라 영원일 것이다."

시간에 대한 논쟁은 18세기에 뉴턴과 칸트의 입장이 일치하지 않으면서 절정에 달했다. 뉴턴은 두 가지 유형의 시간이 있다고 했다. 바로 절대 시간과 상대 시간이다. 절대 시은 우리가 존재하든 존재하지 않든, 돌이킬 방법이 없이 계속해서 흐르는 진정한 시간이다. 뉴턴은 절대 공간과 절대 시간이 신의 속성이며, 하나는 신의 신성한 편재를 표현하는 것이고 다른 하나는 그의 신성한 영원성을 표현한다고 했다. 그러나 칸트에 따르면 시간은 감성의 순수한 형태이자, 인간의 고유한 직관이며, 시간이 없으면 인간은 존재하지 않는다. 시간에 관한 논쟁은 오늘날에도 계속된다. 아인슈타인이 제안한 특수 상대성 이론에서 비롯한 정의가 있고, 하이데거와 베르그송 등의 철학자들이 구체화한 기계론mechanism에 저항하는 시간 개념도 있다. 이들은 물리학이나 수학보다 인간과 의식에 주로 관심을 가졌다. 철학자 앙리 베르그송은 "시간이 창조된 것이 아니라면 결국 아무것도 아니다"라고 말했다. 이 문장은 슬쩍 보면 매우 단순해 보이지만, 시간이 무엇인지 정의하려는 인간의 긴 여정을 응축한 말이다.

하나의 실험을 제안해 본다.

시간을 단어들로 정의한다면, 어떤 말들이 떠오를까? 그 단어들을 엮어, 의미를 만들고 적어 보자.

어렵다.

단어나 수학적 은유를 통한 시간의 객관적 정의는 만족스럽지 못하다.

보르헤스가 말했다.

"우리는 살과 피로 이루어진 존재가 아니라 시간과 무상함으로 이루어진 존재이기 때문이다. 시간과 무상함은 물에 비유할 수 있다."

스페인 왕립 아카데미 학술원Real Academia Española의 사전에서는 시간을 다음과 같이 정의한다.

1. 변화하는 사물이 지속하는 동안.
2. 사건의 순서를 정하고 과거, 현재, 미래를 확립할 수 있도록 하는 물리적 개념으로 국제 체계에서의 기본 단위는 초.

여기서 두 개의 단어를 강조하고 싶다. 첫 번째 정의에서는 '변화'다. 변화가 있으면 시간이 흘렀음을 느끼게 된다. 화학은 종종 변화의 과학이라고 불리기도 한다. 두 번째 정의에서는 '순서'다. 지식은 순서가 있는 데이터이다.

예술가들은 시간을 언어와 물질로 표현한다. 보르헤스는 시간은 물과 같다고 했다. 예술가 리차드 세라에게 시간은 녹슨 강철이다. 내가 접한 가장 설득력 있는 시간의 정의는 어디선가 읽은 문장이 아니라 직접 경험한 것이었다. 예술가 리차드 세라(1938년 미국 샌프란시스코~)의 조각품인 〈시간의 문제A Matter of Time〉를 감상하던 중에 그것을 느꼈다. 〈시간의 문제〉는 조각품 하나가 아니라 여러 조각품의 장場이다. 작품이 영구 전시 중인 빌바오 구겐하임 미술관의 전시실에 들어가면 여느 미술관에서는 좀처럼 경험할 수 없는 일이 벌어진다. 관람객들은 조각 사이를 자유롭게 오가며 끊임없이 웅성인다. 그렇게 해도 되는 건지 고민하지도 않는다. 그들은 강철로 만들어진 거대한 조각품들 사이로 모험을 떠난다. 건축물 같기도 하고 빌바오 강어귀에 좌초된 배의 선체 같기도 하다. 사람들은 박물관에 있다는 사실을 잊고 마치 야외에 있는 것처럼 행동한다. 그러나 동시에, 최소한의 에티켓은 지키느라 작품을 만지지는 않는다. 멀리서 보면 그림처럼 단순하고 선이 깔끔해 보인다. 하지만 실제로는 타원들과 나선들이 있다. 직선은 없고 직선의 환상만 있다. 이러한 형태는 움직임과 지각에 관한 여러 효과를 만든다. 그 안을 걷거나 그 주변을 돌면 공간이 움직이는 듯한 느낌이 들며 현기증이 나는 것 같다. 강철 벽이 구부러지며 발밑의 길이 좁아지거나 머리 위의 빛이 확장된다. 마치 정교한 미로를 걷는 것 같다. 작품을 따라 걷다 보면, 의도치 않게 걸음이 빨라지거나 느려진다. 강철에서 오목함과 볼록함이 만들어진다. 그 형태는 공간을 낯설게 하고 불안한 분위기를 조성한다. 그 안을 걷다 보면, 구심력과 원심력에 지배당하는 한낱 보행자일 뿐이다. 이 작품은 두 가지 유형의 시간을 암시한다. 감상을 완료하는 데 걸리는 물리적 시간, 그리고 시간이라는 개념의 예민함에 정면으로 도전하는 아주 흥미로운 유형인 지각적 시간이다.

리처드 세라는 말했다.

"나는 이 작품에 '시간의 문제'라는 제목을 붙였다. 이 작품은 *다중 시간*multiple temporality, 그러니까 여러 시간이 서로 얽혀 있다는 생각에 기반을 두고 있기 때문이다. 이 부분을 감상하는 데 걸리는 시간은 저 부분을 감상하는 시간과 다르다. 경험은 한편으론 친밀하고, 사적이며, 심리적이고, 미적인 반면, 다른 한편으로는 외부적이고, 사회적이며, 공적인 것이다."

이 작품은 코르텐강으로 만들어졌다. 코르텐강은 표면이 녹슬면서 강철 내부의 본래 형태를 보호하는 강철이다. 처음 설치할 때는 금속 느낌의 검은색이었다. 그런데 오랜 세월에 걸쳐 강철이 산화되어 영구적으로 주황색을 띠게 되었다. 외관의 모양이나 색이 꼭 흙 같다. 강철을 덮고 있는 녹은 시간의 상징이며, 시간이란 무엇인지를 물질적으로 비유하는 것이다. 코르텐강의 보호층을 파티나라고 한다. 파티나는 표면이 제한적으로 부식되면서 생겨 난 결과다. 파티나는 강철의 녹슬지 않은 나머지 부분에 완벽하게 접착되는 끈끈하고 촘촘한 층이다. 이로써 외부에 의한 부식을 막는 장벽의 역할을 한다. 마치 금속이 흙 속에서 보호받고 있는 듯하다. 하지만 파티나가 없는 일반 강철은 점차 내부까지 녹이 슬어 결국에는 작품을 완전히 망가뜨리게 된다. 이런 경우에는 페인트가 절연체 역할을 하도록 강철 위에 칠할 수 있다. 강철에는 철과 탄소 외에도 구리, 니켈, 인과 같은 다른 합금이 포함될 수 있다. 그러면 기계적 성질mechanical property(재료에 작용하는 외력에 저항하는 성질 ― 역주)이 향상되고 내구성이 더 높아진다. 1910년 US 스틸에서 제조한 강판에 구리를 첨가하면 합금되지 않은 탄소강carbon steel보다 성능이 더 뛰어나다는 사실이 밝혀졌다. 그래서 이 소재에 대한 최초의 대규모 대기 부식atmospheric corrosion 시험이

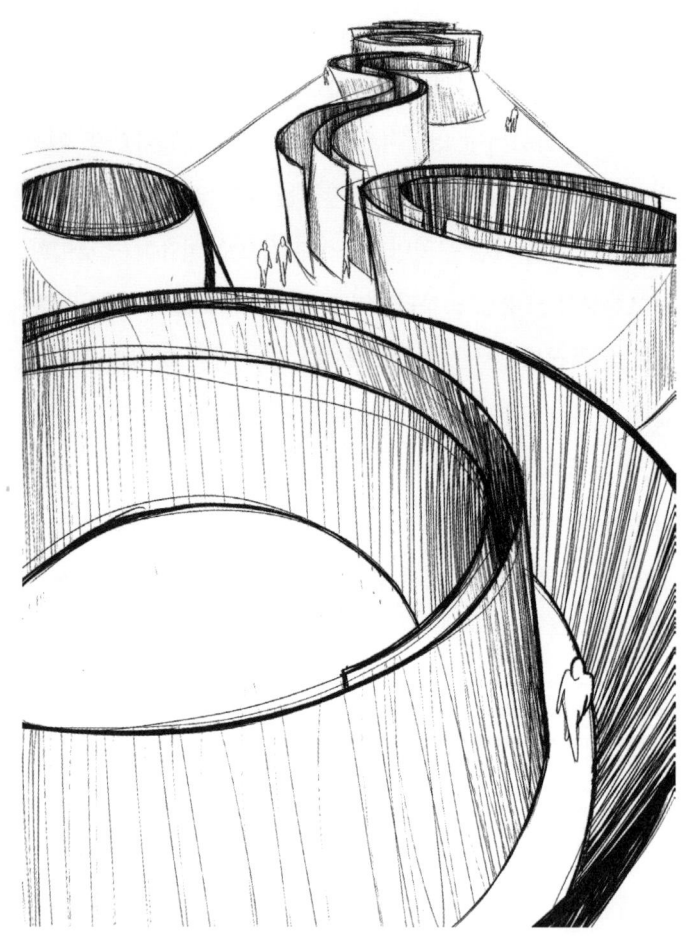

리처드 세라, 〈시간의 문제〉
녹슨 강철, 다양한 크기, 1994~2005년.

실시되었다. 그 결과 1920년, 이 강판에는 구리강copper steel이라는 이름이 붙었다. 1933년, US 스틸은 'USS COR-TEN Steel(COR-TEN® steel)'이라는 이름으로 최초의 상업용 코르텐강을 출시했다. 'COR-TEN'이라는 약어는 두 가지의 고유한 특성에서 유래했다. 하나는 일반 탄소강과 차별화되는 부식CORrosion 저항성, 다른 하나는 구리강과 구별되는 인성TENacity, 그러니까 뛰어난 기계적 성질이다. 당시 US 스틸은 기존 강철과 동일한 기계적 요건을 충족하는 동시에 두께를 줄이고, 그에 따라 사용할 강철의 무게도 줄일 수 있는 방법을 찾고 있었다. 그 결과 탄생한 이 새로운 합금강은 일상에서 코르텐강이라고 불리게 되었다. 최초의 코르텐강은 '철-구리-크롬-인' 구조를 기본으로 삼았다. 나중에는 내식성 향상을 위해 니켈이 첨가되었다. 그런데 USS COR-TEN 강에는 A와 B의 두 가지 사양이 있었다. 두 사양의 주된 차이점은 인phosphorus, P의 양이었다. 코르텐강은 구리, 크롬, 니켈 함량이 높아서 특유의 붉은 주황색을 띤다. 강철의 산화 정도에 따라 색상의 톤이 달라진다. 조금 더 거친 환경에 놓일수록 갈색에 가까워진다. 코르텐강은 처음에는 주로 석탄 운반용 철도 차량 제조에 사용되었다. 일반 탄소강을 쓸 때보다 수명이 훨씬 길어졌기 때문이다. 요즘에는 가로등과 공공 시설물을 만들 때 많이 쓰인다. 코르텐강이 공기 중에 노출되면 표면의 녹의 일부가 벗겨져 약하게 붙어 있다가 빗물에 씻겨 사라진다. 그렇게 생긴 녹 얼룩은 누군가에게는 아름답게 보이고 누군가에게는 흉하게 느껴질 수도 있을 것이다. 얼룩이 다공질 재료 위에 생길 경우 제거가 매우 어렵다. 그것은 마치 코르텐강이 포장도로에 자신의 그림자를 녹으로 그리는 것과 같다. 일반 강철에 나타나는 녹 층은 대개 다공성이 높아서 깨지고 갈라져 부식을 촉진한다. 대기의 부식성이 클수록 녹 층의 구조가 더 느슨해지면서 접착력을 잃어 벗겨지고 그 흔적이 쉽게 남는다. 비를 맞은 강철은 녹이 얇아지고, 비를 맞지 않은 강철의 녹은 더 가루 같다. 반대로 코르텐강의 녹은 압축되어 금속을 보호하고 부식 속도를 줄이는 데 도움이 된다. 파티나는 산화철과 수산화철iron hydroxide에 의해 형성된 두 개의 혼합된 영역으로 구성된다. 우선 비정질인 옥시수산화철oxyhydroxide과 결정질인 마그네타이트magnetite로 이루어진 보다 밀집된 내부 영역이 있다. 또 두 가지 다른 결정 형태인 알파와 감마, 그러니까 α-FeOOH와 γ-FeOOH로 구성된 외부 영역이 있다. 코르텐강의 품질을 개선하기 위해 인, 구리, 크롬, 니켈과 같은 다른 합금이 추가된다. 각 물질은 특정한 기능이 있다. 인은 필수적인 것은 아니지만, 존재할 경우 부식 속도를 상당히 늦춰주는 역할을 한다. 구리는 코르텐강에서 가장 주요한 합금 원소다. 여러 연구에 따르면, 구리의 억제 효과inhibitory effect는 녹 층의 구조와 특성을 변화시켜, 부식 속도 감소와 밀도 증가에 깊은 연관이 있다. 한편, 크롬은 철의 산화 반응을 억제하는 역할로 잘 알려져 있다. 마지막으로 코르텐강에 포함된 니켈은 압연 공정 중의 고온 취성을 최소화하고, 특히 해양 환경에서 부식 저항성을 높이는 기능을 한다.

예술가 에두아르도 치이다는 산세바스티안의 콘차Concha만의 온다레타Ondarreta 해변 끝 바위 곶에 있는 그의 유명한 조각품 〈바람의 빗El peine del Viento〉에 오로지 코르텐강만을 사용했다. 다른 조각품을 볼 때와 마찬가지로 그의 작품도 세 가지 기본 요소인 형태, 크기, 재료를 살펴봐야 한다. 게다가 치이다의 작품에는 또 다른 중요한 요소가 있다. 바로 장소다. 치이다에게 그 장소는 그의 장소이자 그의 고향이었다. "이곳은 모든 것의 기원이다. 이 장소가 작품의 진정한 작가다. 내가 한 일은 알아내는 것뿐이었다. 바람, 바다, 바위. 이 모든 것이 중요하다. 주변 환경을 생각하지 않고는 이런 작품을 만들 수 없다. 나의 작품이지만 내가 한 일은 없다."

이 공간에는 원래 주차장이 들어올 뻔했다. 하지만 당시 시장이 일부 반발에도 불구하고 도시에 새로운 분수를 설치하는 등의 제안을 받아들이는 조건으로 치이다의 프로젝트를 지지했다. "전 시장이 내 프로젝트를 거부한 덕분에 조각품 하나가 아닌 세 개를 만들어야 한다는 것을 깨달을 수 있었다"고 치이다는 말했다. 치이다는 자신의 작품을 독특한 작품으로 영원히 남기려는 욕망을 포기하고, 대신 개인적 자기 확인의 행위로 이를 수행했으며, 한때 땅과 산타클라라섬을 연결했던 지질층의 중요성을 발견했다. 그는 해안 끝에 있는 마지막 바위와 섬과 일직선으로 물 위로 튀어나온 바위 사이의 연속성을 보고, 그 수평적 긴장감을 두 개의 조각품으로 표시하여 기억

에두아르도 치이다, 〈바람의 빗〉
코르텐강, 1977년.

을 표현하고, 한때 하나였던 것을 기억해야 한다고 생각했다. 배경에 있는 세 번째 요소는 지평선을 표현하는 것이다. 하늘을 향해 열려 있는 형태는 마치 제물을 원하거나 요구를 드러내는 팔 같다. 이 수직축은 작품의 핵심으로 공간의 신성함을 드러내며 이를 통해 확신과 의문을 동시에 제기한다. "내 작품은 숫자 대신 바다, 바람, 절벽, 지평선과 같은 요소가 있는 방정식의 해답이다. 철의 형태는 자연의 힘과 섞이고 자연과 대화한다. 그것은 질문이자 확언이다."

치이다는 기푸스코아Guipúzcoa에 있는 파트리시오 에체베리아Patricio Echeverría 주조소에 완전히 똑같진 않지만 비슷한 세 개의 조각을 코르텐강으로 만들어달라는 주문을 했다. 각 조각은 무게가 10톤이고 높이와 너비가 2미터가 넘었다. 바위에 뿌리를 둔 공통의 줄기에서 나온 네 개의 두꺼운 정사각형 단면 막대로 구성되어 있었다. 막대 중 하나는 공중에서 곡선이 되고 공통의 줄기와 평행을 그린 후 다시 바위에 박힌다. 나머지 세 개의 막대는 갈고리처럼 꼬이고 휘어져 그 안의 공간을 가두고 주변에는 새로운 공간을 만든다. 치이다의 작품의 공통점은 주변 환경이 가장 중요하다는 것이다. 바위는 각 조각품의 10톤 무게를 지탱하기 위해 볼트와 앵커로 보강되었고, 작품이 들어가기 위한 구멍을 뚫었다. 조각품과 바위 사이에 공생을 만들어 무게를 지탱하기 위해 바위에 들어간 모든 재료가 조각품이 제자리에 놓인 후에는 눈에 띄지 않도록 하는 것이 목표였다. 그 결과 바람의 빗의 빗살이 마치 침식된 것처럼 바위에서 나와 뼈대를 드러낸다. 이때 쓰인 보강재는 여전히 눈에 띄지 않는다. 바위와 강철 외에는 아무것도 없다. 인공 석고나 패스너의 흔적도 없다.

코르텐강은 시장에 나온 지 오래되지 않았지만 기술적 요구 사항을 가장 잘 충족하는 유일한 강철이었다. 보호용 녹이 파도와 시간의 혹독함을 견딜 만큼 강해야 했고, 미적, 예술적 기준에 부합해야 했기 때문이다. 녹은 금속이 돌로 변하는 것을 상징하고, 시간의 흐름을 상징하며, 모든 것을 땅으로 변형시키는 바다의 자연적 힘을 상징한다.

〈바람의 빗〉은 빗이다.

인간의 산물이다.

인간은 바다에서 부는 바람을 길들이고, 이해하고, 자신의 언어로 변형하고, 빗으려 한다. 땅, 바다, 하늘이 만나는 지평선은 인간을 자기 자신, 그리고 그가 속한 자연과 마주서게 한다. 빗은 인간의 도구, 그러니까 바닷바람을 길들이려는 인간의 프롤레타리아적 성질을 상징한다. 작품에서 빗은 바닷바람을 길들이는 것을 목표로 하며, 온갖 지식이 축적된 도구로 기능한다. 이는 땅과 장소와의 교감을 전제로 하며, 코르텐강은 시간의 흐름에 대한 정직함, 바다의 폭풍 그리고 변화하는 자연에 대한 예정된 패배를 보여준다. 그러한 항복을 표현하기 위해 〈바람의 빗〉은 코르텐강으로 만들어졌다. 치이다는 "바다는 이미 잘 빗겨진 산세바스티안으로 들어온다"고 말했다. 그래서 〈바람의 빗〉은 야생과 도시의 경계를 형성한다. 〈바람의 빛〉은 우리가 이미 만들어 놓은 도시라는 곳에 들어가기 전에 바람의 자연스러운 소용돌이를 풀어내는 도구이다. 남풍이 거품이 이는 파도의 꼭대기를 들어올리고, 물을 흔들고, 잔물결을 만들고, 조각품들은 철제 발톱을 품고 있었던 것처럼 그것들을 지탱하고 있는 돌 위에 녹을 흩뿌린다. 햇빛 아래에서 녹은 황금빛 먼지처럼 빛나며, 그곳에서 시간이 지났다는 것을 상기시켜준다.

어떤 아이가 시간이 뭐냐고 묻는다면, 나는 아마도 단어 몇 개나 수학 공식으로 대답하지 않을 것이다. 어린 시절에는 시간이 영원하다. 우리가 자라면서 세월은 더 압축된다. 그러나 기억에 가장 가까이 붙는 녹은 첫 번째 녹, 영원한 세월의 녹이다. 그렇기에 시간을 가장 잘 설명하는 정의가 언뜻 보기에 항상 간결하고 객관적인 것은 아니다. 시간처럼 추상적이고 복잡한 개념은 감수성을 자극하는 물질로 정의될 수 있다. 아이가 시간이 무엇인지 묻는다면, 〈시간의 문제〉 속을 자유롭게 거닐거나 〈바람의 빗〉의 파도를 생각하거나 할아버지의 어린 시절 이야기를 들어보라고 말할 것이다.

18

공기를 떠도는 고무 먼지

나는 샌디에이고 부둣가에서 자전거 타는 법을 배웠다.

크리스티안과 나는 아버지의 타이어 창고에서 자전거를 꺼내, 나와 에헤르시토Ejército 거리를 따라 항구의 산업용 창고까지 걸어갔다. 주말이면 대형 화물 운송이 거의 없었지만, 공기 속에는 여전히 고무와 디젤의 냄새가 떠돌았다. 조선소에 가까워질수록 염화물과 황화물의 입자가 공기 중에 섞여 퍼졌고, 어망에서 배어 나오는 아민 냄새와 뒤엉켜 녹색과 푸른색 능선을 그려냈다. 우리는 지금의 이노사Inosa 창고로 이어지는 커다란 문을 지나, 항구의 울타리를 넘어갔다. 이노사 창고는 생선을 담는 발포 폴리스티렌 상자를 유통하는 곳이었다. 그리고 뒤쪽에 벽돌로 된 문이 있는 창고로 향했다. 그곳은 두족류를 유통하는 곳이었다. 항구의 그 구역 울타리는 동네에서 흔히 보던 울타리들과 달랐다. 가장 오래된 부분은 모더니즘 스타일로 1929년에 지어졌다. 그 울타리는 대부분의 모더니즘 스타일과 마찬가지로 라코루냐의 파운드리 회사인 워넨버거Wonenburger에서 만들었다. 식물에서 영감을 받아 제작된 물결 형태의 울타리다. 하지만 오자Oza 항구로 이어지는 도심에서 가장 먼 구간에는 여가와 노동의 경계를 나타내는 사각 막대의 철통같은 울타리가 있다. 우리의 첫 번째 자전거 여행은 그 항구 창고들 주변에서 시작되었는데, 생선 상자, 트럭 타이어, 낚시용품과 쇠사슬 사이를 요리조리 피해 다니며 달렸다. 길 전체가 그을음과 고무로 된 검은 먼지로 뒤덮여 있었다. 항구 도시의 주머니와 영혼을 키우는 것은 '노동의 녹'이다. 장소마다 먼지의 종류도 다르다. 도심의 먼지는 그을음, 포장도로와 건물의 마모로 인한 규산염, 콜타르 입자, 도로의 타이어에서 나오는 고무 먼지, 공공 시설물에 쌓인 부스러기들이 있다. 해안 도시의 먼지에는 바다 소금이 섞여 있다. 시골의 먼지에는 곤충, 잎, 점토, 진흙의 흔적이 더 들어 있다. 먼지는 장소에서 일어나는 일과 시간의 흐름을 읽게 해주는 자취다. 어떤 것이 그곳에 있다는 것 또는 있었음을 알리는 흔적이다.

사진작가 만 레이Man Ray(1890년 미국 필라델피아~1976년 프랑스 파리)는 6개월 동안 쌓인 먼지로 덮인 유리를 찍은 것으로 유명하다. 그의 작품은 비행기에서 본 풍경과 비슷해 보인다. 이 사진은 1922년에 초현실주의 잡지 《리테라튀르Littérature》에 〈비행기에서 본 풍경Vue Prise en Aéroplane〉이라는 제목으로 처음 게재되었다. 이후 다양한 출판물에 등장하여 여러 맥락 속에서 다양한 방식으로 편집되었고 1964년에 〈먼지의 증식 Élevage de poussière〉이라는 이름이 붙었다. 마르셀 뒤샹의 작업실에 있던 만 레이는 이젤 위에 놓인 유리판에 시선이 갔다. 뒤샹이 체스에 열중한 지 6개월이 지나자 유리에 먼지가 두껍게 쌓였고 나중에 그 유리는 그의 유명한 작품인 〈큰 유리〉로 재탄생한다. 젊고 돈 한 푼 없던 사진작가는 살아남기 위해 다른 사람들의 예술 작품을 찍어야 한다고 불평했다. 그는 파노라마 카메라와 전구에서 나오는 빛만을 이용해 먼지 카펫의 장노출 사진을 찍었다. 만 레이는 "카메라 초점을 맞추면서 아래를 내려다보니 새의 눈높이에서 본 이상한 풍경처럼 보였다"고 했다. 뒤샹은 의도적으로 먼지가 쌓이도록 한 다음 스프레이 래커로 고정하여 시간을 포착하려고 했다. 쌓인 회색 먼지는 뒤샹이 보기에 완벽한 무채색이었다. 예술에서는 이를 '무색 colorless'이라고 한다. 시간이라는 추상적 개념은 먼지의 증식과 무색의 탄생으로 표현될 수 있다. 사진에서도 시간은 드러난다. 2001년 9월 11일, 제프 머멜스타인 Jeff Mermelstein(1957년 미국 뉴저지~)이 쌍둥이 빌딩 테러 직후 〈동상 Statue〉이라는 사진을 찍었다. 이 사진은 9월 23일 여러 신문에 게재되었다. 사진에는 나무들이 서 있는 광장이 잔해로 뒤덮인 모습과 정장 차림으로 광장 벤치에 앉아 서류 가방을 뒤지고 있는 남성의 조각상이 회색 먼지로 뒤덮인 상태가 찍혔다. 만 레이와 제프 머멜스타인의 두 사진 모두 우리에게 주관적인 시간을 느끼도록 해준다. 만 레이의 사진은 잔잔하게 진행되는 사건을 보여준다. 마치 천천히 형성되는 기억 같다. 그의 사진은 연속성, 즉 기다림이라는 개념을 강조한다. 반면 제프 머멜스타인의 사진은 갑자기 기억에 새겨진 즉각적이고 폭력적인 사건을 보여준다. 사물 위에 쌓인 먼지층의 두께가 그 사물이 우리 기억에서 갖는 가치를 측정하는 척도인 듯하다.

예술가 하코보 카스테야노Jacobo Castellano(1976년 스페인 하엔~)는 먼지를 그의 조각품의 예술적 재료로 사용한다. 그가 먼지와 함께한 여정은 하엔이 비야르고르도Villargordo 마을에 있는 가족의 집을 떠나던 그의 개인적인 이야기로부터 시작된다. 먼지는 마치 바니시처럼 집 안의 물건들을 서로 붙들어 두었다. 그 먼지는 섬유질과 피부의 각질이 모여 만들어진 소위 수제 먼지였다. 하코보는 집을 정리할 때 마치 가족을 정리하는 것 같은 느낌이 들었다고 말했다. 하코보는 그 먼지를 일종의 안료로 사용하여 조각품에 붙이기 시작했다. 그는 2009년 〈관객 없음Sin público〉이라는 전시에서 비야르고르도 영화관의 좌석 등받이를 사용했다. 그 영화관은 하코보의 할아버지가 1965년에 설립한 곳이었다. 전쟁 후 영화관은 마을 사람들을 바깥세상으로 이끌어주는 창문이 되었다. 그곳은 비야르고르도의 유일한 영화관이었고 80년대 중반까지 운영되었다. 하코보는 좌석 등받이에 집에서 모은 먼지를 묻혔다. 먼지를 묻히는 것은 그의 가족, 역사, 집의 추억을 의자에 묻힘으로써 그 마을의 이야기와 함께 보관하는 것과 같았다.

2017년, 크리스티안은 〈때Grime〉라는 제목으로 전시 작품을 만들었다. 세로 94센티미터, 가로 63센티미터 크기의 이 작품은 코튼지에 도시의 퇴적물, 흑연, 기름을 사용해 만든 작품이다. 미술 연필의 심이 흑연, 점토, 기름으로 구성되는 것처럼 그의 작품들도 종이에 연필로 그린 정교한 그림이다. 그 연필은 우리가 자전거를 배우던 샌디에이고 항구의 먼지를 안료로 삼아 만들어졌다. 먼지로 만든 안료 속에는 지질 유산이 담겨 있다. 그을음, 고무 먼지, 벽돌, 플라스틱, 점토, 콘크리트 등등. 즉 탄소가 인간의 활동에 따라 다양한 형태로 쌓인 층이다. 크리스티안은 검은 가루를 흑연과 기름에 섞었다. 기름은 귀한 물감을 만들 때 필요한 바인더다. 그만큼 먼지는 우리에게 매우 중요한 안료였다. 크리스티안은 흔적을 담을 수 있도록 사포질한 코튼지에 도구를 이용해 끄는 방식으로 그림을 그렸다. 나에게 그 작품은 우리 사회의 초상화다. 우리 사회에 있어 그의 작품은 인간의 자취다. 하코보 카스테야노가 말했듯이 "서사는 사람에게만 있는 것이 아니다. 사물에도 이야기가 있다." 물건에 묻은 먼지는 향수를 불러일으키는 촉매제이고, 장소의 냄새는 교묘한 기억 자극제이다. 나는 항구의 냄새를 맡으면 처음 자전거를 타던 날이 떠오른다. 아버지의 작업장 냄새, 창고에 쌓인 타이어 냄새, 공기 중에 떠다니는 고무 먼지는 코에서 가슴으로 이동한다. 가장 사적인 아름다움은 어린 시절에 형성된다. 내가 타이어에 매료된 건 아버지의 영향이 컸다. 아버지는 항상 타이어가 도로와 직접 접촉하는 차의 유일한 부분이기 때문에 타이어가 매우 중요하다고 말씀하셨다. 아버지의 말은 틀리지 않았다. 타이어가 굴러가면서 땅에는 고무 먼지의 흔적이 남고 공기 중에는 냄새가 남는다.

　인간이 바퀴를 사용한 건 수천 년 전부터였지만 바깥 테두리에 고무를 붙이는 것은 비교적 최근의 아이디어다. 이 천연 폴리머가 처음으로 나무 바퀴를 덧씌우는 데 사용된 것은 19세기 초였다. 과거에는 가죽이나 금속으로 감쌌다. 고무는 여러 종류의 식물에서 얻을 수 있다. 그중에서도 주로 파라고무나무Hevea brasiliensis의 줄기를 베어서 나오는 수액에서 추출된다. 1920년대에 바이엘Bayer(독일 대규모 종합화학회사 — 역주) 연구실은 합성 고무를 발명했다. 합성 고무는 천연고무를 응고, 세척, 정제와 같은 일련의 공정에 투입해 얻는다. 그런데 탄성이 거의 없고, 열을 가하면 쉽게 부드러워지고, 빨리 마모되므로 전망이 그다지 밝지 않은 듯했다. 화학자 찰스 굿이어Charles Goodyear는 인생의 몇 년을 고무 연구에 바쳤다. 1839년 그는 가황이라는 기술을 발견했다. 가황은 고무에 분말 상태의 황을 넣고 가열하는 공정이다. 그러면 고무 분자가 황을 다리 삼아 서로 연결되면서 탄성이 유지된다. 가황법을 사용하면 탄성을 잃지 않으면서도 더 단단하고 내구성이 뛰어난 고무를 얻을 수 있다. 가황법은 오늘날 우리가 사용하는 타이어를 만들어낸 화학적 공정이기도 하다. 안타깝게도 찰스 굿이어는 자신의 발명품에 대한 특허를 받지 못했다. 나중에 같은 방법을 발견한 엔지니어 토마스 행콕Thomas Hancock은 1843년에 특허를 취득했다. 그때부터 견고한 고무바퀴가 인기를 끌었다. 한 유명 자동차 회사가 찰스 굿이어의 이름을 따서 사명을 지었기 때문에 찰스 굿이어는 여전히 타이어 업계와 연관되어 있다. 하지만 사실 그와 회사는 아무런 관련이 없다. 그때만 해도 타이어에 밝은 색상이 사용되었기 때문에 쉽게 더러워지고 미관상 좋지 않았다. 1885년 굿리치Goodrich라는 회사가 검은색 타이어를 제조하기로 결정했다. 그런데 고무에 색칠을 하던 중 놀라운 사실을 발견했다. 검은색 타이어의 내구성이 더 좋았던 것이다. 검은색 염료가 고무 균열의 원인 중 하나인 자외선을 흡수하기 때문이었다. 1845년, 엔지니어 로버트 W. 톰슨Robert W. Thomson이 최초의 공기 타이어*로 특허를 받았다. 그런데 공기 타이어가 처음으로 개발된 것은 1888년이었으며 개발자는 다른 엔지니어인 존 보이드 던롭John Boyd Dunlop이었다. 던롭은 아홉 살 아들을 위해 타이어를 개발했다. 던롭의 아들은 세발자전거를 타고 울퉁불퉁한 벨파스트의 거리를 달려 학교에 다녔기 때문에 아들의 자전거 바퀴를 감싸기 위해 고안한 것이다. 던롭은 고무 튜브를 천으로 싸서 세발자전거 바퀴 테두리에 두르는 방식으로 임시 공기 타이어를 만들었다. 그리고 1889년 공기 타이어에 대한 특허를 받았다. 던롭의 마음은 편안해졌지만 공기 타이어에는 여전히 극복해야 할 몇 가지 문제가 있었다. 림에 부착되어 있었기 때문에 수리 비용이

---

* 공기를 주입하는 타이어.

매우 비쌌다. 가황 고무 연구로 유명한 에두아르 미슐랭Édouard Michelin은 1891년 림에서 분리가 가능하고 수리와 교체 작업이 용이한 타이어를 개발하기로 했다. 미쉐린 타이어는 아주 실용적이었고, 이듬해에는 자전거 이용자 대부분이 미쉐린 타이어를 사용하게 되었다. 얼마 지나지 않아 마차에도 사용되었다. 1940년대에는 레이온, 나일론, 폴리에스터 등 새로운 소재가 타이어 제작에 사용되었다. 2차 세계대전이 끝난 뒤 바퀴에 단단히 체결되는 타이어를 만드는 작업이 시작되어 결국 내부 튜브가 필요 없게 되었다. F1의 영향으로 타이어의 발전 속도는 현기증이 날 정도로 빨랐다. 현대의 타이어는 강철, 탄소 섬유, 케블라*를 포함하여 200개 이상의 다양한 소재가 포함된다. 이런 형태의 타이어는 1965년 듀퐁DuPont에서 일하던 화학자 스테파니 퀄렉Stephanie Kwolek이 처음 합성하면서 발명되었다. 그리고 오늘날 가황 고무는 주로 타이어 표면에서 찾을 수 있다. 타이어의 내부 구조도 바이어스 타이어에서 레이디얼 타이어까지 여러 형태로 발전했다. 내부 구조는 타이어의 골격이자 틀이기 때문에 파손되지 않고 내부 공기 압력을 견딜 수 있도록 도와주는 역할을 한다. 과거에는 차량이 대부분 매우 무거웠고 높이가 높았기 때문에 깨지거나 구멍이 나지 않고 무게를 견딜 수 있는 타이어가 필요했다. 그러기 위해서

---

*   매우 가볍고 강도가 뛰어난 소재.

는 플라이를 여러 겹으로 엮은 강화 구조의 타이어를 만들어야 했다. 이와 같은 타이어에서는 플라이가 일종의 붕대 역할을 하며 타이어 중심을 기준으로 대각선을 이루고 있어 '바이어스 타이어'라는 이름이 붙었다. 대각선 구조는 저항과 중량 분산에 관여하기 때문에 아주 빠른 속도에서는 적합하지 않았다. 또한 플라이 간 마찰로 열이 축적되어 타이어가 망가질 위험이 있었다. 1946년 미쉐린 타이어 회사는 스포츠카의 역사를 바꾼 '레이디얼 타이어' 제작법을 개발했다. 레이디얼은 플라이가 타이어의 중심과 수직이 되는 구조를 뜻한다. 레이디얼 구조를 사용하면 강성을 유지하면서도, 무게를 줄여서, 편평비가 낮은 타이어를 만들 수 있었다. 레이디얼 타이어는 고속 주행 시 안정성이 훨씬 더 높고, 그립이 뛰어나고, 편안하며, 사용 수명도 길다. 오늘날에도 레이디얼 타이어와 바이어스 타이어는 용도에 따라 계속 제조되고 있다. 바이어스 타이어는 현재 주로 비포장도로용 산악자전거와 농업용 차량에 쓰인다. 그리고 일반 자동차에는 레이디얼 타이어가 사용된다. 레이디얼 타이어 역시 시간이 지나면서 꾸준히 발전해왔으며, 항상 중량 감소와 구조적 강성을 전제로 삼았다. 전통적인 레이디얼 구조는 플라이 위에 여러 층을 쌓아 안정성을 도모하고 높은 강성과 편안함을 추구한다. 반면 현대적인 레이디얼 구조는 플라이와 그 위의 타이어를 감싸는 연속적인 스틸 벨트steel belt가 핵심이다. 두 구조 모두 타이어 끝부분에는 비드링bead ring이 있다. 비드링은 타이어를 림에 고정할 때 강성과 견고함을 담당하는 두 개의 코팅된 금속 링이다.

자동차에 어떤 종류의 타이어가 장착되어 있는지 알아보려면 타이어에 적힌 영문 및 숫자 코드를 살펴봐야 한다. 예를 들어 타이어에 225/40 WR 18이라고 적힌 경우를 살펴보자. 225는 폭(밀리미터)이다. 40은 폭과 높이의 백분율 비율을 나타낸다. 이 값이 낮을수록 높이가 낮아진다. 다음 영문은 속도를 뜻한다. W는 타이어에 허용되는 최대 속도가 시속 270킬로미터임을 의미한다. R은 타이어가 레이디얼 타이어라는 뜻이고, 18은 타이어 휠의 직경이 18인치라는 의미다. 이런 타이어라면 크고 폭이 넓으며 측면이 낮아 매우 스포티한 느낌이 들 것이다. 차를 탈 때는 타이어가 우리 대신 땅을 딛는 발이 되어 준다. 자동차 산업을 비롯한 삶의 여러 영역에서 "통제되지 않는 힘은 쓸모가 없다"는 말은 언제나 옳다. 이는 1995년 광고 대행사 영앤루비캠Young & Rubicam이 피렐리Pirelli의 홍보에 사용했던 문구다. 광고판과 신문마다 이 문구 아래에 빨간 하이힐을 신은 운동선수 칼 루이스Carl Lewis의 웅장한 이미지가 실렸다. TV 광고 버전에서는 그녀의 발바닥이 고무 밑창으로 덮여 있었다. 그 이미지는 나에게도 특별한 의미다. 내 발에도 그런 고무 밑창이 있었다. 나의 발이 닿았던 곳에만 나의 시선이 머무를 수 있었기 때문이다. 크리스티안이 그랬듯 바라보려면 먼저 발을 내디뎌야 한다.

19

펠트 모자

토요일 이른 오후마다 우리는 어머니를 가게에 내려다 드리기 전에, 수몰란디아Zumolandia(스페인의 음료 판매점 — 역주)에서 무언가를 마시곤 했다. 부모님과 크리스티안, 그리고 나. 그게 우리 가족이었다. 어떤 금요일 밤에는 대부모님과 저녁 식사를 하러 가기 전에도 그곳에서 만나기로 약속했다. 수몰란디아에는 거울로 된 벽과 고리버들 의자가 놓여 있었다. 배경 음악으로는 마놀로 가르시아Manolo García의 노래가 조용히 흐르고 있고 점원은 주스를 내밀며 갓 자른 코코넛 조각도 몇 개를 곁들여 주었다. 매장 한쪽 구석, 거울 속에는 내 모습이 다섯 명처럼 보이는 자리가 있었다. 거기서 춤을 추면 꼭 한 치의 오차도 없이 똑같은 춤을 추는 아이돌 그룹처럼 보였다. 카운터 옆에는 아케이드 비디오 게임기가 있었고, 점원은 우리에게 동전 하나씩을 건넸다. 가끔 어떤 동전은 기계가 인식하지 못할 때가 있어서, 동전을 여러 번 넣어야 할 때도 있었다. 이런 일이 생기면 인식되지 않은 동전은 회수 칸으로 들어가게 된다. 회수 칸에는 동전이 튀어나오지 않도록 위쪽에 작은 접이식 문이 있었다. 그러던 어느 날 집게손가락이 그 문에 끼었다. 손가락을 잡아당길수록 아프기만 하고 피가 통하지 않았다. 울면서 부모님께 도움을 요청했다. 아빠는 재빨리 내 손을 칸 안으로 밀어넣었다. 나는 아빠의 행동이 상식과 반대되는 것이라고 생각했다. 하지만 이내 문이 완전히 열리면서 내 손가락도 빠져나올 수 있었다. 아빠는 본능적으로 내 손을 잡고 다친 손가락을 자신의 입에 넣었다. 아빠 입술의 촉촉한 온기가 내 고통과 눈물을 달래주었다.

온기에는 치료 효과가 있다.

우리 몸이 균과 싸우기 위해 따뜻해지는 것처럼, 우리는 따뜻함 속에서 고통을 달랜다. 따뜻한 음료나 담요, 따뜻한 스웨터는 위안이 된다. 그것은 뜨거운 위안이다. 불안, 나쁜 소식, 슬픔은 우리를 얼어붙게 만들고, 말 그대로 우리의 몸을 식힌다. 그래서 우리는 비극을 겪으면 옷을 더 많이 껴입는다. 그래서 특히나 아이들에게 너무 여러 겹의 옷을 입히기도 한다.

제2차 세계대전 당시 조종사로 참전했던 예술가 요제프 보이스Joseph Beuys(1921년 독일 크레펠트~1986년 독일 뒤셀도르프)는 1944년 3월 16일 크림반도에 추락했다. 얼어 죽을 위기에 처해있던 그를 타타르 원주민들이 지방과 펠트로 감싸 목숨을 구해주었다. 이것이 그의 '첫 번째 죽음'에 대한 이야기다. 어딘가에 기록된 내용은 아니다. 하지만 이 이야기는 보이스의 작품에 종종 펠트와 지방이 등장하는 이유를 설명할 때 항상 거론된다. 2007년, 나는 처음으로 파리의 퐁피두 센터에서 1966년 작 〈그랜드 피아노를 위한 균질적 침투Homogeneous infiltration for grand piano〉를 봤다. 그랜드 피아노를 펠트로 완전히 감싸고 옆면에는 붉은색 십자가를 꿰맨 작품이다. 펠트로 만든 그의 유명한 의상 중 하나도 봤다. 1985년에 제작된 설치예술 〈플라이트Plight〉는 거대한 펠트 롤로 벽을 완전히 두른 공간 중앙에 피아노가 있는 작품이다. 펠트는 인류가 만든 가장 오래된 섬유 중 하나다. 우리가 직조나 방적을 배우기 전에는 가죽이나 피혁(무두질을 거친 가죽 — 역주)을 입었다. 펠트는 우연히 발견되었다고 전해진다. 동물들이 나무에 몸을 비비면서 엉킨 털이 남았는데, 여기에서 영감을 받아 양모 펠트라는 아이디어가 탄생했을 수도 있다. 양털로 된 신발에 압력이 가해지고 땀으로 인해 습기가 차면 펠트와 비슷한 단단한 직물이 형성될 수 있다. 펠트는 통풍이 잘되고 단열성이 뛰어나 추위를 막아주는 소재다. 또 가볍고 내구성이 뛰어나 의류와 건축용 단열재로 사용된다. 지방은 온도 변화에 취약한 물질이지만, 생명체가 에너지를 비축하는 최적의 방법은 지방을 만드는 것이다. 지방은 열에 녹으면서 부드러운 물질이라 손으로 따뜻하게 녹여 원하는 대로 모양을 만들 수 있다.

   따뜻함은 생명의 상징이고 차가움은 죽음의 상징이다.
   보이스에게 지방과 펠트는 모두 따뜻함을 상징한다.

반대로 유리는 차갑다.

존 러스킨John Ruskin은 이렇게 사물이 따뜻하고 차가운 이미지라는 견해에 대해 감상적 오류pathetic fallacy*라고 했을 것이다. 한편 그 따뜻함과 차가움은 열역학에 기반을 둔다. 단열재인 펠트, 그리고 에너지 저장소이자 열을 생성하는 물질인 지방은 열을 보존하고 교환하는 데 열역학적으로 유용하다. 보이스는 재료의 물리적 특성을 상징적으로 활용한다. 실존적 의미뿐만 아니라 사회적 의미도 잘 표현한다. 보이스에게 예술은 언제나 정치적, 문화적 사상을 담고 있는 것이자 변화를 위한 도구다. 그가 주창한 사회적 플라스틱social plastic에서 차가움과 유리는 과학적 사고, 이성, 엄격함을 뜻하며, 따뜻함과 지방은 사랑, 감수성, 무정형성을 나타낸다. 차가움과 따뜻함은 움직임, 즉 순환에 의해 어쩔 수 없이 연결된 관계다. 보이스는 기술이 개입되지 않은 목가주의를 옹호한 적은 없지만, 과학적 유물론을 비판했다. 그는 물질주의적 세계관이 결국 과거의 가치를 지워버린다고 생각한다. 미래를 가능케 하는 것은 서로 순환하는 현재와 과거다. 순환은 보이스의 작품에서 반복해서 등장하는 주요한 개념이다. 순환을 훌륭하게 표현한 작품으로는 카셀 도큐멘타에 1977년 설치한 그의 작품 〈작업장의 꿀 펌프Honey Pump at the Workplace〉다. 이 작품은 17미터 높

---

*　사물에 인간의 능력, 감각, 감정을 부여하는 것.

이의 파이프를 통해 꿀을 밀어올려 프리데리치아눔Fridericianum 미술관의 복도를 가로지르는 분배망까지 운반하는 두 개의 강력한 모터가 장착된 대형 펌프다. 그는 꿀 2톤, 지방 100킬로그램, 보트 엔진 두 개, 금속 용기, 플라스틱 튜브, 청동 용기 세 개를 사용했다. 꿀과 지방으로 표현되는 열은 펌프의 작동으로 순환하면서 건물 전체로 전달된다. 〈작업장의 꿀 펌프〉는 혈액의 순환을 나타낸다. 사무실 같은 공간은 심방을 뜻하고, 머리는 박물관 창고에서 꿀을 보관하는 길고 커다란 관일 것이다. 펌프는 창의성의 순환 구조를 상징한다. 움직임은 심장, 생각은 머리, 의지는 기계다. 물리학에서 출발한 열역학의 개념은 예술적 개념으로서의 열역학으로 확장되고 다시 순환하는 것이다. 〈작업장의 꿀 펌프〉는 순환 운동을 가장 화려하게 표현한 작품이었다. 보이스에게 예술은 물질주의로 인해 쇠퇴하는 세상을 구원하는 수단이다. 우리가 잃어버린 영성을 재발견하도록 이끌어줄 새로운 완전한 종교성에 대한 믿음이다. 이상하거나 새로운 아이디어가 아니다. 철학자 로제 가로디Roger Garaudy는 "21세기는 영적이거나 그렇지 않거나 둘 중 하나일 것"이라고 말했다. 보이스는 자신이 유명인이 될까 봐, 예술을 홍보하는 수단이 될까 봐 두려웠다. 그의 목표는 그런 것이 아니었다. 훨씬 더 초월적인 것이었다. 내적 충동을 일으키는 것, 아마 더 나아가 사회적 혁명을 일으키는 것이었다.

1974년, 보이스는 뉴욕에서 〈나는 미국을 좋아하고 미국은 나를 좋아한다I like America and America likes me〉라는 퍼포먼스를 진행했다. 뉴욕의 르네 블록René Block 갤러리에서 코요테와 3일 동안 함께 사는 퍼포먼스였다. 퍼포먼스는 뒤셀도르프Düsseldorf에서 뉴욕으로 이동하면서 시작됐다. 보이스는 케네디 공항에 도착하자마자 펠트 담요로 머리부터 발끝까지 감쌌고 들것에 실려 구급차를 타고 갤러리로 옮겨졌다. 갤러리에 도착한 뒤 보이스는 야생 코요테와 한 공간에 머무르게 되었다. 그곳은 철조망 울타리로 관객과 분리되어 있었다. 보이스는 3일 동안 일련의 의식을 거행했다. 코요테와 대화를 나누고, 코요테에게 펠트, 장갑, 손전등, 지팡이, 《월스트리트 저널》 등 다양한 물건들을 건넸다. 코요테는 신문을 화장실로 썼다. 보이스의 이러한 행동은 그의 금욕주의적 시각을 드러낸다. 사회와 일상으로부터 단절되었다가 다시 돌아온 후에는 입원이 필요한 존재가 된다. 그래서 보이스는 구급차로 이송된다. 보이스는 자연으로부터 멀어진 문화의 사회가 병자를 낳는다고 생각한다. 그래서 보이스는 살아 있는 시체처럼 자신을 펠트로 감싼다. 보이스와 코요테가 서로 경계하고 길들이는 모습은 문화와 자연의 화해를 상징한다. 아름다움이란 예술에 내재된 것이라고 생각하는 경우가 많다. 가장 피상적인 방식으로 이해되는 아름다움은 곧 예쁘다는 말과 동의어다. 보이스의 작품은 그와는 거리가 멀다. 그는 매우 단순하고 평범한 재료 ― 펠트, 지방 ― 로 작품을 만든다. 흔히 말하는 아름다움과는 거리가 있으며 '예쁘지' 않다. 하지만 보이스의 작품은 병이 낫기 전의 열처럼, 내 다친 손가락을 치유하던 아버지의 따뜻한

침처럼 아름답다.

보이스에게는 일종의 영혼의 지휘자, 즉 영혼의 인도자라는 사명이 있나 보다. 그의 목표는 인류의 정신적 진화이며, 그 진화 초석은 개인이다. 보이스는 "모든 사람은 예술가"라고 말했다. 진화를 향한 과정에서 보이스는 펠트 갑옷을 입고 선두 전사로 나선다. 보이스는 따뜻한 마음과 사랑을 잃지 않기 위해 펠트 조끼를 입었고 자신의 다짐이 떠나가지 않도록 펠트 모자를 썼다고 했다.

20

벗겨진 벽

나는 한 집에서 20년 넘게 살았다. 내 방 벽에 마지막으로 칠했던 페인트는 살구색이었다. 그 전에는 레몬색, 흰색, 짙은 녹색을 거쳤다. 나는 벽의 벗겨진 부분을 바라보며, 마치 고고학적 탐험을 하듯 시간을 탐색했다. 한때는 벽면에 고테르 마감을 하지 않았던 시절도 있었고, 맨 처음에는 황토색 톤의 리버티Liberty(영국 리버티 패브릭 회사 ― 역주) 꽃무늬 벽지가 붙어 있었다. 그 아래에는 매끈한 흰색 벽이 있었다. 아마 집이 처음 지어졌을 1970년대에는 그런 벽이었을 것이다. 그렇게 나의 방엔 추억이 담긴 여섯 겹의 층이 쌓였다. 어쩌면 일곱 겹일 수도 있겠다. 지금 사는 사람들이 새로 덧칠했을지도 모르니까.

옷장을 바꾸면서 바닥 아래에 감춰졌던 여러 겹의 층들도 발견했다. 북유럽 스타일의 커다란 떡갈나무 옷장이었는데, 벌레가 갉아먹어 버렸다. 원래 바닥은 회색 줄무늬가 있는 적

갈색 타일이었다. 아주 예뻤다. 그러다 바닥이 새로 깔리면서 옷장 주변으로 4센티미터 정도 솟아올라 있었다. 처음에는 비닐계 바닥재인 신타솔, 그 위엔 내가 어릴 때 놀았던 코르크 바닥, 그리고 그 위엔 플로팅 마룻바닥이 깔려 있었다. 페인트의 겹, 바닥의 겹이 쌓일수록 방은 더 작아졌다. 겹들은 그곳에 사람이 살았다는 것, 그리고 시간이 흘렀다는 것을 증명했다. 나는 항상 과거를 돌아보는 것을 좋아했다. 조금 더 과거로, 내가 존재하기 시작한 순간으로 가보는 것을.

시인 마리아 라도María Lado는 이렇게 썼다.

"지금은 바로 직전의 순간이다."

1980년대 후반, 그 방에 이중창이 설치되었다. 작은 청록색 유리 타일로 된 이중창은 창과 창 사이에 마치 액자처럼 끼워져 있었다. 이중창의 역할은 외벽 재료를 보호하는 데 그쳤다. 건축학적으로는 흥미로울 것 없는 건물이었다. 그리고 타일은 건물이 입었던 유일한 좋은 옷이었지만, 몇 년 뒤 몰탈로 덮여 눈에 띄지 않게 되었다. 이후 외벽에는 주기적으로 여러 톤의 흰색 몰탈이 칠해졌다. 2004년, 나는 고고학적 화가 마누엘 에이리스Manuel Eirís(1977년 스페인 산티아고데콤포스텔라~)를 그의 작품 〈드러나다Desocultamientos〉 덕에 알게 되었다. 그는 벽의 페인트를 한 겹 한 겹 벗겨 그 아래의 원래 모습이 드러나는 순간까지 도달하는 예술가였다. 그는 자신이 원하는 기준을 충족하는 집을 골랐다. 빛이 특정 방식으로 들어오는 창문이 있고, 연식이 꽤 된 집이었다. 그 집에서 페인트, 고테르 마감, 벽지를 벗겨내면서 바닥에 그 잔해들로 산을 만들고 벗겨진 벽은 단색의 그림처럼 남았다. 마누엘 에이리스의 작업은 판자의 덧칠을 지우는 것에서 시작되었다. 그는 판자를 목공 작업장으로 가져가 샌더(목재 등의 표면을 연마하는 데 쓰는 기계 — 역주)를 사용하여 일종의 고고학적 발굴을 했다. 그는 원래의 나무에 도달할 때까지 중앙만 지웠다. 이렇게 해서 페인트가 프레임 역할을 했다. 그는 그림을 그리는 행위를 피하는 화가였다. 에이리스가 미술을 공부했던 1990년대 말에서 2000년대 초 사이에는 "회화는 이미 죽었다"는 의견이 끊임없이 제기되었다. 하지만 에이리스는 화가가 되고 싶었다. 그림을 그리기까지는 데 몇 년이 걸렸다. 시작은 '지우기'였지만 지금은 '그린다.' 페인트와 붓으로 그림을 그린다. 오일, 아크릴, 스프레이도 사용한다. 그는 페인트 수십 겹으로 된 단색 그림을 그린다. 그림의 가장자리를 보면 알 수 있다. 어떤 작품에는 검은색 페인트가 160겹이나 덧입혀져 있다. 그것은 곧 시간이다. 아주 긴 시간이다. 덧칠하는 데 걸리는 시간은 기법, 바인더, 용제에 따라 달라진다. 그라피티에 사용하는 것과 같은 아크릴 스프레이 페인트에는 추진제와 용제가 포함되어 있어 페인트를 다시 칠하는 데 걸리는 시간을 몇 분 또는 몇 초로 단축할 수 있다. 일반 아크릴로는 몇 시간이 걸린다. 유화는 며칠이 걸린다. 에이리스의 단색 그림에는 몇 달의 시간이 축적되어 있다. 반응 시간은 '반응 속도론'이라는 화학 분야에서 연구된다. 유화는 다시 그리는 데 상당한 시간이 걸리지만, 건조

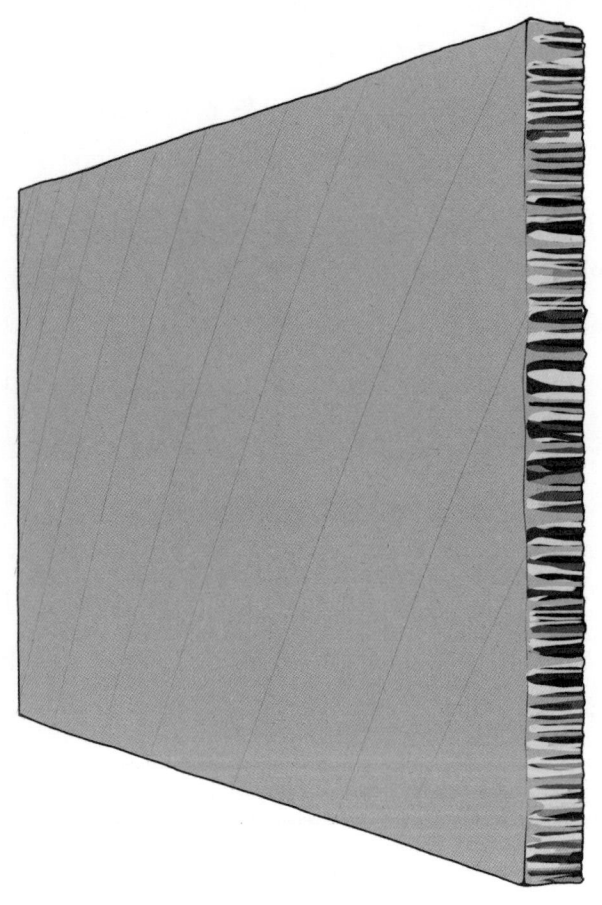

마누엘 에이리스, 〈무제〉
캔버스에 아크릴 물감, 형광 안료 및 순수 아크릴 분산액 여러 겹, 23×23cm, 2017년.

제를 사용하면 그 시간을 줄일 수 있다. 화학적 관점에서 보면, 오일의 건조는 오일이 안료와 충전제와 반응하여 비누를 형성하는 비누화saponification 반응으로 이루어진다. 아크릴 페인트는 더 다루기 쉽다. 아크릴은 수성 페인트로, 수분을 증발하면서 결합을 형성해 탄력 있는 플라스틱 막처럼 굳어지는 젖은 플라스틱의 성질을 갖는다. 새로운 층을 덧칠하면 신선한 아크릴은 물 덕분에 아래층 아크릴과 약한 화학 결합을 형성한다. 탄력 있는 플라스틱 막이 층층이 두꺼워진다. 벽 페인트는 대개 아크릴 페인트다. 벽화가들은 완벽한 단색 그림을 그리는 데 전념한다. 붓놀림과 페인트 롤러의 리듬이 완벽하다. 표면에는 붓털이 적당히 남게 된다. 붓놀림이 딱 적당하다. 과하지도 약하지도 않다. 고야Goya는 그림이 결코 적절한 시기에 완성되지 않는다고 말했다. 우리는 무엇이든 덜 하거나 더 한다. 벽화를 그리는 사람에게는 그런 일이 절대 일어나지 않는다. 마누엘 에이리스의 단색 그림은 완벽하다. 붓털이 적절히 남아 있고, 최종 색에 이르기까지 색 위에 색을 쌓아온 이야기가 고스란히 담겨 있다. 그의 작품들은 액자 없이 전시된다. 시간의 층이 가장자리에서 드러나기 때문이다.

우리 집 거실에는 어둠 속에서 빛나는 마누엘 에이리스의 작은 단색 그림이 있다.

마지막 색은 아쿠아마린 블루다.

21

우리 동네에는 불가사리 비가 내린다

내가 사는 동네에는 길거리에 불가사리가 있다. 가장 큰 불가사리는 노란색이고, 보통 바위에 붙어 산다. 노란 불가사리는 홍합을 주로 먹고, 가끔은 가리비도 먹는다. 반면 가장 작은 불가사리들은 적갈색부터 파란색까지 비교적 선명한 색을 띤다. 이들은 일반적으로 강의 하구 내부 퇴적층에 붙어 살며, 조개를 먹는다. 도로에 널브러진 불가사리들은 대부분 가장 작은 종류다. 어떤 경우에는 바다에서 1킬로미터 이상 떨어진 장소에서도 발견된다.

어릴 적, 나는 불가사리가 이쪽 해안에서 저쪽 해안까지 여행하는 별들이라고 믿었다. 내가 이렇게 생각했던 이유는 특히 산안드레스San Andrés 거리에서 자주 불가사리들을 만났기 때문이다. 산안드레스 거리는 반도와 대륙을 연결하는 지협에서 도시가 좁아지는 지점에 위치해 있다. 대서양이 맞닿은 바

바깥쪽에는 해변이, 라코루냐 하구를 마주한 안쪽에는 항구가 자리한다. 나는 불가사리들이 한 장소에서 다른 장소로 여행하는 모습을 상상했다. 어느 날, 해가 뜨기 직전, 이어폰으로 툴Tool(미국의 록 밴드 ― 역주)의 앨범 〈Ænima〉를 들으며 로살리아 데 카스트로 거리를 걷고 있었다. 그때 갑자기 무언가가 내 머리에 떨어지며 정신이 번쩍 들었다. 부드럽고 촉촉하고 가벼운 무언가였다. 머리카락을 살짝 빗고 지나가는 듯한, 부드러운 감각. 주황색 불가사리였다. 불가사리는 내 손바닥보다 작았고, 팔 하나가 없었다. 그것은 소나기처럼 하늘에서 내려왔다. 불가사리는 비처럼, 아니 폭우처럼 쏟아지기도 한다. 커다란 물방울이 흩어지며, 쏟아진다. 나는 불가사리를 손에 쥐었다. 그건 살아 있었다. 작은 관족들이 두꺼운 잔디처럼 움직였다. 하지만 불가사리는 그 거리에서 살아남을 수 없었다. 하이힐에 밟혀 남은 팔이 잘릴 수도 있고, 차에 치여 죽을 수도 있다. 그러나 내가 바다로 돌려보내면, 잘린 팔은 다시 자라날 것이다. 다시 살아갈 수 있을 것이다. 나는 리아소르 해변까지 걸어가, 하로네스 전망대의 바위 위에 불가사리를 놓았다. 그 해변의 모래는 바위가 침식되어 생긴 자갈 조각과 조개가 섞인, 진짜 모래였기 때문에 그곳을 선택했다. 다른 곳의 모래는 비미안소Vimianzo 채석장에서 나온 석영, 운모, 카올린으로 채워져 있다. 우리 동네의 길이 처음 포장된 건 1872년이다. 강어귀의 땅 3천 제곱미터를 자연으로부터 훔쳐 와, 아스팔트를 깔았다. 지금은 부두 근처 산책로가 되었고, 멘데스 누네스 정원이 있는 곳이다. 이 정원은 우리 동네의 녹색 허파 같은 곳이다. 아직도 '포장도로 속 정원'이라고 부르는 사람들도 있다. 20세기 초까지만 해도 마리나Marina 거리의 갤러리 건물들은 바다와 가까웠다. 정원을 마주 보고 있는 건물 다수가 해수 펌핑 시스템을 갖추고 있다. 1925년 개장 당시 스페인에서 가장 높은 마천루였던 방코 파스토르Banco Pastor(과거 스페인의 은행 — 역주) 건물은 모래에 놓인 나무 말뚝 위에 지어졌다. 1970년대부터 우리 동네는 또 다른 해안의 면, 그러니까 해변의 만을 따라 확장되기 시작했다. 모래는 매년 도시에 엄청난 피해를 입히는 폭풍우로 인한 파도를 막는 방파제 역할을 하면서 산책로의 난간과 도로까지 밀려온다. 1989년 해변은 비미안소 채석장에서 나온 골재로 먼저 채워졌다. 라코루냐 주민들이 해변의 모래가 거칠다고 항의하자 1993년 아레스 강어귀에서 가져온 진짜 모래로 채워졌다. 마지막 채우기 작업은 2010년이었다. 이때도 비미안소 채석장의 모래를 사용했는데, 이때 대부분의 카올린이 제거되었다. 모래는 석영처럼 하얗고 입자가 고왔다. 흰모래는 남색 바다를 우윳빛 청록색으로 물들였다. 오랜 세월에 걸쳐 조수가 모래를 씻어내면서 물의 탁함이 사라졌다. 하지만 해안은 어둠을 잃고 마치 덧칠한 그림에 쓰인 듯한 인공적인 열대의 푸른색으로 변했다. 그 뒤로 보이는 바다는 군청색처럼 어두운데 해변의 바다는 청록색 돌처럼 맑다. 해변은 이제 파티니르가 그린 푸른 색조의 풍경화 같다. 요아힘 파티니르Joachim Patinir(1483년 벨기에 디낭~1524년 벨기에 안트베르펜)는 플랑드르 최초의 풍경 화가다. 그의 풍경화 속 배경을 덮은 파란색은 마치 앞으로 밀려오는 파도처럼 그림 전체를 파란색으로 적신다. 이러한 효과는 계단처럼 층층이 쌓인 평행 구도로 인한 것이다. 배경에는 높은 수평선 위로 보이는 하늘이 산과 함께 푸른빛을 뿜낸다.

배경이 모두 푸른색이다.

예술에서 파란색은 개념적 상징으로 기능해왔다. 특히 비물질적인 것을 표현하는 데 쓰였다. 빛과 어둠, 천국과 지옥처럼 말이다. 애니시 커푸어는 〈림보로의 하강〉에서 짙은 파란색 림보를 그렸다. 그는 땅을 파서 만든 원형의 구멍을 만들었다. 벽은 파란색으로 칠했다. 그것이 푸른 페인트로 된 카펫인지, 깊이를 알 수 없는 구멍인지, 심연으로 통하는 입구인지 알 수 없다. 파란색 안료는 수십 가지다. 이집트 블루Egyptian Blue, 울트라마린, 코발트블루, 세룰리안블루Cerulean Blue, 망가니즈 블루Manganese Blue, 베를린블루Berlin Blue, 파리 블루Paris Blue, 프러시안블루, 밀로리 블루Milori Blue, 브레멘 블루Bremen Blue 그리고 산의 푸른색인 아주라이트 광석까지. 각각의 파란색은 배위 화학coordination chemistry 덕분에 고유의 파란색을 띤다. 코발트, 구리, 철, 망간 등의 전이금속이 존재하기 때문이다. 일부는 보라색이나 녹색 계열에 속할 수도 있다. 또 어떤 파란색은 화학반응과 시간의 영향으로 색이 변하기도 한다. 이런 색의 변화나 또 다른 눈에 띄는 결함을 이점으로 활용한 예술가들이 있다. 그중 한 명인 파티니르는 울트라마린, 아쿠아마린, 터키옥색,

아쿠아그린의 중간쯤 되는 푸른 안료를 자주 사용했다.

작품의 푸른 안료는 산의 푸른색, 흔히 아주라이트라 불리는 색이다. 18세기 중반까지 아주라이트 안료는 유럽 회화에서 가장 널리 사용되었으며, 아프가니스탄의 청금석에서 추출한 귀한 안료인 울트라마린을 대체했다. 아주라이트는 게르만 산맥에서 채굴되었기 때문에 산의 푸른색이라는 별명이 붙었다. 아주라이트는 화학적으로는 염기성 탄산구리이며 결정수의 함량 비율은 모두 다르다. 아주라이트가 있는 광상에서는 말라카이트도 함께 발견된다. 둘은 화학적으로 매우 유사하다. 아주라이트는 템페라와 같은 수용성 매제나 식물성 검 gum과 함께 사용할 수 있다. 밝은 파란색을 띠는 안료다. 울트라마린과 비교하면 약간의 보라색이 섞인 녹색 쪽에 가깝다. 유화에서 아주라이트 여러 겹을 칠하면 거의 검은색에 가까운 결과가 나올 수 있다. 흰색을 추가하면 가장 순수하고 가장 익숙한 파란색을 얻을 수 있다. 또한 아주라이트는 염기에 강해 석회와 섞은 유성 물질에 사용할 수 있다. 하지만 유화에선 원래의 파란빛이 녹색으로 변질될 위험이 있다. 올레산 구리copper oleate가 형성되는 것이 주된 이유다. 작품에서 볼 수 있는 청록색 톤은 아주라이트가 부분적으로 말라카이트로 변하는 화학적 특성과 관련이 있다. 아주라이트가 물을 흡수하면 일부가 녹색을 띠는 말라카이트로 변형된다. 그래서 아주라이트가 포함된 돌이 보통 녹색을 띠는 것이다. 아주라이트와 말라카이트가 산화하면 검은색을 띠는 산화구리나 황화구리를 생성할 수 있다. 안료가 바인더와 섞여 유화 물감이 만들어지는 순간, 아주라이트에서 말라카이트로의 변형은 시간 속에서 정지된다. 그래서 아주라이트를 사용한 유화는 어떤 것은 녹색에 가깝고, 또 어떤 것은 파란색에 가까워, 모두 미묘하게 톤이 다르다. 이러한 녹색화는, 바인더의 황변 또는 바니시의 변색에서도 기인한다. 그림을 복원할 때는 이 녹색 변화가 색소 자체의 변화인지, 아니면 환경적 요인에 따른 것인지 평가해야 한다. 실제로 일부 화가들은 녹색을 강조하기 위해 아주라이트 위에 노란색 유약을 덧입히는 방식을 사용하기도 한다. 또는 납황색과 같은 페인트를 아주라이트와 직접 섞어 녹색 페인트를 얻기도 한다. 아주라이트의 화학적 구성은 아주 간단해서, 합성으로도 쉽게 제작할 수 있다. 인공적으로 생산된 염기성 탄산구리는 '베르디터verditer'라는 이름으로도 알려져 있다. 이렇게 판매되는 가루는 입자가 고우며, 색이 연한 천연 아주라이트와 구별이 어려울 정도로 균일하다. 베르디터는 18세기에도 이미 존재했지만, 파란색 안료를 둘러싼 경쟁에서 밀려났다. 그 자리를 대신한 것은 페로시안화철에서 얻을 수 있는 프러시안블루였다. 훨씬 더 안정적이고, 경제적이었기 때문이다. 수십 년 뒤에는 합성 울트라마린과 코발트블루도 그 자리를 이어받았다.

  2013년, 프라도 미술관에서 〈자연사〉라는 전시회가 열렸다. 전시는 스페인국립연구위원회CSIC가 운영하는 국립 자연과학박물관에서 가져온 동물, 식물, 광물 등 약 150점의 자연사 작품과 박물관 소장품 중 주제와 연결된 25점의 작품으로 구성되었다. 그중 파티니르의 〈스틱스강을 건너는 카론〉 앞에는 거대한 아주라이트 바위 한 덩이가 놓여 있었다. 이 바위는 마치 그림 속 호수가 바깥으로 이어진 듯한 확장선처럼, 혹은 그 호수가 말라버린 결과물처럼 배치되어 원작에 또 하나의 층위를 더했다. 파티니르가 작품에 사용한 푸른 안료가 바로 아주라이트였기 때문에, 그 돌의 설치는 매우 적절한 선택이었다. 〈스틱스강을 건너는 카론〉은 위에서부터 세 부분으로 나눌 수 있다. 그리고 성경적 이미지와 그리스 로마적 이미지가 섞여 있다. 왼쪽은 좁은 입구가 있는 천국이다. 맑은 녹색과 파란색이 화면을 구성한다. 오른쪽은 지옥이다. 입구는 넓고 쉽게 들어갈 수 있지만, 칙칙한 녹색과, 그 뒤에는 강을 건너는 자의 시야에는 보이지 않는 검은색과 붉은색이 배치되어 있다. 중앙에는 카론이 그의 배에 영혼을 태워 청록색 강을 건너 지옥을 향하고 있다. 현대 예술가 비토르 메후토Vítor Mejuto(1969년 스페인 바르셀로나~)는 역사상 가장 상징적인 그림 중 일부를, 기하학적 언어로 재해석한 작업을 했다. 그중 하나가 파티니르의 〈스틱스강을 건너는 카론〉이다. 메후토는 합성, 형태의 절제, 색의 절제를 기반으로 하여, 서로 섞이지 않은 여덟 개의 색면만을 사용해 〈스틱스강을 건너는 카론〉을 재구성했다. 몬드리안이 현실을 가리는 베일을 벗겨내고, 신조형적 작품을 탄생시켰던 것과 닮아 있다. 메후토 역시 파티니르의 그림에서 복잡함을 걷어내고, 기억에 오래 남을 수 있는 구조로 이미

비토르 메후토, 〈스틱스 강을 건너는 카론〉
수지 코팅 캔버스 위에 아크릴 물감, 55×65cm, 2018년.

지들을 정리했다. 현실이 수학적 함수라면, 메후토는 회전체를 평면으로 바꾸는 파생함수를 그린 화가일 것이다. 색도 그렇다. 메후토는 복잡하게 섞인 색을 단색으로 풀어내어 마치 빛이 반대 방향, 즉 눈에서 뇌가 아닌 뇌에서 눈으로 이동하는 느낌이 들게 한다. 메후토가 그린 스틱스강의 파란색은 윈저앤뉴튼Windsor&Newton(영국의 미술용품 브랜드 — 역주)의 청록색 아크릴 물감을 이용했다. 그 색은 합성 코발트블루로 만들어졌다. 화학적으로는 산화코발트(II)와 산화알루미늄으로 이루어진 스피넬 구조다. 강렬하고 순수한 파란색인 코발트블루 안료를 크롬 산화물과 결합하면 최종적으로 청록색을 얻게 된다. 기술적인 관점에서 봤을 때 코발트블루로 만든 청록색은 르네상스 아주라이트가 적절하게 진화한 것이다. 파티니르와 마찬가지로 메후토도 딱 맞는 톤을 얻기 위해 흰색을 섞었다. 파티니르는 지금은 독성 때문에 사용되지 않는 납백을 사용했다. 메후토는 아연백을 썼다. 우리가 화학을 더 많이 알게 될수록 흰색도 진보한다. 〈스틱스강을 건너는 카론〉의 주제는 시대를 초월하지만 파티니르와 메후토는 둘 다 그 시대의 파란색을 사용하여 작품을 그렸다.

한 사람이 세상을 바라보는 방식을 보면 그 사람을 알 수 있다. 모든 파란색에 때가 있는 것처럼 우리가 세상을 보는 방식에도 때가 있다.

이 도시의 거리에는 불가사리가 있다.

불가사리는 내가 어렸을 때 생각했던 것처럼 해변에서 항구까지 지협을 기어서 건너온 것이 아니다. 내가 좀 더 컸을 때 불가사리가 내 머리를 빗겨주었던 날 알게 된 것처럼 하늘에서 떨어진 것이다. 불가사리의 팔 한쪽이 없었던 건 천적 때문에 잘렸거나 천적에게서 도망치기 위해 스스로 끊어낸 것이다. 사실 불가사리들은 잘린 팔을 재생하는 능력이 있다. 라코루냐에서는 썰물 때, 불가사리들이 해변으로 밀려들어오고, 그때를 노리는 포식자들이 하늘을 가로지른다. 그래서 해변에는 불가사리 비가 내린다. 끼룩끼룩 울며 도시의 배경음악을 연주하는 갈매기들은, 부리에 불가사리를 문 채 하늘을 가로지르는 스틱스강의 또 다른 카론이다.

22

마을의 커피잔

나에겐 동네가 없었다.

적어도, 보통의 아이들이 생각하는 '우리 동네'는 없었다.

할머니, 할아버지네 집도 없었고, 여름에 놀러 가는 시골집도 없었다. 나는 할머니, 할아버지와 같은 도시에 살았다. 처음에는 네 개의 버스 정류장이 떨어진 곳이었고, 다음에는 바로 아래층이었고, 결국에는 모두 한집에서 함께 살게 되었다. 내게 우리 동네는 하나가 아니라 여러 개였다. 증조할머니네 집, 큰할아버지네 집, 우리 부모님의 대부모님의 집, 그분들 사촌들의 집까지. 아빠는 주말마다 우리를 콘크리트 대신 돌로 지어진 집, 플라타너스 대신 참나무로 둘러싸인 집으로 데려가셨다. 아빠가 하던 모든 일이 그랬지만, 여기에도 숨겨진 교훈이 있었다. 나는 그곳에서 농촌의 규칙을 배웠다. 땅을 구분하는 주황색 끈은 그냥 끈이 아니라 가축을 관리하는 목동 역할을 했다. 그 끈을 잘못 만지면 전기가 오른다. 닭은 옥수수와 조개껍데기를 먹는다. 말에게 먹이를 주는 법, 감자를 캐는 법, 순무 꽃봉오리와 잎을 구별하는 법을 나는 배웠다. 소들에게 조심스럽게 다가가 그 아련한 눈빛을 보고 감동했다. 그런 장면은 아주 잠깐이었지만 내가 내내 그리워하는 삶의 한 조각이 되었다. 우리는 차를 타고 레너드 코헨Leonard Cohen의 음악을 들으며 풀과 안개, 흙, 그리고 타버린 그루터기에서 연기 냄새가 나는 곳을 달리고 있었다. 그 시간 동안 나는 기쁘면서도 슬펐다. 벌써 그리워져서였을까. 나는 그 모든 장면이 기억 속에 크게 자리 잡을 것임을 알고 있었다. 기억은, 우리 모두의 머릿속에 있는 일종의 신이다. 그 집에서는 벽난로, 장작, 커피 냄새가 났다. 딱 한 가지만 제외하면, 도시에 있는 우리 집과 완전히 달랐다. 그 집도, 이 집도, 전부 다 커피잔이 똑같은 도자기로 되어 있었다. 코발트블루 색으로 장식된, 유리처럼 빛나는 흰색 도자기였다.

요즘도 나는 매일 아침 그 똑같은 커피잔으로 모닝커피를 마신다. 바로 사르가델로스 공장에서 나온 커피잔이다. 사르가델로스 도자기를 장식하는 데 사용된 코발트블루는 19세기 초에 화학자 자크 테나르Jacques Thénard가 울트라마린의 저렴한 대체품으로 개발한 것이다. 테나르는 세브르Sèvres(프랑스 도자기 회사 — 역주) 도자기 제조 절차를 연구하여 이 문제를 해결하고자 했다. 그는 토기의 푸른 유약이 코발트 비산염cobalt arsenate, $Co_3(AsO_4)_2$으로 만들어졌다는 것을 발견하고 코발트 비산염과 코발트 인산염cobalt phosphate을 산화알루미늄Aluminum Oxide과 함께 가열하는 방법을 시도했다. 이렇게 하여 테나르는 코발트블루 혹은 테나르 블루Thenard's Blue를 개발했다. 테나르는 다양한 바인더를 섞어가며 다양한 코발트블루 안료를 제작해 보았다. 그리고 코발트블루 안료를 고품질의 울트라마린 안료 표본과 함께 두 달간 강한 빛에 노출시켜 지켜보았다. 그런데 두 안료 모두 눈에 띄는 변화가 없었고, 색의 안정성에서도 별다른 차이는 나타나지 않았다. 울트라마린은 공명 구조가 뚜렷한 삼황화물에서 유래하는 색이다. 그러나 코발트블루는 화학적으로 코발트(II) 알루미네이트, 또는 산화코발트(II)Cobalt(II) Oxide, CoO와 산화알루미늄으로 구성된 스피넬 화합물이다. 이 색은 전이금속인 코발트 덕분에 나타난다. 코발트블루는 고온에서도 색이 안정되며, 도자기 제작에도 적합하다. 사르가델로스 도자기의 경우 초벌구이는 섭씨 800도, 재벌구이는 섭씨 1,430도에서 진행한다. 나의 사르가델로스 커피잔은 '마르티뇨Martiño' 컬렉션 중 하나다. 파란 장식은 산마르티뇨데몬도녜도San Martiño de Mondoñedo 교회의 정문 장식에서 영감을 받았다. 살짝 갈라진 잎으로 이루어진 왕관 두 개에 코린트식 기둥 모양으로 마무리되어 있다. 크리스티안은 '포르토마리니카Portomarínica' 컬렉션을 가지고 있다. 우리 부모님은 가리비 껍질에서 영감을 받은 '쿤차Cuncha' 컬렉션의 잔을 사용하고, 시부모님은 '빌라르데도나스Vilar de Donas' 컬렉션을 갖고 계신다. 1970년대 사르가델로스에서 제작된 모든 컬렉션은 시골 주택 장식부터 교회, 기념물, 풍경 요소, 토착 식물부터 동물에 이르기까지 갈리시아의 전통을 연구한 결과다. 여기서는 모두가 사르가델로스의 접시, 인형, 쟁반 또는 커피잔 세트를 가지고 있다. 그게 요점이다. 예술가 루이스 세오아네Luis Seoane(1910년 아르헨티나 부에노스아이레스~1979년 스페인 라코루냐)는 "갈리시아인들은 장신구나 인형을 사다 보면 결국 그들의 역사를 알 수밖에 없다"고 말했다. 이는 1963년 아르헨티나에서 이삭 디아스 파르도Isaac Díaz Pardo(1920년 스페인 산티아고데콤포스텔라~2012년 스페인 라코루냐)를 비롯한 망명한 갈리시아 지식인들과 함께 설립한 기관인 포르마스 연구소Laboratorio de Formas에 대한 이야기다. 연구소 설립 목적은 갈리시아의 전통적인 면을 연구하는 것이었다. 스그라피토Sgraffito(건축 장식 기법 — 역주), 연석, 장식과 방수를 위해 조개껍질로 덮은 외관, 곡물 창고의 홍예석, 교회의 펜덴티브 돔 등. 포르마스 연구원들은 갈리시아의 전통적인 모습을 산업에 적용하여 뿌리를 내리고자 했다. 그들이 수행한 모든 프로젝트 중에서 가장 성공적이고 가장 큰 국제적 전망을 보인 것은 건축가 안드레스 페르난데스-알발라트Andrés Fernández-Albalat(1924~2019년 스페인 라코루냐)가 참여한 프로젝트인 사르가델로스 도자기 공장의 복원이었다. 사르가델로스는 도자기 공장이었을 뿐만 아니라 20세기 후반 산업과 문화를 이끈 중요한 사업 주체이기도 했다. 세오아네는 우리만의 차별점으로 세상을 풍요롭게 한다는 목적을 달성했다.

　세오아네의 도자기 조각품 〈붉은 꽃다발ramo vermello〉은 산안

드레스데테이시도San Andrés de Teixido의 전통적인 빵가루 조각품에서 영감을 받았다. 이 작품은 사르가델로스 도자기 공장에서 제작되었다. 전통, 문화, 정체성은 결국 빵가루처럼 반죽되어 시간이 지나면서 결정화된다. 이 도자기는 완벽한 결정 상태로 부패하지 않고, 누구나 접근할 수 있다. 우리가 누구인지 알려주고, 우리의 존재를 뿌듯하게 만든다. 사람과 사람이 만든 물건이 곧 척도가 된다.

그렇다면 1초는 얼마나 걸릴까?

1초의 지속 시간, 1미터의 길이, 1킬로그램의 질량은 우리가 서로를 이해하기 위해 맺은 관례이자 합의다. 1초의 길이는 전 세계 어느 곳에서나 같다. 스페인 사람이든, 프랑스 사람이든, 미국인이든 마찬가지다. 그 이유는 사물의 척도가 국제적으로 합의되었기 때문이다. 이것이 국제단위계의 구조다. 국제단위계에서는 일곱 개의 기본 단위를 정의한다. 시간을 측정하는 데는 초, 길이를 측정하는 데는 미터, 질량을 측정하는 데는 킬로그램, 전류를 측정하는 데는 암페어, 온도를 측정하는 데는 켈빈, 물질의 양을 측정하는 데는 몰, 광도를 측정하는 데는 칸델라가 있다. 과거에는 무게 1킬로그램이나 길이 1미터를 물체를 기준으로 측정했으며, 다른 단위도 마찬가지였다. 하지만 한 세기가 넘는 기간 동안, 인류는 더 정교한 측정 시스템을 개발해 왔다. 그리고 각 단위를 보편적 상수로 정의하게 되었다. 이런 방법으로 지구상의 모든 사람이 정확히 동일한 단위를 사용한다. 예를 들어 미터는 진공 속에서의 빛

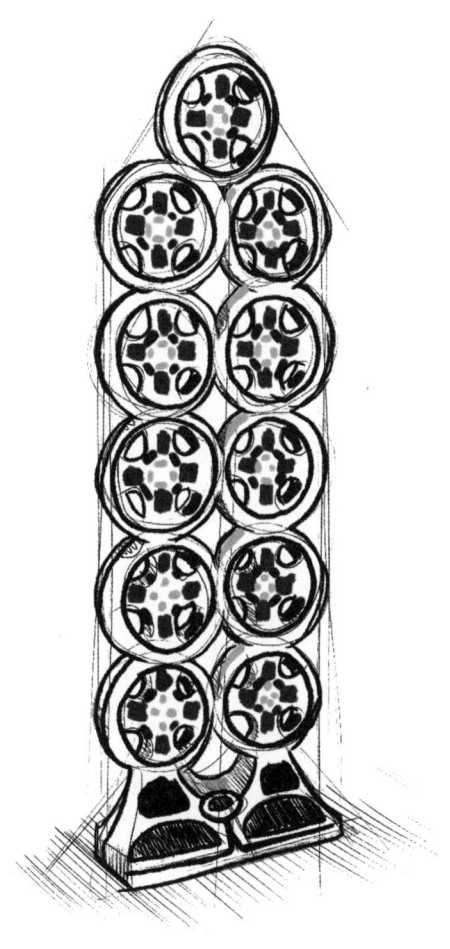

루이스 세오아네, 〈붉은 꽃다발〉
사르가델로스 도자기, 90×100cm, 1969년.

의 속도를 기준으로 정의되고 이는 보편적인 상수다. 암페어는 전자의 기본 전하를 기준으로 삼는다. 킬로그램은 플랑크 상수를 이용한다. 켈빈은 볼츠만 상수에서 따온 것이다. 몰은 아보가드로 상수에서 비롯되었고 초는 1960년대부터 세슘 Cesium, Cs이라는 화학 원소를 기반으로 정의되었다.

왜 세슘일까?

기존의 시계는 물체가 진동하는 횟수를 측정하는 방식을 이용한다. 예를 들어 진자가 달린 시계는 진자가 흔들릴 때마다 기어가 움직인다. 디지털시계는 전기 에너지를 사용하여 석영 수정체를 진동시키고, 카운터가 진동을 측정한다. 원자시계도 내부에서 진동하는 세슘을 이용한다. 세슘에서 진동하는 것은 전자다. 세슘의 전자는 끊임없는 왕복 운동을 하며 공진 주파수를 형성한다. 세슘 원자 시계는 인류에게 알려진 가장 정확한 시계다. 공식 시간을 동기화하고 표준 시간대를 정하는 협정 세계시를 설정하고, 정확한 GPS 위치 지정과 일부 과학 연구에 사용된다. 세슘은 원자 번호 55인 화학 원소다. 원자시계에 사용되는 것은 세슘의 동위원소인 세슘-133 Cs-133이다. 즉 세슘은 핵에 양성자가 55개인 원소이지만 원자시계에 사용되는 세슘은 양성자가 55개[*]와 중성자가 78개[**]다. 그리고 55개의 전자가 원자핵 주위를 공전한다. 전자는 앞뒤로

---

[*]   이것은 불변이므로 그렇지 않으면 세슘이 아니다.
[**] 78개와 55개를 더하면 133개다.

왕복 운동을 하고 우리는 전자를 이용해 초를 정의한다. 세슘 원자를 움직이게 만드는 방법은 다음과 같다. 먼저 세슘을 가열하여 증기가 되게 한다. 세슘 원자는 최외각 전자에 따라 두 가지로 나뉜다. 전자에는 스핀이라고 불리는 특성이 있는데, 이는 전자가 회전하는 방향을 말한다. 어떤 전자는 다른 전자보다 더 활발하게 움직인다. 자석을 사용하면 에너지가 낮은 세슘 원자를 분리하여 챔버로 옮길 수 있다. 챔버로 옮겨진 전자는 마이크로파 에너지를 받아서 최대의 에너지로 회전하는 세슘 원자가 된다. 그러나 이렇게 마이크로파에 의해 자극된 세슘 원자는 자연 상태로 돌아가려는 경향이 있다. 그럴 때 세슘 원자는 빛을 방출하는 방식으로 추가적인 에너지를 내뿜는다. 카메라와 같은 센서를 통해 그 빛을 포착할 수 있다. 세슘에서는 이 모든 과정이 엄청난 속도로 일어난다. 에너지가 충전되고 반환되는 과정이 반복된다. 에너지의 모든 상승과 하락은 진동이다. 마치 세슘이 원자 크기의 진자 같다. 세슘-133은 매초 9,192,631,770번의 진동을 생성한다. 한 번이라도 덜 또는 더 진동하지 않는다. 그래서 국제단위계에서 초의 단위가 세슘-133의 9,192,631,770번 진동을 기반으로 정의된 것이다. 1초 동안 감지된 진동의 수가 많다는 것은 측정이 극도로 정밀하게 이루어졌다는 뜻이며 완벽한 정확성이 필요한 기술에 원자시계가 필수적인 이유를 설명해준다. 세슘 원자시계는 너무도 정확해서 3천만 년에 단 1초의 오차만 발생한다.

그런데 우리가 자주 사용하는 단위 중에는 국제단위계에

정의되어 있지 않은 단위도 있다. 어떤 단위는 감각과 관련되어 측정하기 어려운 민감한 단위이고, 또 다른 단위는 과거 전통에서 비롯되어 지금도 쓰이고 있다. 1바라vara(길이의 단위 — 역주)의 길이는 얼마나 될까? 1아로바arroba(질량의 단위 — 역주)는 또 얼마나 무거울까? 1레구아legua(거리의 단위 — 역주)는 얼마나 될까? 1페라도ferrado는 얼마나 넓을까? 페라도는 장소에 따라 다르다. 페라도는 갈리시아에서 사용하는 면적 단위이다. 원래 페라도는 12킬로그램에서 20킬로그램의 곡물의 양을 측정하는 데 사용된 나무 용기였다. 그러다 나중에는 표면적을 측정하는 데 사용되었다. 즉 이 용기에 담긴 곡물을 얼마나 많은 땅에 뿌릴 수 있는지를 측정했던 것이다. 땅이 비옥하면 페라도 용기가 더 크기 때문에 오늘날에도 페라도의 크기는 지역마다 다르다. 우리가 풍경 속에서 어떻게 사는지, 풍경을 어떻게 변화시키는지, 우리 몸이 어떤지, 우리가 시간의 흐름을 어떻게 인식하는지는 감각적인 측정 단위다. 디자인은 인간의 척도에 맞춰 조정되고 예술은 인간을 측정 단위로 탐구한다.

건축에서 가장 잘 알려진 예는 건축가 르 코르뷔지에(1887년 스위스 라쇼드퐁~1965년 프랑스 로크브륀카프마르탱)가 설계한 모듈러Modulor다. 모듈러는 1948년 현대의 비트루비우스적 인간이라고 할 수 있는 인체 측정 기준이자 인간 측정 체계다. 모듈러는 인간과 자연을 측정하는 방식으로 탄생하여 건축과 디자인에 활용되고, 주택에서 가구에 이르기까지 모든 것을 측정

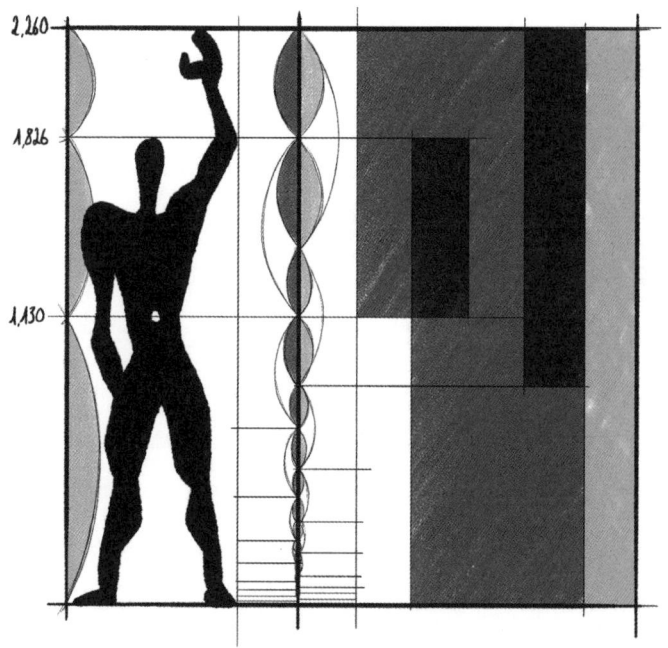

르 코르뷔지에의 모듈러.

할 수 있게 되었다. 모든 측정값은 피보나치수열의 수학적 배열에 따라 서로 비례한다.

인간을 측정 단위로 삼는 것은 단지 신체 형태를 측정하는 것만이 아니라, 인간이 창조한 것과 전통을 유지하는 것 모두를 측정한다는 뜻이다. 이것은 1919년 독일에서 시작된 바우하우스Bauhaus의 철학이기도 했다. 바우하우스는 건축, 디자인, 미술, 공예를 하나로 묶어 교육하기 위해 설립된 학교였다. 기능성, 미학, 소재, 형태는 하나의 명확한 기준에 따라 결정되며, 이를 통해 오늘날 우리가 산업 디자인이라고 하는 것의 기초가 마련되었다. 바우하우스의 슬로건은 '창조하는 건설과 발견하는 관찰build by inventing and observe by discovering'이었다. 단어 하나하나에 모든 형태의 지식을 통합하는 것이 중요하다는 메시지가 담겨 있다. *관찰*은 과학적 활동을 뜻한다. *건설*은 기술과 엔지니어링, *창조*와 *발견*은 예술을 나타낸다. 형용사 형태로 나타낸 창조와 발견은 지금 일어나고 있거나 다른 행동과 동시에 진행되고 있는 일임을 뜻한다. 바우하우스는 제2차 세계대전 이후 학교의 정치적 이념과 전후 사회경제적 쇠퇴로 인해 문을 닫았다. 하지만 바우하우스의 사상과 작품은 이미 전 세계에 퍼져 있었고, 구성원 다수가 미국으로 이주했다. 그들의 가르침은 수십 년 동안 예술과 건축을 지배했고, 인터내셔널 스타일international style이라는 현대 건축 양식의 기틀을 마련했다. 폴 레너Paul Renner가 디자인한 푸투라Futura 서체, 르코르뷔지에의 건축, 마르셀 브로이어Marcel Breuer의 세스카Cesca 의자, 칸딘스키의 그림에는 공통점이 있다. 모두 바우하우스에서 출발했다는 것이다. 그들의 디자인은 원, 사각형, 삼각형과 같은 단순한 기하학적 도형을 기반으로 한다. 기능성은 미학과 일치한다. 대량 생산의 목표는 공정을 최적화하고 이를 통해 디자인을 보편화하는 것이다. 즉 모두가 디자인을 사용할 수 있도록 한다. 이렇게 하면 재료의 정직성이 회복된다. 금속은 금속처럼, 가죽은 가죽처럼, 나무는 나무처럼 볼 수 있게 된다. 이리하여 장인 정신이 회복된다. 재료를 무언가로 칠하지도 숨기지도 않는다. 건축도 마찬가지다. 건물의 구조가 그대로 드러난다. 바우하우스 디자인은 집에서 쉽게 찾아볼 수 있다. 예를 들어 지금 나는 마르셀 브로이어의 세스카 의자에 앉아 이 글을 쓰고 있다. 세스카 의자는 사무실 의자와 가정의 식탁 의자로 가장 인기 있는 의자다.

갈리시아의 포르마스 연구소는 어떤 면에서 바우하우스와 닮았다. 이 기관의 주요 이념 중 하나는 학제간 연구, 즉 서로 다른 형태의 지식 간의 결합이 미래의 원동력이라는 확신이다. 또 다른 이념은 정체성의 가치다. 현대 갈리시아 예술가들, 다시 말해 갈리시아 미술의 역사를 지금 이 순간에도 써내가고 있는 이들이 도전을 받아들였다. 그들은 포르마스 연구소의 자산이자, 갈리시아에서 태어나 갈리시아의 정체성을 품고, 그것을 세상에 드러내는 사람들이다. *갈리시아는 소금을 머금은 바람이 부는 곳이다.* 그들은 다양한 지식의 형태와 연구 분야를 공유하는 세대다. 크리스티안 가르시아 베요, 타마

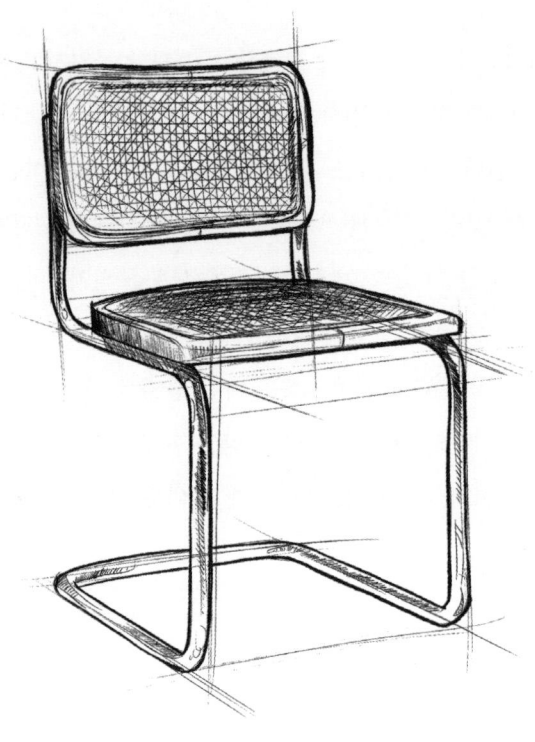

마르셀 브로이어, B 64 또는 세스카 의자, 1928년.

라 페이후, 마누엘 에이리스, 앙헬라 데 라 크루스와 같은 예술가들은 인간을 측정 단위로 사용한다. 나는 이들을 오랜 시간 관찰한 끝에 조심스럽게 그들 세대에 이름을 붙이게 되었다. 그들은 인체측정학자들antropómetras이다.

antropo-.
'인체'를 의미.
metra
'측정하는 것' 또는 '측정하는 사람'을 의미.

마누엘 에이리스는 시간을 한 겹 한 겹 그려낸다. 타마라 페이후는 회화의 전통을 기반 삼아 그림을 그리는 과정의 틀을 연구한다. 크리스티안 가르시아 베요는 인간 활동에 의해 무엇이 생산되거나 수정되는지, 우리가 영토를 어떻게 인식하고 거주하고 변형하는지 조사하고 이를 재료의 시학을 통해 표현한다. 앙헬라 데 라 크루스(1965년 스페인 라코루냐~)는 그림의 평면성에서 벗어나 액자 속에 자신의 몸과 비슷한 형태의 조각품을 담았다. 앙헬라 데 라 크루스의 작품을 한 문장으로 설명해야 한다면, "당신의 몸이 갑자기 작아졌다고 상상해 보라"라 하고 싶다. 이것이 그녀의 여러 조각품과 그림에 담긴 것이다. 캔버스가 프레임에 느슨하게 붙어 있거나 프레임 자체가 없다. 그러면 그림을 늘이고 싶거나 크기가 딱 맞는 프레임에 넣어서 그림을 '원래대로 돌아가게' 하고 싶어질 것이다. 작가는 오일과 아크릴을 혼합한 탄성 페인트를 사용하여 이런 생각을 표현했다. 앙헬라 데 라 크루스의 말은 나에게 깨달음을 주었다. 그녀는 "내 몸은 액자 없는 그림처럼 움츠러들었다"고 말했다. 앙헬라 데 라 크루스는 라코루냐 출신이지만 화가로서의 경력은 1990년대에 런던에서 시작했다. 그 출발점은, 그녀가 자신의 그림 중 하나에서 액자를 떼어낸 일이었다. 전통적으로 그림은 나무틀에 팽팽하게 고정된 캔버스 위에 그린다. 액자를 제거하면 그림은 조각과 회화의 중간쯤 되는 3차원 물체가 된다. 그 경계는 액자에 있었다. 앙헬라가 처음으로 틀을 깼던 그림은 1996년 작 〈홈리스Homeless〉였다. 아버지의 죽음으로 인한 자신의 내적 갈등을 표현한 작품이었다. 앙헬라는 항상 프레임을 물체의 연장선으로 인식해왔다고 말한다. 2005년, 예술가로서 경력을 이어가던 중요한 시기에 딸을 임신한 앙헬라는 뇌졸중을 앓았고 그로 인해 몇 달 동안 혼수상태에 빠졌다. 그녀의 딸은 그 시기에 제왕절개로 태어났다. 앙헬라는 몇 달 동안 병원에 입원해 회복을 위해 고군분투했다. 2009년 7월 마침내 다시 일을 시작했다. 하지만 후유증은 여전히 남아 있었다. 말하는 것도, 움직이는 것도 불편해졌고, 이동을 위해 휠체어가 필요했다. 자신의 손으로 직접 작품을 제작할 수 없게 된 앙헬라는 작업실에서 조수 팀과 조각가와 화가 등 다양한 예술가들과 함께 일한다. 그들은 재료를 잘 이해하고 창작에 헌신하는 사람들이다. 작업실에서 휠체어에 앉아있는 앙헬라는 마치 영화감독 같다.

내가 앙헬라의 이야기를 이렇게까지 설명하는 이유는 이 모든 배경이 앙헬라의 작품이 발전해온 과정을 이해하는 데 특히 중요하기 때문이다. 입원 중에도 앙헬라는 퇴원하자마자 어떤 작품을 만들지를 이미 구상해두고 있었다고 갤러리 운영자에게 말했다. 그리고 실제로 그녀는 퇴원 이후 그 계획을 실현했다. 바로 내가 그녀의 작업 중 가장 좋아하는 작품, 2009년 작인 〈움츠러들다Deflated〉이다. 〈움츠러들다〉는 흰색만 사용한 단색 작품이다. 앙헬라가 직접 고안하고, 자신의 여러 작품에서 사용해온 물감으로 칠한 캔버스다. 페인트는 아크릴과 오일을 섞어서 만들었다. 원칙적으로 이 두 물질은 물과 기름처럼 섞일 수 없지만, 유화제를 사용하여 유화액을 만들어서 섞을 수 있다. 사실 유화액은 원칙적으로 섞이지 않는 물질의 혼합물이다. 우리 화학자들은 항상 "유사한 것은 유사한 것을 용해한다"고 말한다. 물은 극성polar이고, 기름은 무극성non-polar이다. 둘은 비슷하지 않기 때문에 섞일 수 없다. 하지만 우리는 수분과 기름이 섞인 안정적인 혼합물을 알고 있다. 바로 기름과 계란의 수분이 섞인 마요네즈다. 마요네즈는 일종의 유화액인 것이다. 이러한 혼합물을 만들기 위해 유화제가 사용된다. 유화제는 두 가지 극성을 지닌 물질이다. 하나는 물과 친한 극성 물질이고, 다른 하나는 기름과 친한 무극성 물질이다. 마요네즈의 경우, 유화제는 바로 계란의 레시틴이다. 아크릴과 오일 같이 서로 섞이지 않는 페인트를 섞으면 마요네즈처럼 유화된다. 즉 유화제는 작은 물방울 형태로 존재하는 하나의 상을 감싸서 다른 상 위에 분산시킨다. 결과적으로 안정된 혼합물이 생성된다. 이것이 앙헬라 데 라 크루스가 오일과 아크릴을 혼합하여 사용할 수 있었던 방식이다. 그러나 그녀가 고안한 페인트는 탄력성이 높아서, 캔버스를 프레임에서 분리해도 균열이 생기지 않는다. 마르고 나면 마치 젖어 있던 것처럼 광택이 유지된다. 젖은 듯한 표면은 성적인 것이 연상되기도 한다. 〈움츠러들다〉는 프레임이 벗겨진 채, 벽에 걸려 있는 하나의 캔버스다. 표면의 페인트는 마치 젖은 듯 은은하게 빛나고, 전체 형태는 마치 하얀색 코트가 걸려 있는 것처럼 보인다. 그 코트를 한때 누군가가 입고 있었음을, '몸'이 있었음을 떠올리게 한다. 실험실에서 종일 입고 있었던 실험 가운을 벗어 둔 모습 같기도 하다. 다음 날 누군가가 가운을 다시 입으면, 실험실 가운은 기능을 되찾고 제 형태를 회복한다.

그것이 바로 작품의 의도다.

앙헬라는 그림을 조작하기 전에 그림이 완벽한 상태이고 언제든지 그 완벽한 상태로 되돌리기를 원한다고 한다. 그녀의 작품은 다시 존재하려는 의도를 담고 있다. 〈움츠러들다〉를 작업하기 전, 그리고 사고 이전에는 앙헬라의 작품은 주로 더럽고 배설물이 연상되는 색상으로 가득했다. 움츠러든 흰색 그림은 변화의 시작이었다. 얼마 지나지 않아 앙헬라의 작품은 노란색, 주황색, 파란색, 분홍색과 같은 생생하고 현대적인 색상으로 물들었다. 작품의 크기도 그녀의 새로운 신체 크기에 맞게 조정되었다. 전에는 문과 방 전체를 가득 채운 대형 캔버

앙헬라 데 라 크루스, 〈움츠러들다〉
캔버스 위에 유화 물감과 아크릴 물감, 153×180cm, 2009년.

스, 일반적인 사람의 크기만 한 옷장을 다 덮는 크기의 캔버스, 신체적인 차원으로 옷장을 덮은 캔버스를 수직으로 또는 관처럼 눕혀서 이용했다. 이제는 그녀의 새로운 몸처럼 압축되고 수축한 멍든 색의 상자 같은 작품을 만들게 되었다.

이 생생한 색채들은 비극적이다.

애도 기간 중 터져나오는 웃음 같다.

압축된 형태는 두들겨 맞은 모듈러 같다.

인간의 키든, 페라도의 크기든, 수도원의 장미창 모양이든, 예술과 과학에서 우리 인간이야 말로 궁극적인 측정 단위다.

23

할머니와 순무 싹

지금 법원이 있는 자리에는, 예전에는 거대한 잡초 정원이 있었다. 사람들이 걸어다니며 자연스럽게 만들어낸 오솔길이 정원을 가로질렀고, 원뿔처럼 뭉쳐 핀 나비덤불의 보라색 꽃에서는 향기가 퍼져 나비를 불러들였다. 그것은 마치, 동네 한가운데에 숨어 있는 제3의 풍경이었다. 나는 꽃차례의 무게로 구부러진 가지를 목걸이처럼 목에 걸었다. 우리 증조할머니 댁에는 흰색 꽃이 있었고, 우리 동네에는 보라색 꽃이 있었다. 꽃들은 아주 강인해서, 포장도로를 뚫고 아스팔트와 콘크리트를 비집고 나왔다.

법원 근처에서는 지금도 계속 피어난다. 마치 지하 어딘가에서 제3의 풍경이 요동치며, 땅 표면까지 수액을 밀어올리는 것 같다. 야생화는 아스팔트와 보도 사이, 보도와 건물 사이의 교차로에서 잎이 무성한 걸레받이(바닥과 벽 하단부 사이에 대는 보호 겸 장식 목적의 마감재 — 역주) 모양처럼 자라난다. 화원이 아닌 거리 가장자리에 사는 꽃이다. 누군가에겐 잡초고 누군가에겐 움직이는 정원이다. 일요일 아침 산책할 때 나는 억센 꽃 몇 송이를 골라 개미를 털어버리고 할머니를 위한 꽃다발을 준비하곤 했다. 나는 거의 분홍색에 가까운 보라색 술처럼 생긴 딸기 클로버를 따고, 노란색 납작한 방울꽃과 털 많은 꽃받침을 가진 방가지똥을 땄다. 꽃다발의 수직 형태를 잡아주는 꽃으로는 질경이를 골랐다. 질경이는 자잘한 흰색 꽃이 달린 갈색 이삭 모양으로, 흰색 꽃에서는 노란색 꽃받침까지 이어지는 가느다란 꽃실이 달린 수술 네 개가 나온다. 주변에 보라색 엉겅퀴가 있다면 찔리지 않도록 조심스럽게 따곤 했다. 데이지는 모을 수 있을 만큼 모았다. 꽃이 있는 회향 가지를 따서 꽃다발 전체에서 아니스 향이 나도록 했다. 꽃다발에서 가장 큰 꽃은 항상 황금빛 노란색을 띠는 민들레 또는 타락사쿰 오피시날레Taraxacum officinale(서양민들레의 학명 — 역주)였다. 엄밀히 말하면 꽃이 아니라 '두상꽃차례', 그러니까 꽃 하나에 모여있는 작은 노란색 꽃송이 무리다. 씨앗이 형성되어 마치 바람에 비옷이 찢어진 작은 우산 같은 모습이 되기 전의 상태였다. 민들레는 며칠 동안 꽃을 피운 후 노란 꽃머리가 닫히고, 그 안에서 씨앗이 자란다. 씨앗이 형성되면 꽃 줄기가 더 높이 뻗어 바람에 닿아 멀리 흩어진다. 씨앗에는 낙하산 역할을 하는 깃털이 있어 바람을 타고 날아간다. 나는 민들레가 노란 꽃으로 자신을 위장해 씨앗을 불고 싶어하는 인간들의 충동 사이에서 살아남는 그 모습이 좋다. 노랗게 위장한 민들레는 버려진 꽃처럼 눈에 띄지 않는다. 누구에게나 보이지만 자세히 들여다보지는 않는 꽃이다.

할머니는 내가 일요일에 드리는 꽃다발을 냉장고 위의 물잔에 꽂아두셨다. 3월 중순 순무 싹이 돋기 시작하면 우리는 집 안에 있는 모든 작은 꽃병에 노란 꽃을 꽂았다. 공기 중에는 나무와 엽록소 같은 진한 녹색 향이 가득했다.

곧 봄이 온다는 뜻이었다.

겨울의 추위가 누그러지기 시작하면 꺾이지 않은 순무의 싹에서 꽃이 핀다. 노란 꽃이 작은 꽃다발처럼 열린다. 우리 갈리시아인들은 새싹에서 꽃이 돋아난 순무를 보고 그렐라도스grelados라고 한다. 꽃이 핀다는 것은 줄기가 나무처럼 변해 너무 딱딱해서 몇 시간 동안 요리해도 부드러워지지 않는다는 의미다. 그래서 2월 말에 열리는 갈리시아식 카니발 축제 엔트로이도Entroido의 대표 요리인 라콘 콘 그레로스lacón con grelos나 칼도 데 그레로스caldo de grelos(고기와 순무 줄기를 볶은 갈리시아 지방의 전통 요리 ─ 역주)가 꽃이 나지 않은 순무 줄기를 사용하는 것이다. 꽃이 나면 더 이상 먹지 못해 버려질 식량을 활용하는 방법이다. 순무, 순무잎, 순무 싹은 모두 다르지만 모두 같은 식물인 브라시카 라파Brassica rapa 종에서 난다. 순무는 콜리플라워, 양배추, 브로콜리, 물냉이, 무와 같은 십자화과에 속하는 식물이다. 감자가 등장하기 전에는 유럽인의 주식 중 하나였다. 현재 유럽이나 스페인에서 많이 소비되는 채소는 아니지만 수 세기 동안 유럽 대륙 전체에서 필수 식량으로 여겨지고 있다. 하지만 갈리시아에서는 감자가 나기 전에는 밤을 먹었고, 순무는 사람의 음식이 아닌 가축의 사료였다. 그래서 순무는 겨울철에 소들이 영양분을 보충하기 가장 좋은 음식이다. 비가 내리면 초원보다 마구간에서 지내는 시간이 더 길어지기 때문이다(갈리시아 지방에는 겨울철에 비가 많이 내린다 — 역주).

순무잎은 인간의 음식이다. 순무의 초록 잎을 나비사스nabizas와 그렐로스grelos라고 부르는데 둘은 엄연히 다르다. 10월에서 11월 사이에 나는 잎은 나비사스, 순무의 첫 잎이다. 그리고 1월에서 3월 사이에 꽃이 피기 직전에 나오는 것이 그렐로스, 순무의 싹이다. 둘은 한눈에도 쉽게 구별할 수 있다. 나비사스는 그저 잎이며, 길고 두꺼운 반달 모양의 잎자루를 가지고 있다. 그렐로스는 순무의 머리 중앙에서 바로 나오는 연한 새싹이다. 나중에 꽃이 자라날 예비 줄기로 엄지손가락처럼 뚱뚱하고 둥글 수도 있다. 이 줄기에서 여러 개의 잎이 나오는데, 이 전체를 통틀어 '그렐로grelo'라고 부른다. 순무는 보통 8월에서 10월 사이에 심고, 수확은 약 2개월 후에 시작되며 잎이 매우 약하기 때문에 항상 손으로 수확한다. 순무잎은 10월부터 12월까지 시장에 나오고, 그렐로는 12월 말에 시장에 나와 날씨가 얼마나 따뜻한지에 따라 3월 초까지 구매할 수 있다. 그래서 그렐로는 보통 새해를 기념하는 음식으로 먹고, 마지막으로 엔트로이도 축제를 끝내는 기념으로 먹는다. 전통 요리는 대부분 잉여 식량을 활용하기 위해 만들어졌다. 행사는 특정 시기에만 열리며, 지역마다 시기도 천차만별이다. 보통 행사가 열리는 시기는 수확 시기와 맞물리고, 수확 최적 시기는 날씨에 따라 다르다.

초여름은 파드론Padrón 고추의 계절이다.

"어떤 것은 맵고 어떤 것은 맵지 않다"는 갈리시아 속담의 주인공인 바로 그 고추다. 전통적으로 10월에서 12월 사이에 묘상에서 파종이 진행되고, 5월에는 야외 농장으로 이식한다. 꽃이 피기 직전에 고추나무 양쪽에 실을 꿰어 이랑 가장자리에 박힌 말뚝에 고정한다. 한두 달 뒤부터 꽃이 피기 시작한다. 마디마다 흰색 꽃잎 여섯 개가 달린 작은 별 모양의 꽃이 핀다. 며칠 후 꽃이 지고 파드론 고추라는 열매가 맺힌다. 첫 번째 꽃이 핀 후 20일 후에 수확한다. 파드론 고추가 처음 재배되는 것은 6월, 마지막으로 재배되는 것은 9월이다. 9월의 파드론을 기준으로 여름이 마무리된다. 6월과 7월은 파드론 고추를 먹기에 가장 좋은 달이다. 8월 중순부터는 더 맵기 때문이다. 파드론 고추는 캡시쿰Capsicum속 식물의 열매라서 맵다. 캡시쿰속 식물에는 캡사이신이라는 매운 물질과 캡사이신과 화학적으로 비슷한 성분인 캡사이시노이드가 들어있다. 순수한 캡사이신은 왁스와 비슷하게 생긴 무색무취의 물질이다. 또한 지방에는 녹지만 물에는 녹지 않는 알칼로이드 화합물이다. 캡사이시노이드를 섭취하면 그 성분이 입과 목의 통증 수용체에 결합해 열감을 느끼게 된다. 통증 수용체가 활성화하면 뇌에 매운 음식을 섭취하고 있다는 메시지가 전달된다.

순무 싹에서 난 꽃.

뇌가 열 감각에 반응하면 심박수가 높아지고, 땀이 많이 나며, 엔도르핀이 분비된다. 이렇게 매운 물질이 들어있기 때문에 초식동물은 파드론 고추를 먹을 수 없다. 하지만 새들은 매운 맛에 민감하지 않아서 파드론 고추를 먹고 난 뒤에 소화되지 않은 고추 씨앗을 배설물을 통해 퍼뜨린다. 캡사이신은 고추의 씨앗이 붙어 있는 안쪽 흰 부분placenta에 가장 많이 들어있다. 그래서 조심스러운 사람들은 고추 끝을 살짝 먹어서 매운지 아닌지 확인한다. 고추 끝이 맵다면 나머지 부분은 더 맵다. 캡사이신 생성에 영향을 미치는 요인으로는 수분 스트레스와 햇빛 등이 있다. 수분 부족(수분 스트레스)과 햇빛 노출 증가가 캡사이신의 자연적인 생성을 활성화한다는 것이 입증되었다. 이런 이유로 갈리시아에서 생산되는 파드론 고추는 8월보다 6월에 캡사이신 함량이 적다. 8월은 보통 여름철 중에서도 비가 가장 적고 가장 더운 달이기 때문이다.

고추의 매운맛은 'Pungency'라는 단어로 표현하며, 매운 정도는 스코빌 척도로 측정한다. 스코빌 척도는 1912년에 이를 개발한 미국의 화학자 윌버 스코빌Wilbur Scoville의 이름을 땄다. 단위는 '스코빌 매운맛 단위Scoville Heat Unit'의 약자인 SHU다. 매운맛이 없는 녹색 고추는 0SHU지만 하바네로 고추의 스코빌 지수는 100,000SHU에서 350,000SHU 사이, 매운 파드론 고추는 2,500SHU에서 5,000SHU 정도다. 그 외에도 매운 물질이 여러 가지 있지만 모두 혀를 찌르는 방식이 다르다. 와사비에 포함된 알릴 이소티오시아네이트allyl isothiocyanate는 무, 파스닙, 겨자에도 들어 있다. 알릴 이소티오시아네이트의 톡 쏘는 맛은 더 강렬해서 코까지 자극하며 눈물도 난다. 그런데 가열하면 매운맛이 사라진다. 생강에는 진저롤gingerol이 함유되어 있으며 건조하면 쇼가올로 변한다. 쇼가올의 매운맛은 거의 두 배다. 그래서 말린 생강은 신선한 생강보다 더 맵다. 후추에는 피페린piperine이 들어있다. 파드론 고추를 먹고 매운맛을 가라앉히는 방법은 여러 가지가 있다. 모두 화학적인 근거가 있는 방법들이다. 고추가 그다지 맵지 않더라도 아주 맵다는 듯한 연기를 하는 것이 일종의 관습이 되었다. 고추를 먹으면 재밌다. 먹은 사람을 보고 실컷 웃을 수 있기 때문이다. 미칠 듯이 맵다면 과장도 필요 없다. 매운 고추를 먹으면 자연스럽게 얼굴이 벌겋게 달아오르고 기침이 나고 눈물이 뚝뚝 흐른다. 그러면 식탁에 앉은 다른 사람들이 고통에서 벗어나려면 이렇게 저렇게 해야 한다고 말하기 시작할 것이다. 정확도는 조금 떨어질 수도 있다. 고추를 먹으면 목구멍이 타들어가는 듯한 느낌이 든다. 우리는 이럴 때 물을 마시고 싶다는 유혹에 빠지게 된다. 하지만 물을 마시면 안 된다. 물을 마시면 매운맛은 더 강해진다. 캡사이신은 물에 녹지 않는 물질이다. 매운맛이 사라지기는 커녕 고추에 있는 나머지 수용성 물질을 모두 녹이면서 캡사이신이 입안에서 활보하게 된다. 캡사이신을 녹여 입과 목에서 제거하려면 무언가를 먹어서 씻어내야 한다. 빵가루도 캡사이신을 녹이는 데 나름대로 효과가 있지만 지방이 많은 기름이나 우유를 마시는 것이 가장 효과적이다. 캡사이신이 지용성이기 때문이다. 기름은 캡사이신을 녹이는 데 요긴하게 쓰인다. 빵을 기름에 찍어먹고 싶을 때 핑계가 필요하다면 매운 고추를 먹으면 된다. 우유를 마시는 것도 효과가 있다. 우유에는 캡사이신을 녹이는 지방이 있기도 하고, 우유에 있는 카제인이라는 성분도 캡사이신을 녹여 씻어내기 때문이다.

파드론 고추는 고추 품종의 이름이자, 스페인 지역의 도시 파드론에서 유래한 명칭이다. 이 고추는 실제로 파드론 인근 에르본 마을에서 처음 재배되었으며, 그 기원은 프란치스코회 신부들이 멕시코에서 가져온 고추 씨앗을 우야Ulla강가 라코루냐 연안에 심으면서 시작되었다. 에르본 출신의 저명한 작가인 카밀로 호세 셀라Camilo José Cela는 그의 작품 《Del Miño al Bidasoa(미뇨에서 비다소아까지)》에서 이 고추를 소박하고 프란치스코적이라고 표현했다. 다시 말해 라코루냐에서 재배된 진짜 파드론 고추를 먹으려면 에르본 고추를 사야 한다. 세상은 그렇게 돌아간다. 전통적으로 파드론 고추는 올리브 오일에 굵은소금을 약간 넣고 튀겨서 먹는다. 일반적으로 고추의 꼬리 부분을 튀겨서 손으로 끝부분을 쉽게 먹을 수 있도록 한다. 하지만 파드론에서는 꼬리를 열매가 아닌 식물의 줄기 일부로 보기 때문에 꼬리를 제거한 채로 튀긴다. 게다가 특유의 쓴맛이 있어 호불호가 갈린다. 요리는 음식의 풍미와 질감을 향상시키고, 영양소 흡수를 촉진하고, 음식을 더 안전하게 만들고 소화를 돕기 위해 여러 가지 화학반응을 일으키는 과정이다.

그래서 요리는 문화에 국한되지 않는다. 요리는 생존, 나아가 진화와 동의어다. 우리가 먹는 음식과 요리하는 방식은 우리 문화유산의 일부다. 내 정체성은 유전자뿐만 아니라 요리하는 방식에도 새겨져있다. 나는 이탈리아와 포르투갈에 뿌리를 둔 한 갈리시아계 여성인 할머니로부터 중요한 내용을 다 배웠다. 할머니는 경제 활동을 하던 시절에 이탈리아 레스토랑에서 일한 적이 있다. 그래서 우리 집에서는 라구 알라 볼로네제 ragù alla Bolognese(이탈리아 볼로냐에서 유래한 라구 소스의 일종 — 역주)를 먹는 것이 갈리시아의 메를루사 merluza(대서양과 북태평양에 서식하는 대구과의 생선 — 역주)를 먹는 것만큼 익숙하다.

재료는 제조법만큼 중요하다. 우선 어떤 물건이 무엇으로 만들어졌는지, 그 구성을 아는 것이 중요하다. 그리고 물건이 어떻게 만들어졌는지도 중요하다. 어떤 물질이 다른 물질로 바뀌는 화학적 변화와 그 물질 간의 상호작용 방식을 알아야 한다. 클라인 블루 페인트에 대한 이야기를 하며 화학자에게는 비밀 레시피가 없다고 말한 것은 완전히 맞는 표현은 아니다. 화학자는 페인트는 물론, 코카콜라나 갈리시아 메를루사 같은 것들의 성분을 분석해내는 데 큰 어려움은 없다. 분석화학은 물질의 구성 요소를 파악하는 일을 한다. 하지만 재료 목록만으로 요리를 할 수는 없을 것이다. 요리법을 알아야 한다. 화학자들에게도 끝내 풀지 못한 비밀 레시피는 여전히 존재한다.

할머니는 갈리시아식 메를루사를 정말 맛있게 만들었다. 그 비결은 레시피에 있었다. 구체적으로는 메를루사와 함께 먹는 마늘 소스를 만드는 방법에 있었다. 할머니의 손길이 닿은 마늘에서 쓴맛이 아니라 단맛이 나는 것은 화학 때문이었다. 갈리시아식 메를루사는 전통적이고 간단하며 건강한 요리다. 생선과 감자를 요리하여 올리브 오일, 흰 마늘, 달콤한 파프리카로 만든 소스인 아하다ajada와 함께 먹는다. 2인분 재료는 신선한 메를루사 네 덩이, 5센티미터 정도의 두께로 썬 흰 감자 두세 알, 양파 반 개, 월계수 잎 몇 장, 엑스트라 버진 올리브 오일, 고춧가루, 마늘, 소금이다. 먼저 냄비에 물을 끓인다. 물이 끓는점인 섭씨 100도에 도달하면 감자, 껍질을 벗긴 양파, 월계수 잎을 넣는다. 그런 다음 맛을 내기 위해 소금을 넣고 20분 동안 끓인다. 소금은 물이 끓기 전에 넣으면 안 된다. 반드시 물이 끓기 시작한 후에 넣어야 한다. 소금을 물에 넣으면 끓는점이 상승해, 물이 끓는 데 시간이 더 걸린다. 이것을 '끓는점 오름'이라고 한다. 감자의 질감과 색이 변하는 데는 화학적 이유가 있다. 감자는 75%가 물, 20%가 전분, 5%가 지방, 단백질, 미네랄 및 기타 당이다. 감자를 요리할 때 펼쳐지는 화학의 주인공은 전분이다. 전분은 아밀로오스amylose와 아밀로펙틴amylopectin이라는 두 가지 다당류가 결합하여 형성된 탄수화물이다. 요리하는 동안 감자는 수화되어 물을 흡수한다. 이로 인해 전분 입자가 처음 크기에 비해 약 100배 정도 커진다. 열이 가해지면 감자의 아밀로오스와 아밀로펙틴 분자의 배열이 깨지고 작은 아밀로오스 분자가 내부에서 빠져나간다. 빠져나간 분자들은 물 분자와 전분 입자를 가두는 망을 형성하여 점성이 있는 반죽 형태가 만들어진다. 그래서 질감을 보면 감자가 익었는지 알 수 있다. 이런 화학적 과정을 젤라틴화라고 한다. 한편 양파 특유의 향은 플라보노이드를 비롯해 S-알킬 시스테인 황산화물S-alkyl cysteine sulphoxides이나 S-알케닐 시스테인 황산화물S-alkenyl cysteine sulphoxides과 같은 유황화합물에 의한 것이다. 이러한 방향족 화합물은 추출이라는 과정을 거쳐 물에 흡수되어 국물을 달짝지근하게 만든다. 양파 세포는 삼투 현상을 통해 물을 세포 내부에 흡수하면서 부풀어오른다. 그렇게 양파의 크기가 커지고 질감이 더 부드러워진다. 월계수 잎에는 다양한 휘발성 성분이 들어있다. 그 성분들도 추출을 통해 국물에 흡수된다. 피넨pinene, 미르센myrcene, 리모넨limonene, 리날룰linalool과 같은 테르펜류terpenes가 풍부하다. 감자와 양파, 월계수 잎을 요리하는 동안 아하다를 준비한다. 먼저 중불로 달궈진 프라이팬에 올리브 오일을 두르고 가열한다. 그런 다음 껍질을 벗긴 마늘 두 쪽을 황금색이 될 때까지 볶는다. 마늘에는 유황 아미노산인 시스테인에서 나온 유황 화합물이 무척 많다. 뿌리가 손상되지 않은 신선한 마늘이라면 주요 성분은 알리인alliin, S-allyl cysteine sulfoxide이다. 알리인은 냄새가 없고 불안정하다. 마늘을 자르거나, 으깨거나, 갈거나, 열에 노출시키면 알리인은 마늘에 존재하는 효소인 알리이제와 결합하여 알리신과 여러 유황 화합물로 변환된다. 유황 화합물을 통칭하여 티오설피네이트라고 한다. 티오설피네이트는 매우 불안정하여 디알릴 설파이드, 디알릴 디설파이드, 디알릴

트리설파이드, 아조엔 같은 다른 유기 유황 화합물로 빠르게 변환된다. 이 화합물들은 모두 지방에 용해된다. 그래서 마늘을 기름에 볶으면 향을 뿜어낸다. 마늘이 갈색으로 변하는 과정은 복잡한 화학반응의 결과다. 탄수화물의 캐러멜화, 그러니까 산화 반응이 일어나고, 아미노산과도 반응하면서 마이야르 반응이 완료된다. 그 결과 마늘이 황금색을 띠게 되고 요리에서 중요한 역할을 담당하는 향기로운 화합물들이 풍부해진다. 마늘이 갈색으로 변하기 시작하면 불을 내리고 더 이상 볶지 않아야 한다. 마늘을 계속 볶으면 향기로운 성분이 분해되고 쓴맛이 나는 물질이 생성되어 요리를 망치게 된다. 또한 마늘을 볶는 과정에서 아크릴아마이드acrylamide와 같은 유해 화합물이 생성될 수 있다.

고춧가루는 붉은 고추Capsicum annuum를 말리고 갈아서 만든 가루다. 사용하는 고추에 따라 달콤한 맛, 매운맛, 씁쓸한 맛이 있다. 이 요리에서는 매운맛이 덜한 달콤한 품종을 사용한다. 매운맛은 바닐릴아민에서 나온 산성 아마이드기amide group인 캡사이시노이드로 인한 것이다. 기름이 달궈지면 고춧가루를 넣고 저어준다. 고춧가루는 분말 형태이기 때문에 빨리 데워지므로 뜨거운 기름에 넣으면 안 된다. 잘못하면 검게 변하고, 방향족 화합물이 분해되어 쓴맛이 나는 물질로 변한다. 고춧가루의 색상은 주로 숙성 과정에서 형성되는 카로티노이드에서 비롯된다. 카로티노이드는 이소프레노이드isoprenoid 계열의 유기 색소다. 고춧가루에서는 지용성 색소 20종 이상이 발견되었다. 지용성 색소란 기름에는 녹고 물에는 녹지 않는 색소를 말한다. 그래서 고춧가루가 기름을 붉게 물들이는 것이다. 아하다를 그대로 두면, 기름에 녹지 않은 고춧가루가 바닥에 가라앉는다. 이렇게 하면 소스에 고춧가루가 섞이는 것을 방지할 수 있다.

아하다 준비를 끝내고 감자도 어느 정도 요리가 되었다면 메를루사를 끓는 물에 넣는다. 그전에 간을 맞추기 위해 생선에 소금을 뿌려두었을 것이다. 그러면 생선은 삼투 현상을 통해 세포 안에 물을 머금어 살을 단단하게 유지한다. 이렇게 하면 요리하는 동안 생선 살이 떨어져 나가는 것을 방지할 수 있다. 메를루사는 지방이 적고 비타민B가 풍부한 흰살생선이다. 모든 필수 아미노산amino acids이 신체가 소화할 수 있고 생물학적으로 이용 가능한bioavailability 형태로 들어있어 고품질 단백질 공급원이다. 요리는 5분이면 된다. 생선의 질감이 망가질 수 있으므로 시간을 초과하지 않는 것이 중요하다. 메를루사를 요리하는 동안 일어나는 가장 중요한 반응은 단백질 변성protein denaturation이다. 온도의 변화로 분자 구조 간 약한 상호작용은 파괴되고 단백질의 고유한 3차원 구조에 혼란이 생기는 것을 의미한다. 단백질은 구조가 변하면서 마치 일렬로 배열된 아미노산 사슬처럼 느슨해진다. 소수성(물 분자와 쉽게 결합되지 않는 성질 - 역주)을 띠는 단백질 내부는 수용성 매질과 상호작용하고 변성된 단백질은 응집되고 침전된다. 그 결과 생선 요리 특유의 색감과 질감이 만들어진다. 정확히 5분 후, 메를루사가 과하게 익지 않도록 냄비에 찬물을 조금 붓는다. 끓는 것을 멈추려는 것이니, 조금만 붓는다. 그러면 물의 온도가 즉시 끓는점 이하로 떨어진다. 요리에 사용했던 양파와 월계수 잎은 그릇에 담지 않는다. 아하다 소스에서는 마늘을 뺀다. 메를루사는 감자와 함께 담고 그 위에 아하다를 뿌린다. 이것이 바로 우리 갈리시아인들이 자주 먹는 간단하고 지속 가능하며 건강한 요리다. 전통 요리에 활용되는 화학의 모습이다.

할머니의 방법을 따라 내가 할머니께 해드린 마지막 요리는 갈리시아식 메를루사였다. 할머니가 그랬듯 나도 할머니의 방과 주방을 오가며 요리를 준비했다. 할머니랑 같이 수도 없이 만들어본 요리인데 그날따라 이상하게 중요한 것을 까먹었다. 할머니에게 요리를 해드린다는 건 영광이기도 하지만 비극의 신호이기도 했다. 그날 할머니의 여동생인 작은할머니 아니타도 집에 있었다. 기름이 너무 뜨거울 때 실수로 고춧가루를 넣지 않도록 막아준 사람이 바로 그녀였다. 작은 할머니가 아니었으면 나는 요리를 망쳤을 것이다.

할머니는 나와 매일 주방에 함께 계신다. 순무 싹에 돋아난 꽃 속에 계신다. 우리 동네를 장식하는 나비 덤불 속에 계신다. 냉장고 위 물잔에 꽂아둔 노란 민들레 꽃은 격조 있는 꽃다발처럼 보였다. 할머니는 일상의 아름다움으로 가득 찬 보물상자 같았다. 할머니는 파란색 작업복을 입고 웃으면 안 되는 사람처럼 웃음을 참았다. 나는 할머니를 내 기억 속에 간직하고 할머니의 물건들을 내 집에 간직한다. 에나멜 도자기 닥스훈트, 작은 금잔, 할머니의 결혼반지, 내가 평일에 끼는 할머니의 귀걸이, 크리스티안과 타마라의 결혼식에 가져갔던 흑옥 도장, 주방 벽에 그림처럼 걸려 있는 할머니의 알루미늄 빵틀, 그리고 할머니에게 마지막으로 드린 꽃다발에서 꺼내 말린 장미. 이제 매주 일요일마다 묘지에 꽃을 가져다주는 사람은 우리 아빠다. 할머니, 그러니까 외할머니는 아빠에게 두 번째 어머니를 가질 기회를 주신 분이었다. 아빠는 첫 부모님과 두 번째 부모님께 꽃을 가져다드린다. 아빠는 우리 가족만의 문화를 지키며 서로를 기억하기 위해 노력하는 사람이다. 우리가 어렸을 때 아빠는 일요일 아침마다 우리를 묘지로 데려가 꽃을 바꾸곤 했다. 만성절에 아빠는 비석을 정성껏 닦았다. 그 일을 하려면 알루미늄 사다리를 올라야 했다. 엄마, 크리스티안, 그리고 나는 콘크리트와 이끼, 웅덩이가 있는 아래쪽에서 지켜보았다. 아빠는 돌을 수세미로 문질러, 광이 날 때까지 닦았다. 그 당시, 그 묘지에는 아빠의 부모님, 그러니까 내가 알지 못했던 조부모님만 계셨다. 그분들은 나에게 흑백의 수수께끼 같은 존재였다. 그분들이 있는 묘지에 가면, 살아보지 못한 삶에 대한 그리움을 느꼈다. 모든 것이 깨끗이 정리되고 흰꽃이 제자리에 놓이면, 아버지는 사다리를 다시 구석에 놓고 우리에게 돌아오셨다.

침묵이 시작되었다.

나는 학교에서 배운 대로 더 천천히 아빠의 뒤를 따라 성호를 그었다. 그리고 나는 아빠와 함께 꽃을 계속 바라보았다.

나는 그 침묵 속에서 무엇을 해야 할지 물은 적이 있다. 엄숙한 순간이었기에, 예의를 지키고 싶었다.

아빠는 이렇게 말했다. "할머니, 할아버지께 하고 싶은 말을 해도 되고, 기도를 드려도 돼."

그래서 나는 아빠 이야기를 드렸다. "아빠는 잘 지내고 있으니 편히 쉬세요."

그런 다음 짧은 기도를 드리며, 정식으로 작별인사를 했다. 이 모든 것이 중요한 의식이었다. 나는 그런 의식이 아빠의 가장 깊은 곳을 차지하는 가치관의 일부라는 걸 항상 알고 있었던 것 같다. 그리고 우리는, 그 기억을 존중해야 한다.

24

엄마는 거미다

나에게는, 내 인생을 적어둔 큰 섬들이 있다. 어린 시절의 향이 밴 일기장, 격자무늬 공책, 청소년기부터 지금까지의 파일이 가득한 폴더. 모두 내가 살아온 자취의 기록이다. 스티커, 배지, 반 친구가 써준 편지, 그림, 손오공 카드 한 벌, 90년대에 유행했던 장난감 인형의 출생증명서. 종이 옷과 액세서리를 잘라 입히는 놀이를 하던 종이 인형들이 가득 들어 있는 플라스틱 보관함도 있다.

내 것만 있는 건 아니다.

엄마 것도 함께 있다.

우리 엄마도 안방 한쪽에 그런 보관함을 두고 있었다. 영화 티켓이 가득 들어 있는 셔닐 원단의 지갑. 누군가가 마투타노 과자 봉지에 넣어 선물한 클립형 플라스틱 귀걸이 몇 쌍. 그리고, 아빠가 '크리스티나'라는 가명으로 엄마에게 썼던 편지들.

할머니가 선물한 꽉 쥔 주먹 모양의 흑옥 펜던트. 엄마가 처음 심부름꾼으로 일했던 옷 가게의 메타크릴레이트 열쇠고리. 크리스티안과 내가 태어났을 때 썼던 탯줄 집게. 우리의 첫 유치가 담긴 작은 상자. 난 어릴 적, 종종 엄마한테 그 상자를 보여 달라고 했다. 첫째, 엄마의 과거가 궁금했고, 둘째, 엄마가 나중에 나에게 보여주고 싶어서 그 상자를 소중히 보관해왔다는 느낌이 들었기 때문이다. 엄마와 나는 침대에 함께 앉았다. 엄마는 램프 조명 아래에서, 자신의 보물들을 보여주었다. 우리는 복잡할 것 없던 시절, 젊음의 냄새가 나는 물건들을 보며 몇 시간이고 얘기를 나눴다. 그것은 나에게도 언젠가 다가올 시간이었지만, 마치 다른 세계의 일처럼 느껴졌다.

나는 엄마를 따라 어릴 때부터 일기를 쓰기 시작했고, 영화 티켓을 보물 상자에 보관하기도 했다. 나는 물건을 모으면서 미래의 딸에게 어떤 이야기를 들려줄지 생각했다. 나중에 '안드레아'라는 이름의 딸을 갖고 싶었다. 안드레아는 부모님이 내 이름을 지을 때 떠올렸던 이름 중 하나였다. 어릴 때부터 나는, 내가 기억하지 못하는 과거를 되찾기 위해 다시 태어나는 상상을 하곤 했다. 유년기란 우리 인생에서 거의 아무 기억도 남지 않는 시기였다. 그러나 자신의 아이와 함께할 때, 그 시기가 어떤 시간이었는지 알게 된다. 우리가 어떻게 태어나고 살아왔는지를, 아이들이 오히려 우리에게 알려 주는 셈이다. 아이를 갖는다는 것은, 마치 과거로 돌아가 자신의 모습을 보는 것과 같다. 나는 어머니의 물건을 보며, 어머니가 나를 통해 자신의 삶을 목격하고 있다는 것을 느꼈다. 미래의 안드레아에게 보여줄 상자를 만드는 건 내 어린 시절을 만나기 위한 여행용 가방을 만드는 것이었다. 나는 아직도 엄마와 눈을 맞추려면 고개를 들어야 했던 때를 기억한다. 내 손이 엄마 손보다 훨씬 작았던 때가 기억난다. 엄마가 나를 품에 안고 내가 엄마의 숨결을 들이마셨을 때, 그리고 엄마의 머리카락에 코를 묻고 삶이 따뜻하고 부드럽다는 것을 느꼈을 때가 기억난다. 난 이제 너무 커버렸다. 내 품에 안긴 엄마가 너무 작다. 엄마는 내 피난처고 나는 엄마의 피난처다.

예술가 루이즈 부르주아Louise Bourgeois(1911년 프랑스 파리~2010년 미국 뉴욕)는 피난처이자 감옥처럼 느껴지는 조각품을 만들었다. 거미 모양을 한 기념비적 조각품이다. 이 작품의 제목은 〈마망〉Maman(프랑스어로 엄마를 뜻한다 — 역주)이다. 어머니가 아니라 엄마. 부르주아는 그녀의 어머니가 복잡하고 모순적인 여성이었다고 말했다. 한편으로는 그녀의 친구이자 보호자였으며, 부드럽고 지적이고 차분한 여성이었다. 하지만 다른 한편으로는 어둡고 고통받는 여성이었다. 그녀의 남편은 폭력적이었고 불륜까지 저질렀다. 부르주아는 이 모든 상황을 받아들였다. 부르주아에게 거미는 이러한 이중성을 상징한다. 거미는 사악하고 무서울 수 있지만, 부르주아의 말처럼 다른 한편으로는 "모기를 먹는 친절한 존재다. 우리는 모기가 병을 옮긴다는 것을 알고 있다. 그러니까 거미는 엄마처럼 도와주고 보호하는 존재다."

루이즈 부르주아, 〈마망〉
청동, 대리석, 스테인리스 스틸, 질산은, 927×891×1,023cm, 1/6 + P, 1999년.

부르주아의 어머니는 가족이 운영하는 태피스트리 수리 사업의 관리자였다. 그녀는 직공이었다. 부르주아가 그녀를 거미로 묘사하는 이유도 바로 여기에 있을 것이다. 거미는 거미줄로 고치도 만들고 먹이도 사냥한다. 이와 비슷하게 모성애도 부드럽고 강한 면모가 동시에 존재하니까.

부르주아의 작품 〈마망〉은 높이가 약 9미터, 너비가 10미터다. 거미의 몸을 받치고 있는 날카로운 여덟 개의 다리는 우리가 작품 아래에서 볼 수 있는 최소한의 구조다. 전체를 보기 위해서는 위를 쳐다봐야 한다. 어머니를 올려다보는 아이의 시선이 필요하다. 부르주아는 모성을 직접 경험했기 때문에 어머니가 자식에게 느낄 수 있는 모호한 감정은 자식이 어머니에게 느끼는 감정과 마찬가지로 모순적이라는 점을 다룬다. 그래서 거미 다리 아래에서 이 작품을 감상하면 모성의 두 얼굴을 느낄 수 있다. 그것은 감옥이자 피난처다. 〈마망〉은 하나가 아니다. 최초의 버전은 1999년 제작되어 런던 테이트 모던 미술관의 터빈 홀에 설치된 것이었다. 원본이라 할 수 있는 그 첫 작품은 스테인리스 스틸stainless steel로 제작되었다. 이후 청동으로 여섯 가지 버전이 제작되었다. 그때 모델로 쓰인 원본은 '작가 소장본Artist proof'이 되었다. 두 번째 버전은 빌바오 구겐하임 미술관 근처에 세워진 청동 조각상이다. 나머지 작품들은 도쿄의 모리 미술관, 오타와의 캐나다 국립 미술관, 서울의 삼성 리움 미술관, 아칸소의 크리스탈 브릿지 미술관 등 각기 다른 장소에 각기 다른 컬렉션 속에 전시되어 있다.

부르주아가 〈마망〉을 만드는 데 사용한 소재는 뭔가 다른 의미가 있다. 작가는 관객과 소통하기 위한 언어인 재료를 상징적으로 사용한다. 부르주아는 〈마망〉에 청동, 질산은silver nitrate, $AgNO_3$, 스테인리스 스틸, 대리석을 사용했다. 청동은 구리와 주석의 혼합물로, 인류가 만들어낸 최초의 인공 합금이다. 그런 이유로 청동은 예술에서 가장 전통적인 조소 재료가 되었다. 부르주아가 청동을 선택한 것이 의미심장하다. 구리가 귀한 재료이듯 청동도 귀한 재료다. 대상에 가치를 부여하는 소중한 재료라는 점에서 그렇다. 부르주아는 어머니를 표현했다. 그렇기에 그 재료는 청동이어야 했다. 두 번째 재료는 질산은이다. 질산은은 청동 표면에 파티나를 입히는 데 사용된다. 청동은 시간이 지나면 산화되어 녹색으로 변하는데 질산은을 활용하면 이를 억제하고 표면을 검게 만들 수 있다. 청동은 구리색을 띠고, 청동에 용액을 뿌려서 질산은으로 된 파티나를 입히면 한편으로는 청동이 산화되는 것을 방지하여 녹색으로 변하는 것을 막을 수 있다. 청동에 아무런 처리를 하지 않으면 녹색으로 변하는 것이 일반적이다. 그런데 질산은은 조각품을 검은색으로 만든다. 화학적 관점에서 살펴보면, 은의 일부가 금속 은으로 환원되어 밝은 부분이 생기고, 다른 부분은 산화되어 어둡게 변하는 것이다. 오목한 부분일수록 어두운 음영이 깊게 드리운다. 이 명암 대비는 조각에 입체감을 부여하며, 그 결과 가장 거미다운 거미의 모습이 탄생한다. 질산은에 포함된 은 또한 귀한 재료로 부르주아는 이를 통해 다시 한번 어머니를 표현하고 있다. 다음 재료는 스테인리스 스틸이다. 강철은 철과 탄소의 합금이며, 크롬이 첨가되면 스테인리스가 된다. 강철은 예술에 많이 사용되지 않았다. 그 성질상 '프롤레타리아적' 재료로 여겨졌기 때문이다. 그래서 〈마망〉에서는 철을 미적 기능보다는 구조적 기능을 위해 사용했다. 강철은 뼈대다. 마지막 재료는 대리석이다. 대리석은 관찰하기 가장 어려운 재료이면서도 종종 주목받지 못하는 경우가 많다. 대리석을 보려면 조각상 아래에 서서 위를 쳐다봐야 한다. 거미의 복부 안, 금속망으로 덮힌 공간 속에는 타원형의 흰 대리석 알들이 숨어 있다. 이 알들은 아이의 상징이며, 대리석은 이들 중 유일하게 자연에서 생성된 비인공적 재료다. 이는 하얗고 순수한 재료이므로 부르주아는 아이를 상징하기 위해 사용했다.

루이즈 부르주아는 그녀의 어머니를 거미로 형상화했다. 그리하여 거미는 모성의 상징이 되었다. 현실로 물든 상징, 때로는 밝고 때로는 어두운 현실의 상징이다. 시인 라이너 마리아 릴케는 "진정한 고향은 어린 시절"이라고 말했다. 루이스 부르주아는 딸로서의 어린 시절 기억을 계속해서 떠올리고, 나중에는 어머니가 된 자신의 기억을 재구성한다.

그녀의 고향은 어머니다. 그리고 그녀의 어머니, 진짜 어머니, 그녀의 '*마망*'은 거미다.

25

붉은 벨벳

매일 아침 갈매기의 울음소리, 기차역의 네 음표 멜로디, 뱃고동 소리와 함께 해가 뜬다. 이것이 우리 항구 도시, 라코루냐의 소리다. 어린 시절, 집에서는 매일 아침 첫 버스가 지나갈 때 맨홀 뚜껑이 삐걱거리는 금속음이 들려왔다. 길모퉁이에는 인쇄소에서 갓 인쇄된 신문을 재빨리 배달하기 위해, 시동을 켜둔 채 보도 위에 잠시 세워둔 디젤 밴이 있었다. 지금은 에스트레야 갈리시아(스페인의 맥주 브랜드 — 역주) 배달 트럭에서 병 상자가 쟁그랑거리는 소리가 들린다. 나는 트럭의 부탄 탱크에서 나는 금속 소리를 듣는다. 멀리 알폰소 몰리나Alfonso Molina(라코루냐의 전 시장 — 역주) 거리를 통해 라코루냐로 드나드는 차들이 비 오는 날에는 마치 격류처럼 균일하고도 묵직한 소리를 낸다. 한때는 담배 공장의 근무 교대를 알리던 사이렌 소리는 더 이상 울리지 않는다. 이제는 어선과 크루즈선이 비슷한 수로 항구에 정박한다. 한때 밥 먹을 시간이 된 것을 알렸던 뱃고동 소리는 이제 관광객을 불러들인다. 부두는 휴양지로 바뀌어 가고 있다. 작년 여름, 바테리아Batería 부두에 관람차가 설치되었다. 이 도시의 가장 큰 항구는 이제 변두리에 있다. 우리의 생계를 책임지는 일은 도시 변두리 어딘가로 숨어버렸다. 선박용품점은 점점 줄어들었고, 동네도 점점 사라지고 있다. 나는 요새에 깃발을 꽂은 사람처럼 내가 자란 동네에서 묵묵히 버티고 있다. 동네에 살면서 마침내 내 집을 갖는 것은 나에게 사회적, 도덕적 의무였다. 이곳에는 아직도 철물점, 식료품점, 목공점, 직물점이 있다. 이곳은 산책하는 사람보다 오고 가는 사람들이 더 많은 곳이다. 시내 중심가의 마리나 거리에는 작은 어선 몇 척이 머무르고 있다. 선홍색으로 칠해진 배들이, 유리로 둘러 싸인 근대 건축물 앞 부두에 묶여 있다. 이 건물들 덕분에 라코루냐는 '유리 도시'라는 별명을 얻었다. 그 풍경은 트란사틀란티코스Transatlánticos 부두에 도착한 이들을 맞이하는, 하나의 환영 장식처럼 보인다.

  나는 우리 도시가 품격을 잃어가는 것이 걱정이다. 다른 도시처럼 방치될까 봐 두렵다. 도시의 소리가 다른 도시들과 구별되지 않게 되고, 우리 도시만의 깊이, 따뜻함, 추억을 잃게 될까 봐 불안하다. 다른 도시들과 똑같은 벤치, 똑같은 기둥, 똑같은 나무, 똑같은 보도, 똑같은 상점과 건물 외관을 갖게 될까 봐 걱정이다. 도시는 프랜차이즈처럼 획일화되고 있다. 런던 과학 박물관의 연구에 따르면 전 세계가 점점 회색으로 물들고 있다고 한다. 런던 과학 박물관에서는 19세기부터 현재까지의 일상용품 21개 범주에 속하는 7,083개 품목을 조사했다. 사진 기술부터 시간 측정, 조명부터 인쇄 및 필기, 가전제품부터 선박까지 다양했다. 가장 흔한 색은 짙은 회색이었다. 60년대와 80년대 사이에는 온갖 색상으로 가득했지만, 회색이 점점 더 인기를 얻었다. 일상생활 속의 사물들은 시간이 지나면서 점점 더 회색이 되었고, 형태는 사각형이 많아졌다. 심지어 한때 박물관에서 중요한 예술 작품을 보호하고 표시하는 데 사용했던 붉은 벨벳 끈도 이제는 회색 끈으로 바뀌었다. 회색 폴리에스터 끈은 공항 등의 출입 통제에 처음 사용되었다. 빨간색이 아니라 회색을 사용해 평범함 속에 위장하도록 했다. 폴리에스터 끈이 박물관에 도입은 되었지만, 단지 입구에서 사람들이 질서를 유지하도록 하는 용도로만 사용되었다. 회색은 이처럼 사용된다. 하지만 작품을 보호하기 위한 안전거리를 표시할 때는 바닥에 선을 긋거나, 기둥에 강철 케이블이나 견사를 매달아 곡선을 형성하는 등 더욱 미묘하고 우아한 방법을 쓰는 경우가 많다.

2021년 1월 6일 미국 국회의사당을 지키던 경찰이 폭도 집단을 진압하려 했지만 폭도들은 경찰의 방어를 뚫고 기어올라 창문을 깨고 건물 내부로 들어갔다. 심지어 하원으로 들어가는 문을 통과하는 데 성공했다. 폭도들이 국회의사당을 네 시간 넘게 점거하면서 수십 명이 부상을 당하고 네 명이 사망했다. 이 모든 야만성 속에서도 문명의 희망이 엿보였다. 폭도들은 마치 관광객처럼, 붉은 벨벳 밧줄로 표시된 길을 벗어나지 않은 채 국회의사당 복도를 걸어갔다. 붉은 벨벳 로프는 유일하게 문명을 드러내는 듯했다.

벨벳은 화려하다.

원료와 제작 과정 모두에서 가장 많은 비용이 드는 직물 중 하나다. 그 기원은 명확히 알려지지 않았다. 가장 오래된 자료는 13세기 말에 등장한다. 하지만 고대 이집트 파라오들이 오늘날 사용하는 벨벳과 매우 유사한 직물을 사용했다는 사실로 미루어 보아, 벨벳은 3천 년 넘게 사용되어 왔을 것이다. 벨벳은 한때 왕실의 실내 장식과 귀족의 옷에만 사용되었다. 그것은 권력의 상징이었다. 유럽에서 벨벳을 최초로 생산한 국가는 이탈리아였다. 이탈리아는 13세기부터 16세기까지 세계적인 벨벳 생산국으로 자리매김했으며, 그 시기는 벨벳의 황금기로 기억된다. 중세 말엽, 벨벳 제조 기술은 플랑드르로 전파되었다. 이후 플랑드르는 16세기부터 다양한 섬유 제품을 생산하고 수출하는 유럽의 주요 지역이 되었다. 르네상스 시대, 플랑드르의 도시 브뤼헤에서 생산된 벨벳은 이탈리아산 벨벳과 동등한 품질을 자랑했다. 스페인에도 17세기와 18세기에 고급 직물을 전문으로 하는 솜씨 좋은 직조공들이 있었다. 하지만 오늘날 유럽에는 벨벳 공장이 거의 남아 있지 않다. 벨벳 대부분은 중국이나 터키와 같이 생산 단가가 낮은 아시아 지역에서 생산된다. 벨벳을 만드는 방법은 여러 가지가 있다. 가장 전통적인 방식은 한 번에 두 가지 두께의 원단을 짜는 특수한 직기를 사용하여 만드는 방식이다. 두 원단은 섬유 털의 길이와 밀도에 따라 다양한 기하학적 배열을 따라 고운 실크 실로 연결된다. 당신이 하는 일은 벨크로를 뜯어내듯이 원단의 가운데를 뜯어내어 대칭으로 분리하는 것이다. 이 과정은 반드시 아주 정확해야 한다. 섬유 털의 길이에 조금이라도 비대칭이 있으면 눈에 띄는 결함이 생기기 마련이다. 제조에 사용된 섬유의 종류에 따라 만들어지는 벨벳의 종류도 달라진다. 가장 섬세하고 비싼 실크 벨벳부터, 가장 내구성이 뛰어나지만 광택은 덜한 면벨벳, 그리고 합성 벨벳이나 천연 섬유와 인공 섬유를 혼합하여 만든 벨벳까지 다양하다. 합성 벨벳은 일반적으로 레이온rayon이나 아세테이트acetate로 만들어지는데, 실크 벨벳과 광택은 비슷해도 드레이프는 다르다. 가장 흔히 사용되는 종류 중 하나는 실크 기반 레이온으로 제작한 벨벳으로 오리지널 벨벳과 가장 흡사하다. 벨벳에서 가장 비싼 요소는 다양한 색상을 만드는 데 사용된 염료였다. 가장 좋은 직물을 만들기 위해서는 먼저 섬유를 염색한 다음, 방적하고, 마지막으로 직조하는 과정을 거쳐야 했다. 완성된 직물을 염색하는 것이 아니다. 파란색은 인디고indigofera tinctoria 또는 대청isatis tinctoria을 사용했고, 노란색은 안개나무cotinus coggygria, 갈매나무Rhamnus 또는 목서초reseda luteola로 만들었다. 보라색은 여러 종류의 이끼를 사용하여 제조했다. 하지만 15세기 후반에 과학과 기술의 발달로 다양한 톤을 표현할 수 있는 붉은 염료가 등장하면서 유럽의 상인들에게 아메리카의 문이 열리게 되었다. 그렇게 붉은 벨벳은 벨벳의 왕이 되었다. 16세기 초에 대부분의 붉은 염료는 꼭두서니Rubia tinctorum로 만들었다. 드물게 공작화Caesalpinia pulcherrima나 유럽 곤충 염료, 특히 이탈리아어로 그라나grana라고 알려진 케르메스 버밀리오Kermes vermilio에서 추출하기도 했다. 다른 곤충 염료로는 폴란드 연지벌레Porphyrophora polonica와 아르메니아 연지벌레Porphyrophora hamelii가 있다. 곤충 염료 색은 아주 훌륭했지만 꼭두서니로 만든 염료보다 훨씬 비쌌다. 그런데 16세기 초 아메리카 대륙에서 코치닐Dactylopius coccus이 들어오면서 직물 염색에 혁명이 일어났다. 코치닐 선적된 배가 스페인으로 들어왔다는 최초의 기록은 1523년의 기록이다. 곧 코치닐이 대규모로 수입되면서 벨벳의 가격이 약간 떨어졌다. 코치닐로 만든 붉은색은 크림슨이라는 이름으로 잘 알려진 색이다. 세계를 제패하기 시작한 붉은 벨벳은 바로 이 크림슨 벨벳이었다. 산업혁명을 기점으로 벨벳이 대규모로 생산되기 시작했다. 벨벳이 널리 사용될 만큼 저렴해져서 왕족과 일부 교회에서만 사용하는 최고급 원단은 더 이상 아니게 되었지만 여전히 엘리트 계층을 상징하는 소재였다. 하지만 여유가 있는 사람이라면 누구나 사용할 수 있게 되었다.

가까이서 보면 벨벳은 아주 고운 실크 털로 이루어진 촘촘하고 빽빽한 머리카락 같다. 마이크론 단위에 가까울수록 색상이 더 진해지고 주름의 명암이 더욱 강조된다.

벨벳이 빛과 소리와 상호작용하는 방식은 비슷하다. 빛은 전자기파이고, 소리는 역학적 파동이지만, 두 종류의 파동 모두 벨벳에 의해 서로 다른 방식으로 흡수된다. 결과적으로, 고품질의 검은 벨벳은 다른 어떤 검은 페인트보다 더 어두울 수 있다. 빛이 반사되지 않고, 형체는 신기루처럼 숨겨지고 흐릿해진다. 소리의 파동도 역시 섬유 사이에 갇힌다. 벨벳은 소리를 흡수하는 성질이 있어, 콘서트홀의 벽면이나 영화관, 극장의 커튼에 흔히 사용된다. 다양한 주파수의 소리를 고르게 흡수하기 때문에, 공간 내부에 울림이 거의 발생하지 않는다. 위부터 아래까지 벨벳으로 덮인 방에서는 아무런 울림이 발생하지 않아, 완벽한 오디오 룸이 될 수 있다. 너무 완벽해서 자연스럽게 들리지 않을뿐더러 음향적 공간감이 사라질 것이다. 소리가 어느 벽도 통과하지 못하고, 어느 모서리에도 반사되지 않으면 너무 깨끗해서 차가움을 느끼게 될 것이다. 그래서 벨벳은 질서와 고요함을 추구하는 소재다. 그래서 벨벳 끈에 '만지지 마세요'라는 문구가 붙어 있다. 야만인들조차도 직감적으로 받아들일 만큼 분명한 메시지다.

  박물관 전시실에 붉은 벨벳 끈으로 둘러싼 예술 작품이 있다면, 그건 그 안에 무언가 귀중한 것이 있음을 뜻한다. 손댈 수 없고, 너무 가까이 다가가서는 안 되며, 조심스럽게 바라보아야 하는 어떤 것이다. 붉은 벨벳은 우리가 무엇을 보아야 할지 알려주는 시각적 표시다. 우리는 이 붉은 점에서 다른 붉은 점으로 이동한다. 그것은 여행자의 경로를 정해주는 지도와도 같다.

박물관에는 시선을 통제하는 프레임 역할을 하는 붉은 벨벳 끈이 설치되어 있다. 박물관 밖에는 그런 물리적 장치는 없지만, 여전히 사람들의 눈에 더 많이 띄고 부각되어 관심을 끄는 대상들이 있다. 모든 사람에게 동일하지 않지만, 중요하고 아름다운 것들 주위에는 보이지 않는 붉은 벨벳 끈이 존재한다. 지식이 많을수록, 그 지식이 정확하고 심오할수록, 세상은 더 무성해지고, 더 감수성이 풍부해지고, 더 선해지고, 더 따뜻해진다. 콘크리트 홈에서 자라는 노란 민들레는, 내 눈에는 붉은 벨벳 끈으로 둘러싸여 보호받는 듯한 특별한 존재로 보인다. 기차역의 확성기, 갈매기, 바다에서 나는 유황 냄새, 동네 커피잔에 그려진 코발트블루의 그림, 꽃이 핀 순무 새싹까지. 모두가 각자의 붉은 벨벳 끈을 지니고 있다.

그러니까, 아름다운 세상은 어디에나 있다.

세상을 볼 줄 안다는 것은, 밝은 일상의 부분 부분마다 붉은 벨벳 끈을 놓는 것이다. 행성이나 별뿐만 아니라, 평범한 사물을 대할 때도 언제나 원근 효과를 느끼며 끊임없이 새로운 면을 발견하는 것에 매료되어 사는 것이다.

결국 이 코스툼브리스모costumbrismo(특정 사회나 지역의 모습을 보여주는 예술적 경향 — 역주)적인 이야기는, 우리의 추억을 붉은 벨벳 끈으로 감싸 안자는 제안이었다.

참고문헌

1. 푸른 벨벳

- Chivers, T., e I. Drummond, 《Characterization of the trisulfur radical anion S_3 in blue solutions of alkali polysulfides in hexamethylphosphoramide》, *Inorganic Chemistry*, vol. 11, n.° 10, 1972, pp. 2525-2527.
- Del Federico, E., *et al.*, 《Insight into framework destruction in ultramarine pigments》, *Inorganic Chemistry*, vol. 45, n.° 3, 2006, pp. 1270-1276.
- García Bello, D., 《El pigmento azul, más caro que el oro》, *Ciencia aparte*, 30 de junio de 2021.
- García Bello, D., 《La química del azul Klein》, *Deborahciencia.com*, 22 de octubre de 2013.
- Goncalves, L., *et al.*, 《Síntesis de pigmentos del tipo azul ultramarino utilizando diversos tipos de materia prima》, *Revista de la Facultad de Ingeniería UCV*, vol. 25, n.° 1, 2009.
- Linguerri, R., *et al.*, 《Electronic States of the Ultramarine Chromophore S_3》, *Zeitschrift für Physikalische Chemie*, 2008.
- Morton, J. R., 《The origin of the blue colour and paramagnetism of ultramarine》, *Colloque Ampère 15*, North Holland, Amsterdam, 1969, pp. 299-303.
- Osticioli, I., *et al.*, 《Analysis of natural and artificial ultramarine blue pigments using laser induced breakdown and pulsed Raman spectroscopy, statistical analysis and light microscopy》, *Spectrochimica Acta, Part A: Molecular and Biomolecular Spectroscopy*, 2008.
- Patterson, D., 《The colour of the pigment crystals》, *Pigments. An introduction to their physical chemistry*, Elsevier, 1967, pp. 51-65.
- Restrepo Baena, O. J., *Pigmento azul ultramar: caracterización del proceso y producto*, 1996.
- Sancho, J. P., *et al.*, 《Ultramarine blue from Asturian "hard" kaolins》, *Applied Clay Science*, vol. 41, n.°ˢ 3-4, 2007.
- Serradell Cullell, R., 《Metodología teórico-experimental para la medida indirecta del índice de refracción complejo de pigmentos por espectroscopía (una

- contribución al análisis de pigmentos con espectroscopía Raman》, UPC, 2009.
- Smart, L., y E. Moore, *Química del estado sólido*, Addison-Wesley Iberoamericana, 1995.
- United States Tariff Commission, *Ultramarine blue. Report on escape clause investigation*. n.ºs 7-93, 1961, pp. 1-13 y 18-21.
- Więckowski, A., 《Ultramarine study by EPR》, *Physica Status Solidi*, vol. 42, n.º 125, 1970, pp. 125-130.

2. 오래된 종이는 바랜다

- Alarcón, J., 《*Química de Materiales Cerámicos*》, Unidad de Investigación en Materiales Cerámicos y Vítreos, Universitat de València, 2015.
- Area, M. C., y H. Cheradame, 《Paper aging and degradation: recent findings and research methods》, *Bioresources*, vol. 6, n.º 4, 2011, pp. 5307-5337.
- Clément, G., *El jardín en movimiento*, Editorial GG, 2012.
- Clément, G., *Manifiesto del tercer paisaje*, Editorial GG, 2007.
- De Castro, R., *En las orillas del Sar*, 1884.
- Doerner, M., *Los materiales de pintura y su empleo en el arte*, Reverté, 1998.
- García Bello, D., 《El papel viejo es amarillo》, *Cuaderno de Cultura Científica*, Universidad del País Vasco, 2017.
- García Hortal, J. A., *Fibras papeleras*, Edicions UPC, 2007.
- Huxley, R., *Los grandes naturalistas*, Ariel, 2007.
- Łojewski, T., *et al.*, 《Evaluating paper degradation progress. Cross-linking between chromatographic, spectroscopic and chemical results》, *Applied Physics A*, vol. 100, n.º 3, 2010, pp. 809-821.
- Sistach Anguera, M. A., 《Conservación y restauración de materiales de archivo》, Departament d'Història de l'Antiguitat i de la Cultura Escrita, Universitat de València, 1990.
- Rueda, J. F., Catálogo de la exposición 《Naturalezas invasoras》 de Tamara Feijoo, Museo de Arte Contemporáneo de A Coruña, 2013.
- Villacañas Berlanga, J. L., *Conservación y restauración de material cultural en archivos y bibliotecas*, Biblioteca Valenciana, 2002.

3. 좋은 것, 아름다운 것, 참된 것

- Bunge, M., *La ciencia: su método y su filosofía*, Laetoli, 2013.
- Díez, J. A., y C. U. Moulines, *Fundamentos de Filosofía de la Ciencia*, Ariel, 1997.
- Flexner, A., 《La utilidad de los conocimientos inútiles》, *Revista de Economía Institucional*, vol. 22, n.º 42, 2020, pp. 49-63.
- García Bello, D., 《El orden es una fantasía》, *Cuaderno de Cultura Científica*, Universidad del País Vasco, 2019.
- García Bello, D., 《Me enamoré de la química a pesar de la formulación》, *Ciencia aparte*, 10 de noviembre de 2021.
- García Bello, D., *Todo es cuestión de química*, Paidós, 2016.
- Garrocho, D., 《Politizar la ciencia》, ABC, 17 de octubre de 2022.
- Geymonat, L., *Historia de la filosofía y de la ciencia*, Crítica, 2006.
- Habermas, J., *El discurso filosófico de la modernidad*, Taurus, 1989.
- Habermas, J., *Verdad y justificación*, Trotta, 2011.
- Heidegger, M., *Ser y tiempo*, Trotta, 2016.
- Nietzsche, F., *La gaya ciencia*, Edicomunicación, 2000.
- Ordine, N., *La utilidad de lo inútil*, Acantilado, 2013.
- Sureda J., y A. M. Guasch, *La trama de lo moderno*, Akal, 1987.
- Unamuno, M., *Del sentimiento trágico de la vida*, Austral, 1994.

4. 할아버지, 할머니의 사진

- Donnay, T., *Los procesos fotográficos artesanales*, Photogramme, 1997.
- García Bello, D., 《Química, fotografía y Chema Madoz》, *Deborahciencia.com*, 9 de enero de 2014.
- Gómez de la Serna, R., y C. Madoz, *Nuevas Greguerías*, La Fábrica, 2009.
- Hamilton, J. F. 《The silver halide photographic process》, Advances in Physics, vol. 37, n.º 4, 1998, pp. 359-441
- Langford, M., *Enciclopedia completa de la fotografía*, Blume, 1983.
- Madoz, C., Catálogo MNACRS, 1999.
- Marzal, C., *Metales pesados*, Tusquets, 2001.
- Monje Arenas, L., *Introducción a la fotografía científica*, C.A.I. Universidad de Alcalá.
- Moreno Sáez, M. C., 《La cianotipia: una propuesta fotográfica alternativa》,

- Quintas Jornadas Imagen, Cultura y Tecnología, 2007.
- Revuelta Bayod, M. J., 《*Cianotipia*》, Universidad Complutense de Madrid, 2020.
- RTVE, *Imprescindibles: Chema Madoz, regar lo escondido*, 2012.
- Song, S. K., y P. M. Huang, 《Dynamics of potassium release from potassium-bearing minerals as influenced by oxalic and citric acids》, *Soil Science Society of America Journal*, vol. 52, 1988, pp. 383-390.
- Streitwieser, A., y C. Heathcock, *Introducción a la Química Orgánica*, MacMillan, 1992.
- Torrent Burgués, J., *Química fotográfica*, Edicions UPC, 2001.
- Vollhardt, K., *et al.*, *Química orgánica: estructura y función*, Omega, 2002.

5. 동네에는 추억이 있다

- 《Calcinación y descomposición de cerámicas》, Artesceramicas.com, 17 de enero de 2021.
- Alegre Carvajal, E., *et al.*, *Técnicas y medios artísticos*, Editorial Universitaria Ramón Areces, 2010.
- Bergaya, F., y G. Lagaly, 《General introduction: clays, clay minerals, and clay science》, *Developments in clay science*, 1, 2006, pp. 1-18.
- Babor, J. A., y J. Ibarz, *Química general moderna*, Marín, 1965.
- Farthing, S., *Arte. Toda la historia*, Blume, 2010.
- García Bello, D., 《Estatuas de bronce e historia》, *Deborahciencia.com*, 10 de diciembre de 2013.
- García Bello, D., 《Mark Manders: la ciencia del torso de arcilla sin cocer》, *Deborahciencia.com*, 4 de marzo de 2016.
- Glaeser, W. A., y K. F. Dufrane, *Handbook on the Design of Boundary Lubricated Cast Bronze Bearings*, Cast bronze Bearing Institute, Inc., 1978.
- Hultgren, R., y P. D. Desai, *Selected Thermodynamic Values and Phase Diagrams for Copper and Some of Its Binary Alloys*, International Copper Research Association, Inc., 1971.
- Livingston, R. A., 《Acid rain attack on outdoor sculpture in perspective》, *Atmospheric Environment*, vol. 146, 2016, pp. 332-345.
- Lokensgard, E., *Industrial Plastics: Theory and Applications*, Cengage Learning, 2016.
- Manders, M., *et al.*, *Reference Book*, Roma Publications, 2012.

- *Mark Manders: Curculio Bassos*. Javier Hontoria, Ed. Xunta de Galicia, 2014.
- Schwedt, A., y H. Mommsen. 《On the influence of drying and firing of clay on the formation of trace element concentration profiles within pottery》 Archaeometry, vol. 49, n.º 3, 2007, pp. 495-509.
- Scott, D. A., *Metallography and microstructure of ancient and historic metals*, Getty publications, 1992.
- Weatherhead, R. G., 《Catalysts, Accelerators and Inhibitors for Unsaturated Polyester Resins》, *FRP Technology: Fibre Reinforced Resin Systems*, Springer, 1980, pp. 204-239.

6. 황금의 불가사의

- Christensen, N. E., y B. O. Seraphin, 《Relativistic band calculation and the optical properties of gold》, *Physical Review B*, vol. 4, n.º 10, p. 3321, 1971.
- De Antonio, T., y J. Riello, Guía de visita. Museo del Prado, 2012.
- García Bello, D., 《Oro parece, plátano es》, *Cuaderno de Cultura Científica*, Universidad del País Vasco, 2019.
- Gómez Pintado, A., 《El oro en el arte. Materia y espíritu: contribución a la restauración en el arte contemporáneo》, UPV/EHU, 2009.
- González, O., 《La tabla periódica en el arte: oro》, *Cuaderno de Cultura Científica*, Universidad del País Vasco, 2019.
- Hunt, L. B., 《Gold in the pottery industry》, *Gold Bulletin*, vol. 12, n.º 3, 1979, pp. 116-127.
- Martínez Hurtado, S., 《El dorado. Técnicas, procedimientos y materiales》, *Ars Longa*, vol. 11, 2002, pp. 137-142.
- Pašteka, L. F., *et al.*, 《Relativistic coupled cluster calculations with variational quantum electrodynamics resolve the discrepancy between experiment and theory concerning the electron affinity and ionization potential of gold》, *Physical Review Letters*, vol. 118, n.º 2, p. 023002, 2017.
- Paul, S., *Arte y alquimia: La historia del color en el arte*, Phaidon, 2019.

7. 바닷가재 자수가 새겨진 재킷

- 《Head to Milan for Maison Moschino》, *Harper's Bazaar*, 31 de octubre de 2008.

- Acheson, J. M., y R. S. Steneck, 《Bust and then boom in the Maine lobster industry: perspectives of fishers and biologists》, *North American Journal of Fisheries Management*, vol. 17, n.º 4, 1997, pp. 826-847.
- BBC Mundo, 《Cómo la langosta pasó de ser comida para cerdos a cena de ricos》, *BBC*, 13 de marzo de 2016.
- BBC Mundo, 《El cambio que hizo que la langosta llegara hasta McDonald's》, *BBC*, 12 de octubre de 2015.
- Begum, S., *et al.*, 《On the origin and variation of colors in lobster cara-pace》, *Physical Chemistry Chemical Physics*, vol. 17, n.º 26, 2015, pp. 16723-16732.
- Bumpus, J., 《A moment with Moschino》, *VOGUE*, 28 de octubre de 2008.
- Devaney, S., 《Wallis Simpson's Most Iconic Style Moments》, *VOGUE*, 7 de abril de 2020.
- Michault, J., 《Having fun with Moschino: A designer takes a bow》, *The New York Times*, 27 de octubre de 2008.
- Monserrat, V. J., 《Los artrópodos en la obra de Salvador Dalí》, *Boletín de la Sociedad Entomológica Aragonesa*, vol. 49, 2011, pp. 413-434.
- Steneck, R. S., y C. J. Wilson, 《Large-scale and long-term, spatial and temporal patterns in demography and landings of the American lobster, *Homarus americanus*, in Maine》, *Marine and Freshwater Research*, vol. 52, n.º 8, 2001, pp. 1303-1319.
- Urban, M., 《The McDonald's Lobster Roll Experience》, *New England Today*, 22 de julio de 2019.

8. 일요일 오후는 그림 그리기 좋은 시간

- 《Después de 'Montañas y Mar': Frankenthaler 1956-1959》, Catálogo de exposición, Museo Guggenheim Bilbao, 1998.
- Davis, D., *El jilguero y Fabritius: La verdadera historia de un cuadro y un pintor*, Lumen, 2014.
- De Antonio, E., y M. Tuchman, *Painters Painting, a Candid History of The Modern Art Scene 1940-1970*, Abbeville Press, 1984.
- Doerner, M., *Los materiales en pintura y su empleo en el arte*, Reverté, 1998.
- Durán, X., *El artista en el laboratorio*, Universitat de València – Servei de Publicacions, 2008.
- Erhardt, D., *et al.*, 《Long-term chemical and physical processes in oil paint

- films⟫, *Studies in Conservation*, vol. 50, n.º 2, 2005, pp. 143-150.
- García Bello, D., ⟪Morris Louis. La ciencia del Color field⟫, *Deborahciencia.com*, 2 de septiembre de 2015.
- García Bello, D., ⟪Pinto así porque puedo⟫, *Jot Down Cultural Magazine*, 2017.
- Hopkins, D., *After Modern Art: 1945-2000*, Oxford University Press, 2000.
- Jablonski, E., T. Learner, J. Hayes y M. Golden, ⟪Conservation concerns for acrylic emulsion paints⟫, Studies in Conservation, 2003, vol. 48, sup. 1, pp. 3-12.
- Jiménez, J., y V. Gavioli, *Monet*, Colección ⟪Los grandes genios del Arte⟫, Biblioteca El Mundo, 2003.
- Lower, E. S., ⟪Oleo chemicals as additives in paints and varnishes, etc.: Part 1⟫, *Pigment & Resin Technology*, vol. 19, n.º 12, 1990, pp. 6-7.
- Lower, E. S., ⟪Oleo chemicals as additives in paints and varnishes, etc.: Part 2⟫, *Pigment & Resin Technology*, vol. 20, n.º 1, 1991, pp. 10-17.
- Ploeger, R., *et al.*, ⟪Morphological Changes and Rates of Leaching of Water-Soluble Material from Artists' Acrylic Paint Films during Aqueous Immersions⟫, *Modern Paints Uncovered: Proceedings from the Modern Paints Uncovered Symposium*, Getty Publications, 2007, p. 201.
- Sánchez Nájera, G., ⟪Nadar, uno de los más grandes fotógrafos del siglo xix⟫, *Xataka Foto*, 25 de octubre de 2012.
- Saraswathy, V., y N. S. Rengaswamy, ⟪Adhesion of an acrylic paint coating to a concrete substrate⟫, *Journal of Adhesion Science and Technology*, vol. 12, n.º 7, 1998, pp. 681-694.
- Ulrich, K., *et al.*, ⟪Absorption and diffusion measurements of water in acrylic paint films by single-sided NMR⟫, *Progress in Organic Coatings*, vol. 71, n.º 3, 2011, pp. 283-289.
- VV. AA., *El ABC del Arte del siglo XX*, Phaidon, 2013.
- VV. AA., *Investigación y docencia en Bellas Artes*, Musivisual, 2013.
- Weitemeier, H., *Yves Klein*, Taschen, 2005.
- Whitmore, P. M., *et al.*, ⟪A note on the origin of turbidity in films of an artists' acrylic paint medium⟫, *Studies in Conservation*, vol. 41, n.º 4, 1996, pp. 250-255.

9. 나무 책상 위의 내 이름

- ⟪What's the origin of "Kilroy was here"?⟫, *The Straight Dope*, 4 de agosto de 2000.

- Aubert, M., et al., 《Pleistocene cave art from Sulawesi, Indonesia》, *Nature*, vol. 514, n.º 7521, 2014, pp. 223-227.
- Bosi, A., et al., (2020). 《Street art graffiti: Discovering their composition and alteration by FTIR and micro-Raman spectroscopy》, *Spectrochim-ica Acta Part A: Molecular and Biomolecular Spectroscopy*, vol. 225, p.117474, 2020.
- Brown, J. E., 《Kilroy》, *Historical Dictionary of the U.S. Army*, Greenwood Publishing Group, 2001.
- Cuní, J., et al., 《Characterization of the binding medium used in Roman encaustic paintings on wall and wood》, *Analytical Methods*, vol. 4, 2012, pp. 659-669.
- Figueroa-Saavedra, F., 《Estética popular y espacio urbano: El papel del graffiti, la gráfica y las intervenciones de calle en la configuración de la personalidad de barrio》, *Revista de Dialectología y Tradiciones Populares*, vol. 62, n.º 1, 2007, pp. 111-144.
- Gándara, L., *Graffiti*, Eudeba, 2020.
- García Bello, D., 《La ciencia moderna reescribe la historia del arte primitivo》, *Deborahciencia.com*, 24 de diciembre de 2014.
- Hoffmann, D. L., et al., 《U-Th dating of carbonate crusts reveals Neandertal origin of Iberian cave art》, *Science*, vol. 359, n.º 6378, 2018, pp. 912-915.
- Namdar, D., et al., 《Alkane composition variations between darker and lighter colored comb beeswax》, *Apidologie*, vol. 38, n.º 5, 2007, pp. 453-461.
- Pesce, L., 《Rock Paintings: Primordial Graffiti》, *Close Encounters of Art and Physics*, Springer, 2019, pp. 3-6.
- Pike, A. W., et al., 《U-series dating of Paleolithic art in 11 caves in Spain》, *Science*, vol. 336, n.º 6087, 2012, pp. 1409-1413.
- Sanmartín, P., et al., 《Feasibility study involving the search for natural strains of microorganisms capable of degrading graffiti from heritage materials》, *International Biodeterioration & Biodegradation*, vol. 103, 2015, pp. 186-190.
- Shackle, E., 《Mr Chad And Kilroy Live Again》, *Open Writing*, 7 de agosto de 2005.
- Stocker, T. L., et al., 《Social analysis of graffiti》, *The Journal of American Folklore*, vol. 85, n.º 338, 1972, pp. 356-366.

10. 60년대 패션 잡지

- Barro, D., *Sin título. El arte del siglo XX en la Colección Berardo*, Fundación Barrié, 2006.
- Brown, P. K., y G. Wald, 《Visual pigments in single rods and cones of the human retina》, *Science*, vol. 144, n.° 3614, 1964, pp. 45-52.
- Chenoune, F., y F. Müller, *Yves Saint Laurent*, Abrams, 2010.
- Dartnall, H. J., *et al.*, 《Human visual pigments: microspectrophotome t-ric results from the eyes of seven persons》, *Proceedings of the Royal society of London. Series B. Biological Sciences*, vol. 220, n.° 1218, 1983, pp. 115-130.
- Farthing, S., *Arte. Toda la historia*, Blume, 2010.
- Janssens, H., 《Art technological research toward the Victory Boogie Woogie (1942-1944) by Piet Mondriaan》, Gemeentemuseum, Den Haag, NL.
- Raven, L. E., M. Bisschoff, M. Leeuwestein, M. Geldof, J. J. Hermans, M. Stols-Witlox y K. Keune, 《Delamination due to zinc soap formation in an oil painting by Piet Mondrian (1872-1944)》, Metal Soaps in Art. Springer, Cham, 2019, pp. 343-358. Springer, Cham.
- Rees-Roberts, N., 《All about Yves: Saint Laurent and the Warhol effect》, *Journal of European Popular Culture*, vol. 7, n.° 2, 2016, pp. 143-162.
- Wald, G., 《The Receptors of Human Color Vision: Action spectra of three visual pigments in human cones account for normal color vision and color-blindness》, *Science*, vol. 145, n.° 3636, 1964, pp. 1007-1016.

11. 꽃으로 만든 거대한 강아지

- Adams, R. O., 《A review of the stainless steel surface》, *Journal of Vacuum Science & Technology* A: Vacuum, Surfaces, and Films, vol. 1, n.° 1, 1983, pp. 12-18.
- Damásio, A. R., *et al.*, *Jeff Koons: Retrospectiva*, Fundación del Museo Guggenheim Bilbao, 2015.
- Kerber, S. J., y J. Tverberg, 《Stainless steel: Surface analysis》, *Advanced Materials & Processes*, vol. 158, n.° 5, 2000, pp. 33-36.
- Hickman, C., 《The garden as a laboratory: the role of domestic gardens as places of scientific exploration in the long 18th century》, Post-me-dieval archaeology, vol. 48, n.° 1, 2014, p. 229-247.
- Ruhrberg, K., *et al.*, *Arte del siglo XX*, Taschen, 1998.

12. 립스틱을 바르는 엄마

- Cova, T. F., et al., 《Reconstructing the historical synthesis of mauveine from Perkin and Caro: procedure and details》, *Scientific Reports*, vol. 7, n.º 1, 2017, pp. 1-9.
- Galeazzi, G., 《Lipstick's Composition and Production Technologies, "Lipstick Index" as economic indicator》, Politecnico di Torino, 2017.
- Hill, S. E., et al., 《Boosting beauty in an economic decline: mating, spen-ding, and the lipstick effect》, *Journal of Personality and Social Psychology*, vol. 103, n.º 2, 2012, pp. 275-291.
- Johnson, R., 《What's that stuff?: Lipstick》, *Chemical & Engineering News*, vol. 77, n.º 28, 1999, p. 31.
- Mederos Martín, A., y G. Escribano Cobo, 《*Mare purpureum*. Producción y comercio de la púrpura en el litoral atlántico norteafricano》, *Rivista di Studi Fenici*, vol. 34, n.º 1, 2006, pp. 71-96.
- Richard, C., 《Lipstick adhesion measurement》, *Surface Science and Adhesion in Cosmetics*, 2021, pp. 635-662.
- Selva, D., 《Breve historia del púrpura, el color del poder》, *El coloso de Rodas*, 20 de diciembre de 2020.
- VV. AA., 《Prácticas de Zoología. Estudio y diversidad de los moluscos. Disección de mejillón》, *Reduca (Biología). Serie Zoología*, vol. 4, n.º 2, 2011, pp. 61-74.
- Woolmer, M., 《La púrpura fenicia, el tinte más preciado de la Antigüe-dad》, *National Geographic*, 24 de agosto de 2021.

13. 장밋빛 하늘은 맑은 날의 예고편이다

- Angelici, R. J., *Técnica y síntesis en química inorgánica*, Reverté, 1979.
- Báez, C. A., et al., 《Estudio de las condiciones de reacción para la obtención de Sílica Gel Adsorbente (SGA)》, *Ingeniería e Investigación*, vol. 27, n.º 2, Universidad Nacional de Colombia, 2007.
- Farthing, S., *Arte. Toda la historia*, Blume, 2010.
- Ferguson, J., y T. E. Wood, 《Electronic absorption spectra of tetragonal and pseudotetragonal cobalt (II). II. Cobalt chloride hexahydrate and cobalt chloride hexahydrate-d12》, *Inorganic Chemistry*, vol. 14, n.º 1, 1975, pp. 184-189.

- Jiménez, J., y V. Gavioli, *Monet*, Colección《Los grandes genios del Arte》, Biblioteca El Mundo, 2003.
- Paul, S., *Arte y alquimia: La historia del color en el arte*, Phaidon, 2019.
- Rojas Cervantes, M. L., *Diseño y síntesis de materiales "a medida" mediante el método SOLGEL*, UNED, 2012.
- Rood, O. N., *Theorie scientifique des couleurs et leurs applications à l'art et à l'industrie*, G. Baillière et cie, 1879.
- Uberquoi, M. C., *Renoir*, Colección《Los grandes genios del Arte》, Bi-blioteca El Mundo, 2003.
- Valcárcel Cases, M., y A. Gómez Hens, *Técnicas analíticas de separación*, Reverté, 1988. Walther, I. F., *El impresionismo*, Océano, 2003.

14. 빛보다 더 하얀

- Albanesi, E. A., *et al.*,《Estudio de las funciones dieléctricas del semi-conductor sulfuro de plomo》, *Anales AFA*, vol. 14, n.º 1, 2002, pp. 119-122.
- Bamfield, P., *Chromic Phenomena The Technological Applications of Colour Chemistry*, Royal Society of Chemistry (RSC), 2001.
- Beyer, L.,《La Química y el Arte》, *Rev. Soc. Química de Perú*, vol. 69, n.º 3, 2003, pp. 163-181.
- Doerner, M., *Los materiales de pintura y su empleo en el arte*, Reverté, 1998. Gutiérrez-Acosta, K. H., *et al.*,《Synthesis and characterization of lead oxihydroxycarbonatethin films》, *Journal of Ovonic Research*, vol. 10, n.º 2, 2014, pp. 35-42.
- Habashi, F.,《Pigments through the ages》, *InterceramInternational Ceramic Review*, vol. 65, n.º 4, 2016, pp. 156-165.
- Nassau, K.,《The causes of color》, *Scientific American*, vol. 243, n.º 4, 1980, pp. 124-155.
- O'Hanlon, G.,《Zinc White: Problems in Oil Paint》, *Natural Pigments*, 1 de octubre de 2014.
- Osmond, G.,《Zinc white: a review of zinc oxide pigment properties and implications for stability in oil-based paintings》, *AICCM Bulletin*, vol. 33, n.º 1, 2012, pp. 20-29.
- Railing, P.,《Malevich's suprematist palette》, *InCoRM Journal*, vol. 2, 2011.

15. 심연보다 더 어두운

- Baal-Teshuva, J., *Rothko*, Taschen, 2009.
- Ball, P., 《None more black》, *Nature Materials*, vol. 15, n.º 5, 2016, p. 500.
- Cañadas, H., 《El negro como negación apofática; la Rothko Chapel》, *Investigar les humanitats: Viure a fons la humanitat*, vol. 22, 2016, p. 21.
- Doerner, M., *Los materiales de pintura y su empleo en el arte*, Reverté, 1998.
- García López, A., y F. J. Guillén Martínez, 《Las técnicas pictóricas de la desencarnación en la obra de Mark Rothko》, *Art, Emotion and Value, 5th Mediterranean Congress of Aesthetics*, 2011, pp. 301-311.
- Marzoa Domínguez, A., 《Aberraciones ópticas II: astigmatismo》, *Astronomía*, vol. 256, 2020, pp. 32-37.
- Michael, M., 《On "Aesthetic Publics" The Case of VANTAblack®》, *Science, Technology, & Human Values*, vol. 43, n.º 6, 2018, pp. 1098- 1121.
- Mikić, Z., *et al.*, 《Predicting the corona for the 21 August 2017 total solar eclipse》, *Nature Astronomy*, vol. 2, n.º 11, 2018, pp. 913-921.
- Pasachoff, J. M., 《The great solar eclipse of 2017》, *Scientific American*, vol. 317, n.º 2, 2017, pp. 54-61.
- Pérez Molina, H., 《Norteamerican abstract expressionism: the color-field painting of Mark Rothko》, *Innovación y Experiencias Educativas*, vol. 27, 2010.
- Rothko, M., *Escritos sobre arte (1934-1969)*, Paidós, 2007.
- Spier, F., 《On the social impact of the Apollo 8 Earthrise photo, or the lack of it》, *Journal of Big History*, vol. 3, n.º 3, 2019, pp. 117-150.
- Standeven, H. A. L., 《The History and Manufacture of Lithol Red, a Pig-ment Used by Mark Rothko in his Seagram and Harvard Murals of the 1950s and 1960s》, *Tate Papers*, 2008.
- Stenger, J., *et al.*, 《Lithol red salts: characterization and deterioration》, *ePreservation Science*, vol. 7, 2010, pp. 147-157. Stenger, J., *et al.*, 《Non-invasive color restoration of faded paintings using light from a digital projector》, *Modern Materials and Contemporary Art*, 2011.
- Vega Esquerra, A., *Sacrificio y creación en la pintura de Rothko*, Siruela, 2010.
- Walsh, C., 《A light touch for Rothko murals. Virtual restoration to be unveiled with opening of Harvard Art Museums》, *The Harvard Gazette*, 20 de mayo de 2014.

16. 바다에 맞서는 피난처

- Aguado Benito, J. A., 《Fisac, construcción por analogías. Hormigón ar-mado y bóvedas tabicadas》, *IX Congreso Internacional Arquitectura Blanca*, Universitat Politècnica de València, 2020.
- Arredondo, F., *Estudio de materiales. Tomo V: Hormigones*, Instituto Eduar-do Torroja de la Construcción y del Cemento, 1972, pp. 9-15.
- Barrallo, J., y S. Sánchez-Beitia, 《The geometry of organic architecture: the works of Eduardo Torroja, Felix Candela and Miguel Fisac》, *Proceedings of Bridges 2011: Mathematics, Music, Art, Architecture, Culture*, 2011, pp. 65-72.
- Collell Mundet, G., 《Relación entre la obra de José Antonio Fernández Ordóñez y de Eduardo Chillida Juantegui》, Escola Tècnica Superior d'Enginyers de Camins, Canals i Ports de Barcelona – Enginyeria de Camins, Canals i Ports, 2005.
- García Bello, D., y M. Canle, 《Chillida's Praise of the horizon; an en-counter between science and art》, *Hormigón y Acero*, vol. 69, n.º 284, 2018, pp. 77-82.
- Heidegger, M., *El origen de la obra de arte*, Fondo de Cultura Económica, 1999, pp. 70-80.
- Jiménez Montoya, P., *et al.*, *Hormigón Armado*, Gustavo Gili, 1987, pp. 26-36 y pp. 81-87.
- Marcos, A., 《Filosofía de la naturaleza humana》, *I Simposio del CFN. École des Hautes Études en Sciences Sociales (París)*, 4-5 de marzo de 2010.
- Neville, A. M., y J. J. Brooks, *Concrete Tecnology*, Pearson Education Limit-ed, 1987, pp. 1-37.
- Segura, A., 《Breve comentario fenomenológico del *Elogio del horizonte*, de Eduardo Chillida》, *Estudios Vascos. Sancho el Sabio*, vol. 31, 2009, pp. 11-22.
- Talero Morales, R., *et al.*, 《La "Aluminosis" del cemento aluminoso o un término nuevo para una clásica enfermedad》, *Materiales de Construcción*, vol. 39, n.º 216, 1989, pp. 37-51.
- Taylor, H. F. W., *Cement Chemistry*, Academic Press, 1990, pp. 60-94.
- VV. AA., *Galicia Futura*, Consellería de Cultura, Educación e Universida-de, Fundación Cidade da Cultura, 2021.
- Yepes Hita, J. L., 《Los orígenes filosóficos del Romanticismo. La natura-leza como epopeya inconsciente》, *Contrastes. Revista Internacional de Filosofía*, vol. 19, n.º 1, 2014, pp. 103-122.

17. 시간은 무엇으로 만들어졌는가

- Asami, K., y M. Kikuchi, 《In-depth distribution of rusts on a plain carbon steel and weathering steels exposed to coastal-industrial atmosphere for 17 years》, *Corrosion Science*, vol. 45, n.º 11, 2003, pp. 2671-2688.
- Buck, D. M., 《Copper in Steel – The influence on corrosion》, *The Journal of Industrial and Engineering Chemistry*, vol. 5, n.º 6, 1913, pp. 447- 452.
- Cano Cuadro, H. P., 《Aceros patinables (Cu, Cr, Ni): Resistencia a la corrosión atmosférica y soldabilidad》, Departamento de Ingeniería de Superficies, Corrosión y Durabilidad del Centro nacional de In-vestigaciones Metalúrgicas (CENIM) y la Agencia Estatal Consejo Superior de Investigaciones Científicas (CSIC), Madrid, 2012.
- Decker, P., *et al.*, 《To coat or not to coat? The maintenance of CorTen® sculptures》, *Materials and Corrosion*, vol. 59, n.º 3, 2008, pp. 239-247.
- Díaz Ocaña, I., 《Corrosión atmosférica de aceros patinables de nueva generación》, Departamento de Ingeniería de Superficies, Corrosión y Durabilidad del Centro nacional de Investigaciones Metalúrgicas (CENIM) y la Agencia Estatal Consejo Superior de Investigaciones Científicas (CESIC), Madrid, 2012.
- Ellis, G. F. R., 《On the philosophy of cosmology》, *Studies in History and Philosophy of Science Part B: Studies in History and Philosophy of Modern Physics*, vol. 46, 2014, pp. 5-23.
- Fletcher, F. B., 《Corrosion of Weathering Steels》, *ASM Handbook*, 13B: Corrosion Materials, 2005.
- Heidegger, M., *El concepto de tiempo*, Herder, 2008.
- Kumaravel, D., 《Investigation on Wear and Corrosion Behavior of Cu, Zn, and Ni Coated Corten Steel》, *Advances in Materials Science and Engineering*, 2022.
- Mc Shine, K., *et al.*, *Richard Serra Sculpture: Forty Years*, The Museum of Modern Art, 2007.
- Murata, T., 《Weathering Steel》, en R. Winston Revie (eds.) *Uhlig's Corrosion Handbook*, J. Wiley & Sons, 2011.
- Ocampo Carmona, L. M., *Influência dos elementos de liga na corrosão de aços patináveis*, Universidade Federal do Rio de Janeiro, 2005.
- Pourbaix, M., *Lecciones de Corrosión Electroquímica*, Instituto Español de Corrosión y Protección, 1987. Raja, V. K. B., *et al.*, 《Corrosion resistance of corten steel – A review》, *Materials Today: Proceedings*, vol. 46, 2021, pp. 3572-

3577.
- Reichenbach, H., *The Philosophy of Space and Time*, Courier Corporation, 2012.
- Schliesser, E., 《Newton's philosophy of time》, *A Companion to the Philosophy of Time*, 2013, pp. 87-101.
- Serra, R., *La materia del tiempo*, Fundación del Museo Guggenheim Bilbao.
- Smith, G., 《Steels fit for the countryside》, *New Scientist*, 1971, pp. 211- 213.

18. 공기를 떠도는 고무 먼지

- Broome, H., *A Handful of Dust: Photography after Man Ray and Marcel Duchamp*, 2017.
- García Bello, C., y Barro D., *Limen*, Fundación DIDAC, 2020. García Bello, D., 《La potencia sin control no sirve de nada》, *Cuaderno de Cultura Científica*, Universidad del País Vasco, 2017.
- Nelson, D., 《Mass production and the US tire industry》, *The Journal of Economic History*, vol. 47, n.º 2, 1987, pp. 329-339.
- Neumáticos Continental, 《Estructuras de los neumáticos radiales y convencionales》, 12 de noviembre de 2021.
- Sull, D. N., 《The dynamics of standing still: Firestone Tire & Rubber and the radial revolution》, *Business History Review*, vol. 73, n.º 3, 1999, pp. 430-464.
- Toth, W. J., *et al.*, 《Finite element evaluation of the state of cure in a tire》, *Tire Science and Technology*, vol. 19, n.º 4, 1991, pp. 178-212.

19. 펠트 모자

- Beuys, J., *What is Art?: Conversation with Joseph Beuys*, Clairview Books, 2007.
- Corner, D., 《The tyranny of fashion: the case of the felt-hatting trade in the late seventeenth and eighteenth centuries》, *Textile History*, vol. 22, n.º 2, 1991, pp. 153-178.
- Serrano, J. G. (1995). 《Beuys, Fluxus, Duchamp: historias de provoca-ción》, *Recerca: revista de pensament i anàlisi*, 1995, pp. 133-150.
- De Domizio Durini, L., *The felt hat: Joseph Beuys, a life told*, Charta, 1997. Goldberg, R., *Perfomance Art*, Destino, 1996.
- La Nasa, M., y M. E. Pezzati, 《Fieltro y desarrollo local》, Facultad de Arqui-

tectura, Diseño y Urbanismo-Universidad de Buenos Aires, 2009.
- Malraux, A., *La condición humana*, Edhasa, 2017.
- Morgan, R. C., *Del arte a la idea: ensayos sobre arte conceptual*, Akal, 2003.
- Rosenthal, M., 《Joseph Beuys. Escenificación de la escultura》, *Joseph Beuys*, Fundación PROA, 2014.
- Udale, K., 《La construcción de los textiles》, *Diseño textil. Tejidos y técnicas*, Gustavo Gili, 2008.

20. 벗겨진 벽

- ARCO 2017. Catálogo. Carlos Urroz. Ed. ARCOMadrid, 2017.
- Barro, D., y M. Maneiro, *Miradas IV*, Concello de Ferrol, 2017. ISBN 978- 84-88991-51-5
- Gregers-Høegh, C., *et al.*, 《Distorted oil paintings and wax-resin impregnation – A kinetic study of moisture sorption and tension in can-vas》, *Journal of Cultural Heritage*, vol. 40, 2019, pp. 43-48.
- Righi, L., *Conservar el arte contemporáneo*, Nerea, 2006.
- Spirandeli Crespi, M., *et al.*, 《Kinetic parameters obtained for thermal decomposition of acrylic resins present in commercial paint emul-sions》, *Journal of Thermal Analysis and Calorimetry*, vol. 88, n.º 3, 2007, pp. 669-672.
- VV. AA., *13 Bienal de Lalín Pintor Laxeiro*, Dardo, 2017.

21. 우리 동네에는 불가사리 비가 내린다

- Báez Aglio, M. I., y M. San Andrés Moya, 《Azurita y malaquita. Revisión de su terminología, empleo y aplicaciones a lo largo de la Historia》, *Pátina*, vol. 8, 1997, pp. 78-91.
- Bruquetas Galán, R., 《Azul fino de pintores: obtención, comercio y uso de la azurita en la pintura española》, *In sapientia libertas: escritos en homenaje al profesor Alfonso E. Pérez Sánchez*, 2007, pp. 148-157.
- Cennini, C., *El libro del arte*, Akal, 1988.
- Chávez Martínez, M., 《Síntesis y Estudio del Pigmento Cerámico Azul Thénard $CoAl_2O_4$》, Colección memorias de los congresos de la So-ciedad Química de México, 52.º Congreso Mexicano de Química, 36.º Congreso Nacional de

Educación Química, 2017.
- D'Haene, V. J. G., 《The Blue Landscapes: A group of early sixteenth-cen-tury landscape drawings reconsidered》, Universidad de Utrecht, 2010.
- Durán, X., *El artista en el laboratorio*, Universitat de València – Servei de Publicacions, 2008.
- García Bello, D., 《La química del azul de Patinir》, *Cuaderno de Cultura Científica*, Universidad del País Vasco, 2019.
- Gettens, R. J., y E. W. Fitzhugh, , 《I. Azurite and blue verditer》, *Studies in Conservation*, vol. 11, n.º 2, 1966, pp. 54-61.
- Gettens, R. J. y Fitzhugh, E. W., 《Malachite and green verditer》, *Studies in Conservation*, vol. 19, n.º 1, 1974, pp. 2-23.
- Klockenkämper, R., *et al.*, 《Analysis of pigments and inks on oil paint-ings and historical manuscripts using total reflection x-ray fluores-cence spectrometry》, *X-Ray Spectrometry: An International Journal*, vol. 29, n.º 1, 2000, pp. 119-129.
- Quille Calizaya, G., 《Cinética de lexiviación de minerales de cobre mala-quita y azurita con ácidos orgánicos》, Universidad Nacional del Al-tiplano, 2010.
- Sánchez García, J. A., 《J. Maderuelo, "Joachim Patinir. El Paso de la La-guna Estigia"》, *Quintana: revista do Departamento de Historia da Arte*, vol. 11, n.º 1, 2012.

22. 마을의 커피잔

- Bullard, E. C., 《An Atomic Standard of Frequency and Time Interval: Definition of the second of time》, *Nature*, vol. 176, 1955, p. 282.
- Chávez Martínez, M., 《Síntesis y Estudio del Pigmento Cerámico Azul Thénard $CoAl_2O_4$》, Colección memorias de los congresos de la So-ciedad Química de México, 52.º Congreso Mexicano de Química, 36.º Congreso Nacional de Educación Química, 2017.
- Díaz, M. A., A. Mato, C. Charo Portela, y G. López, *Memoria Viva*: 〈www.isaacdiazpardo.gal〉.
- Grau, C., *Angela de la Cruz*. Homeless, Dossier de exposición, CGAC, 2019.
- Martul Vázquez, P., 《Sargadelos desde la perspectiva histórica hasta la propuesta de la dinamización cultural del patrimonio》, Universida-de de Santiago de Compostela, 2007.
- Sargadelos. Catálogo 2022.
- Sudjic, D., *B de Bauhaus*, Turner, 2016.

23. 할머니와 순무 싹

- Bezzi, S. I., 《Aspectos biológico-pesqueros de la merluza de cola del Atlántico Sudoccidental》, *Revista de Investigación y Desarrollo Pesquero*, vol. 4, 1984, pp. 63-80.
- Cela, C. J., *Del Miño al Bidasoa*, Plaza y Janés, 1989.
- Francisco Candeira, M., *et al.*, 《El grelo de Galicia》, *Horticultura: Revista de industria, distribución y socioeconomía hortícola: frutas, hortalizas, flores, plantas, árboles ornamentales y viveros*, vol. 210, 2009, pp. 44-49.
- García Bello, D., 《Pimientos de Padrón: ¿por qué uns pican e outros non?》, *Cuaderno de Cultura Científica*, Universidad del País Vasco, 2018.
- Govindarajan, V. S., *et al.*, 《Evaluation of spices and oleoresins. II. Pun-gency of Capsicum by Scoville heat units-a standardized proce-dure》, *Journal of Food Science and Technology*, vol. 14, n.º 1, 1977, pp. 28- 34.
- Jane, J. L., y J. J. Shen, 《Internal structure of the potato starch granule revealed by chemical gelatinization》, *Carbohydrate Research*, vol. 247, 1993, pp. 279-290.
- Ruiz-Lau, N., F. Medina-Lara, Y. Minero-García, E. Zamudio-Moreno, A. Guzmán-Antonio, I. Echevarría-Machado, y M. Martínez-Esté-vez, 《Water Deficit Affects the Accumulation of Capsaicinoids in Fruits of Capsicum chinense Jacq》, *HortScience*, vol. 46, n.º 3, 2011, p. 487-492.
- Sotelo, T., *et al.*, 《Grelo y repollo, dos cultivos con perspectivas de futuro en Galicia》, *Vida rural*, vol. 350, 2012, pp. 20-24.
- Sweat, K. G., *et al.*, 《Variability in capsaicinoid content and Scoville heat ratings of commercially grown Jalapeño, Habanero and Bhut Jolokia peppers》, *Food Chemistry*, vol. 210, 2016, pp. 606-612.
- Tako, M., y S. Hizukuri, 《Gelatinization mechanism of potato starch》, *Carbohydrate Polymers*, vol. 48, n.º 4, 2002, pp. 397-401.

24. 엄마는 거미다

- Bourgeois, L., *Estructuras de la existencia: las celdas*, La Fábrica, 2016.
- García Bello, D., 《Mamá》, *Next Door Publishers*, 18 de agosto de 2016.
- Liu, H., *et al.*, 《Electrocatalytic nitrate reduction on oxide-derived silver with tunable selectivity to nitrite and ammonia》, *ACS Catalysis*, vol. 11, n.º 14, 2021, pp. 8431-8442.

- Organ, R. M., 《Aspects of bronze patina and its treatment》, *Studies in Conservation*, vol. 8, n.º 1, 1963, pp. 1-9.
- Ruhrberg, K., *et al.*, *Arte del siglo XX*, Taschen, 1998.
- Scott, D. A., *Metallography and microstructure of ancient and historic metals*, Getty publications, 1992.

25. 붉은 벨벳

- Mirbagheri, A. S., 《Structural Analysis of Safavid Velvet Textile Pa t-terns》, *Knowledge of Visual Arts*, vol. 6, n.º 1, 2021, pp. 89-104.
- Roosien, C., 《'I dress in silk and velvet': women, textiles and the tex-tile-text in 1930s Uzbekistan》, *Central Asian Survey*, vol. 41, n.º 1, 2022, pp. 1-21.
- Sleeman, C., y S. Bennett, 《Colour & Shape: Using Computer Vision to Explore the Science Museum Group Collection》, Science Museum Group Digital Lab, 2020.
- Vogelsang-Eastwood, G., 《A brief history of velvet》, Textile Research Centre, 2019.

원자 단위로 보는 과학과 예술의 결

일상의 모든 순간이 화학으로 빛난다면

초판 1쇄 발행 2025년 7월 28일

지은이 데보라 가르시아 베요
옮긴이 강민지
펴낸이 성의현
펴낸곳 미래의창

책임편집 김다울
디자인 강혜민

출판 신고 2019년 10월 28일 제2019-000291호
주소 서울시 마포구 잔다리로 62-1 미래의창빌딩(서교동 376-15, 5층)
전화 070-8693-1719 **팩스** 0507-0301-1585
홈페이지 www.miraebook.co.kr
ISBN 979-11-93638-74-3 (03430)

※ 책값은 뒤표지에 표기되어 있습니다.

생각이 글이 되고, 글이 책이 되는 놀라운 경험. 미래의창과 함께라면 가능합니다.
책을 통해 여러분의 생각과 아이디어를 더 많은 사람들과 공유하시기 바랍니다.
투고메일 togo@miraebook.co.kr (홈페이지와 블로그에서 양식을 다운로드하세요)
제휴 및 기타 문의 ask@miraebook.co.kr